绿色化学与化工丛书

绿色化工与绿色环保
（第二版）

梁朝林　编著

U0264400

中国石化出版社

内 容 提 要

本书主要讨论绿色化工与绿色环保两方面的问题。首先，在简要介绍绿色化学的历史发展与现状的基础上，重点讨论绿色化工的各种技术现状及发展情况，包括：绿色化工生产技术中的原料绿色化；绿色化工中的原子经济性；绿色化工中无毒无害的催化剂；化工生产过程中无毒无害的介质（溶剂、助剂）；强化化工清洁生产的过程与设备；绿色化学品的应用；清洁燃料的生产等。最后还较为详细地讨论了化工生产、化学品消费环节中的环保治理技术；在贯彻"减量化、资源化、无害化"治理废弃物的原则中，介绍了对各种化工废气、废液、废渣固体进行物理、化学、生物处理的优先顺序与工艺方法。

本书参考了大量最新的有关绿色化学、绿色化工、绿色环保方面的技术资料，取材方面尽量注重先进、实用，突出技术新颖与思维创新，着力于拓宽视野，避免过多的理论叙述与分析。

本书读者对象主要是化工、应用化学、精细化工、生物化工、食品轻工、塑料、医药、农药、环保行业中的工程技术人员，同时也可作为高等学校相关专业师生的教学参考用书。

图书在版编目(CIP)数据

绿色化工与绿色环保 / 梁朝林编著 . —2 版 .
—北京：中国石化出版社，2016.3
ISBN 978-7-5114-3839-3

Ⅰ.①绿… Ⅱ.①梁… Ⅲ.①化学工业-无污染技术-
研究 ②化学工业-环境保护-研究 Ⅳ.①X78

中国版本图书馆 CIP 数据核字(2016)第 044635 号

中国石化出版社出版发行

地址:北京市东城区安定门外大街 58 号
邮编:100011　电话:(010)84271850
读者服务部电话:(010)84289974
http://www.sinopec-press.com
E-mail:press@sinopec.com
北京柏力行彩印有限公司印刷
全国各地新华书店经销

*

787×1092 毫米 16 开本 13.5 印张 329 千字
2016 年 4 月第 2 版　2016 年 4 月第 1 次印刷
定价:38.00 元

总　序

《绿色化学与化工丛书》出版了！

《绿色化学原理和应用》(胡常伟、李贤均编著)作为该丛书的第一册，它阐述了绿色化学的原则与内容：绿色化学式从源头根治环境污染的化学，即采用原子经济反应，使原料中的每一个分子都全部进入产品中，不再产生废物，从而实现废物零排放；不使用有毒有害的原料、催化剂、溶剂等，同时生产环境友好的产品，从而使环境保护走上一条新的途径，不再是先污染后治理。这本书作为对绿色化学的入门，了解其全貌，将是一本值得一读之作。

绿色化学与化工兴起起始 20 世纪 90 年代初，由于各国政府、企业学术界的支持、合作及努力，进展十分迅速，已出现一批生产大宗有机化工产品的绿色化工技术，并且还在进一步改进。组委单位产品排污量大的医药、农药等精细化工产品的生产，已陆续采用了一批原子经济反应，大幅度降低了排污量。有机溶剂的挥发污染空气，超临界二氧化碳无毒无害，已在涂料、油漆、塑料发泡中使用。关于产品的设计，已不再只重视其功能，还要同时考虑其对人类和环境的危害，在这种原则指导下，已有一批新型杀菌剂、杀虫剂、生物防垢剂等产品出现。废弃物的重复利用是根治环境污染、节约资源的一条重要途径，废弃塑料、纤维、橡胶等合成材料已开发有"闭路循环"回收单体原料的技术。以植物为主的生物质资源是一个可再生的巨大资源宝库，利用可再生生物质资源已成为消除污染、实现可持续发展为目标的绿色化学与化工的重要研究内容；除制造药物、特殊化学品、生物制剂等，近年来在大宗化工产品的生产方面已有突破，生物质资源已开始大规模使用。

目前，世界各国对绿色化学与化工技术的研究开发十分重视，发展特别迅速。近年来，在我国政府的积极倡导和大力支持下，有关企业、科研院所和高等院校结合，在这一领域相继开展了一些重大的基础和应用基础及实用技术研究，取得了一批具有工业应用价值和应用前景的成果。

中国石化出版社为配合我国绿色化学与化工技术的研究开发，将继续组织出版相关的著作，以不断丰富本丛书的内容，为广大读者提供更多的高水平的专著。这是一件十分有益的事情。无疑，这将促进我国绿色化学与化工的发展。我也相信，《绿色化学与化工丛书》的出版一定会得到国内广大绿色化学与化工工作者的热情欢迎和大力支持。

中国科学院院士
中国工程院院士　闵恩泽

第二版前言

正如联合国《人类环境宣言》指出的"现在已达到历史上这样一个时刻：我们在决定世界各地的行动时，必须更加审慎地考虑它们对环境产生的后果。由于无知或不关心，我们可能给我们的生活和幸福所依靠的地球环境造成巨大的无法挽回的危险。……人类必须利用知识，在同自然合作的情况下建设一个较好的环境。为了这一代和将来的世世代代，保护和改善人类环境已经成为人类一个紧迫的目标"。可持续发展战略，反映了全球各国人民对解决目前业已存在的、威胁人类生存的环境问题的迫切愿望。

当代全球环境十大问题是：大气污染；臭氧层破坏；全球变暖；海洋污染；淡水资源紧张和污染；生物多样性减少；环境公害；有毒化学品和危险废物；土地退化和沙漠化；森林锐减。其中前八项都直接与化工生产、化学物质污染有关，后两项也间接有关。要从根本上治理环境污染，实现人类的可持续发展，就必须要发展绿色化学，进行清洁生产，消费对环境友好的化学制品，从源头上减少、甚至杜绝有害废弃物的产生，而不是在末端治理。诚然，这是最理想的途径。但目前尚难一步做到，还得利用绿色环保技术，去治理难以避免的废弃物。所有这些都有待于我们去认识、宣传、身体力行。

值得庆幸的是现在有许多先知先觉者已经并正大力去做这方面的工作，取得许多显著效果。这些成功经验都可以在不少的刊物、学术专著见到报道，但仍远远不够。可持续发展，这是一个任重道远、需要各行各业的人去共同关心、共同实践的大事。不断宣传、介绍新的绿色化工、绿色环保知识与技术极有必要。因此，编著者将近期发展的绿色化工、绿色环保的理论知识与应用技术综合起来，分门别类，使读者花较少的时间获得尽可能多的新的相关信息，并从中受到启迪而有所创新，这就是当年编写本书(第一版)的目的。

早在2000年10月提出编写《绿色化工与绿色环保》时，就得到中国石化出版社的热情肯定和鼓励，黄志华编辑对编写提纲作了初审，并提出增删建议；编著者在编写过程中查阅参考了大量的中外科技文献，书中各章之末所列只是其中一部分，还有许多非公开出版发行的内部交流资料；完成书稿后，承蒙广东石油化工学院齐凯琴教授、陈小平研究员、杨建设研究员为本书作序和对本书提出了许多宝贵的修改意见；最后还得到本书编辑的热情帮助，得以成书出版。本书自2002年5月发行以来，得到读者厚爱，数次重印仍不足所需。当时的未来十年主要研究的12项原则早已成为人们共识，大部分都获得圆满解决；当年正努力实施新配方汽油、欧Ⅲ柴油，现在已连升两级进入欧Ⅴ国Ⅴ的新时代；当年还在苦苦探索的S-Zorb深度脱硫技术理念，现在已经大量工业化了。考虑本书原来许多数据资料都是"九五"规划的，现在已是"十二五"规划实施收官之年，展望的应该是"十三五"的前景了。鉴于此，利用再版之机，遂对本书做出重新修订。

原书第1章主要介绍资源与环境——可持续发展战略，这对读者了解国内外资源的现状与前景、国内外环境的现状及发展，充分认识我们面临的严峻现实问题、以及对子孙后代所应承担的历史责任，有着重要价值。但考虑到这部分资料更新很快，也容易从新闻报道中获得，因此为了腾出篇幅更好介绍绿色化工、绿色环保技术而忍痛割舍。

本书第一篇(即为原书第2章)主要介绍绿色化工技术的理论知识与应用实践。这方面的内容非常广泛而且奥妙，是本书的重中之重。除了别除陈旧数据、补充最新报道外，层次顺序也做了合理调整，相比原书可读性更强。

绿色化学不同于传统的化学，也不同于环境化学，是更高层次的化学，是绿色化工技术(或称清洁技术、环境友好技术)的基础。它更侧重于化学的基础研究，它的核心是指导人们寻求新的化学原料，包括可再生的生物质资源；研究新的反应体系，包括新的合成方法和路线；探索新的反应条件；设计研制环境友好的化学品。绿色化学主要研究的12项原则在当时还是努力探索范畴，修订时增加了许多研究成功应用的事例。

寻求安全无毒、无害物质取代有毒、有害的化工原料已刻不容缓，这是21世纪必须解决的问题。方便有效地采用可再生的生物质资源代替各种化工生产的原料，人类才能真正步入可持续发展的良性轨道。这些都有具体应用的技术例子，如新增生物燃料等。只要努力，可持续发展将会变成现实。

经济原子概念的提出，使人们回顾反省以往的经验教训，重新审度我们是如何利用资源，以及思考如何才能真正从源头上减少甚至杜绝废弃物的产生。书中原子经济性的实例令人感到善待、节约资源方面大有文章可做。

催化剂与催化作用历来都充满着神奇色彩。它们在推动化学工业的发展，创造人类物质文明过程中起了巨大的作用，但同时也派生出许多有毒、有害的化学品。绿色化工则要趋利避害，高度选择性地催化加速那些环境友好的化学反应。这方面的例子、特别是工业应用的例子也做了适当增添，以后将会更多。

有效的化学反应、化工生产过程，往往都需借助一些介质(溶剂、助剂)才能顺利完成。过去为了经济发展而不顾及这些介质的害处。现在要正视这一问题，将来要用无毒、无害的介质取代它，甚至取消这些介质助剂。这方面的技术发展非常快，特别是超临界流体 CO_2 的应用已渗入到化工生产的各种过程中。本次修订对超临界水的应用做了补充，并新增离子液体、二甲基亚砜、氟溶剂的介绍。

强化化工生产过程及设备，使工艺过程更科学合理，使设备更高效安全，从而实现化工生产安全、高效、快捷、低耗，也是绿色化工中的重要内容。这当中包括化工生产过程优化组合，采用超声波、微波技术，以及选用各种高效、

2

紧凑、安全的化工设备，如反应器、分离器等。将原放入此节介绍的"开发以产品为中心的绿色设计方法"内容调整到"环境友好安全化工品的应用"一节中去。

研制生产、消费使用环境友好安全的化工产品更不可忽视。大力提倡绿色化工的同时，许多既安全、卫生，又经济实用的化工制品正在或将要改善我们的物质生活。因此，本节开篇首先介绍"开发以产品为中心的绿色设计方法"，然后再逐一介绍各类绿色化学品的生产与应用。

在目前情况下，燃料(特别是机动车燃料)仍是城市大气的主要污染源之一。目前已引起全球高度关注，并采取各种措施使燃料生产及使用过程清洁化。本节着重介绍国 V 车用燃料的技术标准和达标的生产技术，随着清洁燃料的技术进步，我们明天的天空将是美丽的。

以上这些都在第一篇绿色化工技术中有较多的更新介绍，感兴趣的读者会从中有所收获。

原书的"第三章绿色环保"依次更改为"第二篇绿色环保技术"。运用绿色化工的各种技术，固然可以极大地减少废弃物的排放量，减轻治理环境的压力。但在目前由于人类对化学品的旺盛需求以及清洁生产技术的局限性，仍不可避免会有废弃物产生及排放。在坚决实行废弃物减量化(甚至零排放)的前提下，还得设法将废弃物分类回收，变废为宝，综合利用，也就是要将废弃物资源化。要完全实行资源化，这一目标将来定会实现，但在目前仍相当困难。因此，对暂无办法资源化的废弃物，还需无害化处理。由于废气、废液、废固渣的物化性能差异很大，其物理、化学、生化处理的原理、工艺、方法也不尽相同。考虑目前大气环境主要受 SO_2 及 NO_x 影响，增加了烟气联合脱硫脱硝、烟气同时脱硫脱硝技术的介绍。

编著者对原书所参考文献、新增参考文献作者、本书第一版和第二版编辑谨致以衷心的感谢。

由于绿色化工、绿色环保的理论与应用技术发展很快，涉及的知识面又非常广泛，而编著者的知识和经验有限，书中难免有错误和欠妥之处，敬请各位同行、读者指正。

梁朝林

目　录

第二篇 绿色环保技术

第一篇　绿色化工技术

1 绿色化学

绿色化学(Green Chemistry)是一门具有明确的社会需求和科学目标的新兴交叉学科，核心概念是指人们可利用化学原理从源头上提高化学反应效率，实现化学反应的环保绿色，减少和消除其环境的污染。绿色化学具有丰富的内涵，并与生物学、物理学、计算机科学、材料科学和地质学等学科有密切的联系。绿色化学的实施，需要上述学科的知识做基础并带动这些学科的发展。从科学观点认识，绿色化学是对传统化学思维方式的更新和发展；从环境观点认识，它是从源头上消除污染；从经济观点认识，它是合理利用资源和能源，降低生产成本，符合经济可持续发展的要求。

绿色化学又称环境无害化学或环境友好化学，可从源头上避免和消除对生态环境有毒有害的原料、催化剂、溶剂和试剂的使用和产物、副产物的产生，力求使化学反应具有"原子经济"性，实现废物的"零排放"。因此，绿色化学是发展生态经济和工业的关键，是实现可持续发展战略的重要组成部分。

发展绿色化学的核心科学问题是研究新反应体系，其中包括新合成方法和路线，寻求新的化学原料，包括可再生的生物质资源，探索新反应条件如超临界流体、环境无害的介质以及设计和研制环境友好产品。

绿色化学与环境治理是完全不同的概念。环境的治理是对已被污染的环境进行治理，使之恢复到被污染前的面目，而绿色化学则是从源头上阻止污染物生成的新策略，即所谓污染预防。既然没有污染物的使用、生成和排放，也就没有环境被污染的问题。因此，只有通过绿色化学的途径，从科学研究出发发展环境友好化学、绿色化工技术，才能解决环境污染与经济可持续发展的矛盾。

1.1 绿色化学的历史发展及现状

绿色化学是当今国际化学学科研究的前沿。1990 年美国颁布污染防治法案，并确立其为国策，推动了绿色化学在美国的迅速兴起和发展。1996 年，美国政府设立了"总统绿色化学挑战奖"，奖励在利用化学原理从根本上减少化学污染方面所取得的成就。1997 年由美国国家实验室、大学和企业联合成立了绿色化学院；美国化学会成立了"绿色化学研究所"。日本制定了环境无害制造技术等以绿色化学为内容的"新阳光计划"。欧洲、拉美地区也纷纷制定了绿色化学与技术的科研计划。有关绿色化学的国际学术会议不断增加，展示了绿色化学的最新研究成果，受到学术界的高度重视。美国每年有以绿色化学为主题的哥登会议(Gordon Conference)。1999 年绿色化学的 Gordon Conference 在英国牛津召开，同时出版了《绿色化学：理论与应用》专集；同年英国皇家化学会创办了绿色化学(Green Chemistry)国际性化学期刊，旋即在欧洲掀起了绿色化学的浪潮。

20 世纪末曾提出未来十年绿色化学主要研究的问题(又称 12 项原则[1])是：

① 从源头上制止污染，而不是在末端治理污染；

② 合成方法应具有"原子经济性"，即尽量使参加过程的原子都进入最终产物；

③ 在合成方法中尽量不使用和不产生对人类健康和环境有毒有害的物质；

④ 设计具有高使用效益低环境毒性的化学品；

⑤ 尽量不使用溶剂等辅助物质，不得已使用时它们必须是无害的；

⑥ 生产过程应该在温和的温度和压力下进行，而且能耗应最低；

⑦ 尽量采用可再生的原料，特别是用生物质代替石油和煤等矿物原料；

⑧ 尽量减少副产品；

⑨ 使用高选择性的催化剂；

⑩ 化学产品在使用完后应能降解成无害的物质，并且能进入自然生态循环；

⑪ 发展适时分析技术以便监控有害物质的形成；

⑫ 选择参加化学进程的物质，尽量减少发生意外事故的风险。

到了 2012 年这些问题大部分取得令人瞩目的成果。从 2006~2012 年美国的"总统绿色化学挑战奖"获奖项目分析，即可看出"绿色化学"发展的情况。

表 1.1 显示近 7 年来获得美国"总统绿色化学挑战奖"绿色合成路线奖的 7 个项目。所涉及的领域主要集中在生物/生物催化剂技术、环境友好型产品的开发以及可再生资源的开发及利用；默克公司连续两年（2005，2006）获得了绿色合成路线奖，其涉及领域主要是环保且具有较高原子经济性的新工艺的开发。保守估计近十年来该项绿色合成奖减少上百亿吨 CO_2 和上亿吨工业废水的排放，经济效益和环境效益巨大。

表 1.1 2006~2012 年"总统绿色化学挑战奖"绿色合成路线奖获奖项目

年次	领域	主 要 贡 献
2006	绿色工艺	默克(Merck)公司开发出用 β 氨基酸制备 Januvia TM 的活性成分 Sitagliptin 的绿色合成路线，该路线缩短了反应步骤，大量减少污染物的产生，且提高了近 50% 的总产率
2007	绿色材料	美国俄勒冈州立大学 Kaichang 教授、哥伦比亚 Forset 产品公司和 Hercules 公司联合开发以大豆蛋白为原料的环境友好木材加工黏合剂，工厂有毒污染物的排放减少了 50%~90%
2008	生物材料	Battelle 公司、AIR 公司和俄亥俄州大豆委员会合成以大豆为原料的墨粉，生命周期分析表明新工艺可节省能源并降低二氧化碳排放
2009	生物催化	伊斯曼化学公司(Eastman Chemical Company)开发出将植物的脂肪酸转化成长链酯类的生物催化工艺，每生产 1kg 产品可以节省 10L 以上的有机溶剂
2010	清洁工艺	道氏化学品公司和德国巴斯夫公司合作开发新型过氧化氢环氧化丙烯的方法(HPPO)，使用高效催化剂可以获得较高产量，且副产物只是水，生产装置投资成本减少 25%，减少了 70%~80% 废水的生产，节省了 35% 的能量
2011	基因工程	日诺麦提卡(Genomatica)公司利用先进的基因工程开发了一种使糖类在发酵过程中生成 1,4-丁二醇(BDO)的微生物的技术，可降低 BOD 的生产成本，能耗减少 60%，二氧化碳排放量减少 70%
2012	生物催化	美国 Codexis 公司开发有效的生物催化剂(Lov I)生产辛伐他汀，具有实际可行性和高收益性，并避免了使用原工艺中数种有害化学品

表 1.2 显示 2006~2012 年期间，"总统绿色化学奖"中获得绿色反应条件奖的项目主要研究方向：生物技术、清洁生产、绿色化学监测或反应等。克迪科思公司分别在 2006 年和 2010 年凭借生物酶技术两次获得该奖项，在 2010 年与美国默克公司合作开发改性的转氨酶用于西他列汀的绿色生产，提高了现有设备 56% 的生产率，增加了 10%~13% 的产量，同时减少了 19% 的废物排放。

表 1.2　2006~2012 年"总统绿色化学挑战奖"绿色反应条件奖获奖项目

年次	领域	主 要 贡 献
2006	酶催化技术	美国 Codexis 公司采用基因技术开发了一种基于酶催化的过程，减少了单元操作，提高了产率，减少了副产品和废物生物生产，避免氢气的产生，减少溶剂和纯化设备的使用，极大的改善了用于合成 Lipitor R 的关键构件分子的生产过程
2007	催化反应	Headwaters Technology Innovation(HTI) 公司开发了一种先进的金属催化剂——Nx Cat TM 催化剂，直接用氢和氧合成双氧水，唯一副产物是水。该工艺提高了生产效率，不产废物且投资更低
2008	化学监测	纳尔科(Nalco) 公司开发了 3D TRSASR 技术来持续监控循环冷却水的状况，只在必要时加入化学药剂，节省了水和能源，减少了水处理药剂用量和对水环境的污染
2009	化学分析	培安公司(CEM Corporation) 生产的创新型快速测定蛋白质分析仪，不需高温，不使用有害化学物就可以准确测定蛋白质
2010	生物酶技术	美国默克集团(Merck & Co. Inc) 和克迪科思公司(Codexis. Inc) 开发出可以绿色生产西他列汀的改性转氨酶，该酶的合成过程不仅减少了废物，提高了产品的产量和安全性，还节省了大量金属催化剂
2011	膜技术	(Kraton performance polymers) 有限公司开发一系列无卤素、高透过率、溶剂用量少的 NEXARTM 聚合物膜，可制成本节约 70%，能耗减少 50%，且净化水的效率提高了数百倍
2012	清洁产品	Cytec 工业公司(Cytec Industries Ins) 研发 MAXHTA 拜耳法方钠石积垢抑制剂，可为厂家每年节省(200~2000) 万美元，并大量减少污染水排放

　　表 1.3 显示了 2006~2012 年获得"总统绿色化学挑战奖"中绿色化学品奖的项目。其中有 1 个项目以绿色环保的产品替代了有毒有污染的有机物质(2010 年)；2006~2008 年的获奖项目都将计算机理论应用到环境管理和环境效益的开发上，为绿色化学化工研究提供了新的研究工具；有 3 个项目是关于生物技术的，包括生物原料开发使用和生物酶技术，生物技术一直是绿色化学化工研究的热点。除此以外，仅 2011 年美国宣伟 Sherwin-Williams 公司利用可再生原料生产的涂料，减少了超过 360 多吨挥发性有机化合物的排放。

表 1.3　2006~2012 年"总统绿色化学挑战奖"设计绿色化学品奖获奖项目

年次	领域	主 要 贡 献
2006	环境管理	S. C. Johnson & Son(SCJ) 开发出用来评估产品中各成分对环境和人类健康影响的系统，并用于指导消费品配方的改进，减少有毒、有害原料的使用，降低能耗，生产环境友好型产品
2007	生物原料	Cargill 公司开发了利用生物质资源植物油制备 BIOHTM 多羟基化合物的技术，每使用 494t 的 BIOHTM 多羟基化合物，节约近 318t 的原油，且生产过程可节约 23% 的能量消耗及减少 36% 的二氧化碳排放
2008	网络技术应用	陶氏益农公司使用一种先进的"人工智能网络"方法来识别果树害虫并定量确定多杀菌素(spinosyns) 的构效关系，并且预测出这种相似物将更具活性。通过源自自然界的发酵物质来生产 spineroram 杀虫剂，在此过程中采用对环境影响很小的合成方式来控制多杀菌素的左旋和右旋，合成中使用的催化剂和大多数溶剂都可以循环使用，具有较高的环境效益和社会效益
2009	生物原料	宝洁公司(Procter & Gamble Company) 和堪萨斯州的 Cook 复合材料与聚合物公司(Cook Compostes and Polymers) 开发出 Chempol MPS 醇酸树脂，用 Sefoseo 油作复合溶剂替代石油源溶剂，可以将醇酸树脂涂料溶剂量减少到原来的一半，大大减少了挥发性气体的产生
2010	绿色产品	Clarke 公司开发了 Natular 牌改性 spinosad 杀幼虫剂，改性后的杀虫剂可以取代有机磷酸盐和其他传统有毒性的杀虫剂，减少了环境负荷

年次	领域	主 要 贡 献
2011	可再生原料	美国宣伟(Sherwin-Williams)公司开发出用可再生塑料苏打瓶(PET)、丙烯酸树脂和豆油,生产低VOC的水性丙烯酸醇酸树脂涂料的方法,仅2010年该公司生产的涂料及相关产品,减少了超过360多吨挥发性有机化合物的产生
2012	生物酶技术	Buckman国际公司开发出使用可再循环的酶制剂来生产高品质纸和纸板Maximyze技术,该技术毒性小,原料可再生利用

表1.4显示了2006~2012年间获得"总统绿色化学奖"小企业奖的项目。有2个项目是生物技术领域的,包括:生物原料、生物产品、微生物技术和酶催化技术;2006、2007和2008三年的获奖项目全都设计绿色的工艺或者绿色的溶剂,避免了产品生产和使用过程中污染物质的排放;此外也有两项关于催化技术的项目获得该奖,大大减少了反应的能耗。

表1.4 2006~2012年"总统绿色化学挑战奖"小企业奖获奖项目

年次	领域	主 要 贡 献
2006	绿色溶剂	Arkon和NuPro技术公司联手研制出一种更安全的化学品处理系统,可降低爆炸危险性,减少热量损失和操作人员在危险环境下的暴露
2007	绿色途径	Nova Sterilis公司发明一种新型的消毒技术,该技术开发的Nova 2200 TM消毒器既没有使用危险的乙撑氧,也没有使用γ射线
2008	绿色途径	Si G Na化学公司开发了一种包埋技术来稳定碱金属(钠和锂),使碱金属的储存、运输和处理更加安全。该技术在燃料脱硫、氢储存和有害废物的治理方面也有应用价值
2009	催化技术	Virent能源系统有限责任公司(Virent Energy Systems. Ins)开发出Bio Forming催化转化工艺,用水相催化法可将糖、淀粉或植物纤维制成汽油、柴油和航空燃料。可再生资源的使用减少了人们对石化燃料的依赖,增加了环保指数
2010	微生物技术	LS公司使用微生物技术,在石油基柴油基础上生产可再生石油燃料和化学品,且该技术生产的产品不含苯、硫和重金属
2011	生物催化	Bio Amber公司开发出生物基琥珀酸的一体化生产及其下游应用,可取代石化燃料生产的琥珀酸,减少源头污染,增加环保指数
2012	绿色催化技术	Elevance可再生科学公司(Elevance Renewable Sciences . Inc)利用钼和钨的置换催化技术开发出一项集成技术,可在低压低温下裂解多种可再生原材料,Elevance是唯一可以生产这种双官能团化学品的公司,可减少50%的温室气体排放

表1.5显示了2006~2012年间获得"总统绿色化学奖"学术奖的项目。获奖项目中只有两个是关于生物技术的,而涉及最多的技术是绿色溶剂和绿色原料,此外有两个项目是关于催化剂技术,具有巨大的经济效益和环境效益。

表1.5 2006~2012年"总统绿色化学挑战奖"学术奖获奖项目

年次	领域	主 要 贡 献
2006	绿色原料	密苏里哥伦比亚大学的Galen J Suppes教授从天然丙三醇合成出生物基的丙二醇和合成聚羟基化合物单体,提高了生物柴油副产物丙三醇生物的附加值
2007	原子经济选择性	德州大学奥斯汀分校的Michael J Krische教授以氢为媒介,利用金属催化剂在碳碳之间直接构建C-C键,这个反应可以将简单的化学品选择性转化成复杂的化学品,消除有毒原料和有害废物,大量消除有害化学品的使用

年次	领域	主 要 贡 献
2008	催化剂	美国密歇根州立大学的 Robert E. Maleczka. Jr 教授与 Milton R Smith 教授开发的利用催化方法制备复杂分子的合成，反应条件温和且产生废物量最小，提高了化学反应的速度和环境友好性
2009	绿色溶剂	卡内基梅隆大学的 Krzystof Matyjaszewski 教授开发出一种新的原子转移自由基聚合（ATRP）替代工艺，该工艺使用无害的化学物质，同时减少催化剂的用量
2010	微生物技术	加利福尼亚大学洛杉矶分校的 J. C. Liao 博士从遗传工程学的角度利用微生物从葡萄糖或者直接从二氧化碳生产高醇类化合物
2011	绿色溶剂	加州大学圣塔芭芭拉分校 Bruce H Lipshutz 教授开发的利用含有少量、温和、微分散的表面活性剂的水取代有机反应中大量有机溶剂，并提高了各种有机反应的反应速率，降低了反应能耗，为污染性有机溶剂的取代提供了有效方法
2012	催化技术	斯坦福大学的 Waymouth 教授和 IBM 的 Almaden 研究中心的 Hedrick 博士研发的有机催化剂具有高活性、环境友好、可生物降解、可用于多种官能团的有机物高分子合成，具有较高的原子经济利用率

我国对绿色化学这一新兴学科的研究也十分重视。1995 年，中国科学院化学部确定了"绿色化学与技术——推动化工生产可持续发展的途径"的院士咨询课题；1996 年，召开了"工业生产中绿色化学与技术"研讨会；并出版《绿色化学与技术研讨会学术报告汇编》；1997 年，国家自然科学基金委员会与中国石油化工集团公司联合资助了"环境友好石油化工催化化学与化学反应工程"重大基础研究项目；自 1998 年在合肥举办了第一届国际绿色化学高级研讨会，以后每年举行一次；《化学进展》杂志出版了"绿色化学与技术"专辑；推动了我国绿色化学的发展。2006 年 7 月 11 日，由中国化学会主办、吉林大学承办的中国化学会第 25 届学术年会在吉林大学开幕，本届化学年会的主题是"化学与社会——化学在社会可持续发展的地位与责任"，大会在主会场和绿色化学等 19 个相对独立的分会场构成，大会就化学的发展趋势开展热烈的讨论和交流[2,3]。由此我国绿色化学、可持续发展、科学发展观等名词成为化工人士的热门话题和科技进步的主旋律。

1.2 绿色化学的发展预测

作为一门新兴的多学科交叉渗透的科学，绿色化学已成为当前化学研究的热点和前沿，是 21 世纪化学发展的重要方向。未来十年绿色化学主要研究的问题将是在继续完成前面提出的 12 个问题的基础上，加强绿色化学理念教育，开发绿色实验，实现产物再利用；实验过程小型化、微型化；采用计算机网络技术模拟化学；将传统的化学工业从粗放型向集约型、精细化型转变；将单一的化学逐渐延伸到其他领域，如向生物学、材料学等拓展，开辟新的科学天地；将单一的化学技术与其它新技术耦合，如与生物技术、材料技术、超声技术、微波技术、膜技术、纳米技术等匹配，促进绿色化学产业发展，真正做到经济与环境协调发展，做到人类社会与地球环境协调发展。

2 绿色化工生产技术中的原料绿色化

绿色化工生产技术即化工生产清洁技术，是指化工生产中利用化学原理和工程技术来减少或消除造成环境污染的有害原料、催化剂、溶剂、助剂、副产品。绿色化工的研究工作主要是围绕以下几个方面展开：原料的绿色化，选择无毒、无害原料，以及替代性和可再生性原料的利用，如生物质、淀粉和纤维素；化学反应绿色化，目标是实现"原子经济反应"；应介质绿色化，采用无毒、无害的催化剂、溶剂和助剂；产品的绿色化，生产对环境友好的化工产品。

石油化工、精细化工、生物化工、环境化工的绿色化工技术研究与开发，都是要在满足现阶段国家重大需求的前提下，加快绿色化学基础理论的研究，迅速发展可用于各种化工生产和环境治理的绿色技术。

2.1 原料的绿色化

传统的直至现代的化工生产，由于受到目前技术的局限，更主要的是受到经济利益的驱动，为了大量地生产各种各样的化学品以满足人类日常生活增长的需求，不得不使用大量的化工原材料。这些原材料大多数对人类健康、生态环境是有毒、有害的。即使低毒或者无毒无害，这些原材料资源（如石油、天然气、煤、矿石）也是非常有限而非无限的。化学家与化学工程师要对我们生存的地球负责，就需要在化工生产中广泛使用无毒、无害的原材料；还要对子孙后代的健康和生存发展负责，那就更得要在化工生产中广泛使用可再生资源或生物资源，实现化工生产中原材料的可持续发展战略。因此在化工生产中，选用什么样的原材料是非常重要的，它决定应采用何种反应类型，选择何种加工工艺，如何贮存和运输这些原材料，如何降低成本等，从而实现经济效益最大化。历史发展到今天，从绿色化学或绿色化工清洁生产的角度看，主要要考虑的是两大方面：一是对人类健康和生态环境的影响，二是反应、转化成为目标产物（或产品）过程的转换效率。

2.1.1 化工生产原材料的无毒、无害化

在传统的化学品生产中，常采用光气、氢氰酸以及它们的衍生物硫酸二甲酯和氰化物等作为原料去生产其他化工产品，如聚氨酯、聚碳酸酯等。尽管这些化学品是剧毒物质，但因它们的化学性质极为活泼，使得采用这类原材料的工艺路线和生产技术往往工艺简单，条件缓和，制备方法成熟，制得的产品价格相对较低，所以至今仍然被广泛使用。

光气、氢氰酸及其衍生物在为人类造福的同时，也带来过巨大的灾难。例如1984年12月3日发生在印度博帕尔的光气泄漏事件，令32万人中毒，几十万居民逃离家园，流落他乡。又如2000年1月30日发生在罗马尼亚一家工厂的氰化物泄漏事故，由于氰化物流入多瑙河，致使下游沿岸各国深受其害，引起国际诉讼纠纷[4]。

由此可见，寻求用安全无毒、无害的物质去取代有毒、有害的化工原料已刻不容缓，这应是21世纪解决，而且必须解决的问题。化学家们经过近十年来的努力探索，已经取得令

人可喜的成果，许多使用有毒、有害原材料才能进行的传统化工工艺已得到突破，并应用于生产。

（1）替代光气的绿色原料

光气的分子式为$COCl_2$，也称为碳酰氯，是一种活泼气体，也是一种重要的有机中间体。光气用途十分广泛，可大量用来制备异氰酸酯、碳酸二甲酯、聚碳酸酯，以及医药、农药和染料中间体；还可用于回收稀有金属铂、铀、钍银的处理剂，用于生产氯化铝、氯化铍、氯化硼的助剂。

但光气剧毒，对人体和周围环境会造成严重危害。光气在空气中的最高允许含量为$0.1\mu g/L$，吸入微量也能使人、畜、禽致死。肺部吸入光气后，当浓度不大时刺激细胞壁，引起咳嗽、咽喉发炎、黏膜充血、呕吐等；重症时可引起肺部瘀血和肺水肿；极严重时将致血管膨胀，心肺功能发生故障，导致急性窒息性死亡。由光气中毒而引起的死亡，其肺部溢出的血液为肺平时质量的3~4倍，因而又被称为"在陆地上溺死"。因此，在一次、二次世界大战期间，光气都曾被用作过化学武器。除此之外，由光气制造的许多化合物例如硫酸二甲酯、卤代烃、异氰酸酯等都是毒性大、严重污染环境的物质。

目前国外已开发了无毒或低毒的化学品替代光气生产许多化工产品的工艺。以下是比较成功的几个实例[4,5]。

美国孟山都（Monsanto）公司的 Riley 和 McGhee 等人曾研究了用二氧化碳和胺反应直接生成异氰酸酯和氨基甲酸甲酯。首先由伯胺（RNH_2）、二氧化碳（CO_2）和有机碱（B）来生成氨基甲酸酯阴离子，再在一种脱水剂（如乙酸酐）的存在下进一步脱水便可生成异氰酸酯。乙酸酐则生成了乙酸，乙酸可再脱水生成乙酸酐而循环使用。整个过程基本上无废物排放。将碳酸二甲酯代替二氧化碳与伯胺反应，则得到相应的氨基甲酸甲酯，经热分解便得到异氰酸酯和副产物甲醇。分离出的副产物甲醇再氧化羰化又可生成碳酸二甲酯。将这几个工艺过程有机结合，不但实现化工原料的绿色化，还可实现生产过程废料的零排放。反应过程如下：

$$RNH_2 + CO_2 + B \rightleftharpoons RNHCOO^- B^+$$

$$RNHCOO^- B^+ + H_3C-\overset{O}{\underset{\\}{C}}-O-\overset{O}{\underset{\\}{C}}-CH_3 \overset{B}{\rightleftharpoons} RNCO + 2HB^+(OAc)^-$$

$$HB^+(OAc)^- \xrightarrow{\triangle} B + HOAc$$

$$HOAc \xrightarrow{\triangle} H_2=C=C=O \xrightarrow{HOAc} H_3C-\overset{O}{\underset{\\}{C}}-O-\overset{O}{\underset{\\}{C}}-CH_3$$

$$2CH_3OH + CO + O_2 \longrightarrow H_3C-O-\overset{O}{\underset{\\}{C}}-O-CH_3 + H_2O$$

这种技术改变了原来用光气作原料的生产工艺，目前已顺利实现了工业化。

取代光气作化工原料的类似技术还有日本旭化成公司开发了由苯胺、一氧化碳、氧气在甲醇存在下，经钯—碘化物作催化剂催化氧化羰基化生成苯基氨基甲酸甲酯，再经加热分解可得异氰酸酯。美国奥林公司和日本住友公司开发了由二硝基甲苯和一氧化碳在高温高压下用贵金属催化剂一步羰基化生产TDI的技术。美国通用电气塑料公司（GEP）与日本三井公司联合开发由碳酸二甲酯制造聚碳酸酯。这些工艺生产的最大特点是不用光气作原材料。

意大利Enichem公司研究开发成功了一氧化碳、甲醇和氧气为原料，以氧化亚铜为催化剂制备碳酸二甲酯（DMC）的工艺，并实现了工业化[6]，从而淘汰了用光气和甲醇为原料生产DMC的旧工艺，实现了原料的绿色化。另外，美国Texaco公司研究成功用环氧乙烷或环氧丙烷、二氧化碳和甲醇为原料，两步法制备碳酸二甲酯的技术。这些新技术都实现了原料的绿色化，不再用剧毒的光气作原料。

碳酸二甲酯现已被国际化学品权威机构确认为毒性极低的绿色化学品，它可以取代剧毒的光气，还可以用作羰基化剂、甲基化剂和碳基甲氧基剂，因此它可以作为化工原料中间体制造多种化工产品。

（2）替代氢氰酸的绿色原料

由于氢氰酸（HCN）可提供氢氰根（CN^-）而被广泛用于生产多种含氰化合物，如丙烯腈、农药中间体和杀虫剂等；也广泛用作生产聚合物的单体，如甲基丙烯酸系列产品；还是生产己二腈等重要的有机化工原料的单体。

氢氰酸为无色气体或液体，沸点26.1℃，极易挥发。氢氰酸剧毒，口服致死量约为0.1~0.3g，分慢性中毒与急性中毒两种。慢性中毒多见于吸入性中毒，令人产生头痛、呕吐、头晕感觉，长期接触会损害人的神经系统，导致帕金森氏综合症。急性中毒是氢氰酸的氰基与血液中的红细胞接触，迅速使氧化型细胞色素氧化酶（Fe^{3+}）不能还原为还原型细胞色素氧化酶（Fe^{2+}），从而导致生命体内的氧化还原反应不能进行，造成细胞窒息，组织缺氧。呼吸衰竭是氰化物急性中毒致死的主要原因。在二次世界大战期间，纳粹法西斯在浴室中残杀犹太人时，所使用的就是氢氰酸毒气。由于氢氰酸对环境和人体的严重毒害，国内外正在开发替代氢氰酸为原料的绿色化工生产技术。

制造尼龙66的传统方法是丁二烯和氢氰酸反应生成己二腈而进行的。新发展的工艺是丁二烯氢甲酰化和胺化法，丁二烯先经氢甲酰化反应生成己二醛，己二醛和氨反应后生成己二亚胺，己二亚胺再加氢即得己二腈。其反应如下：

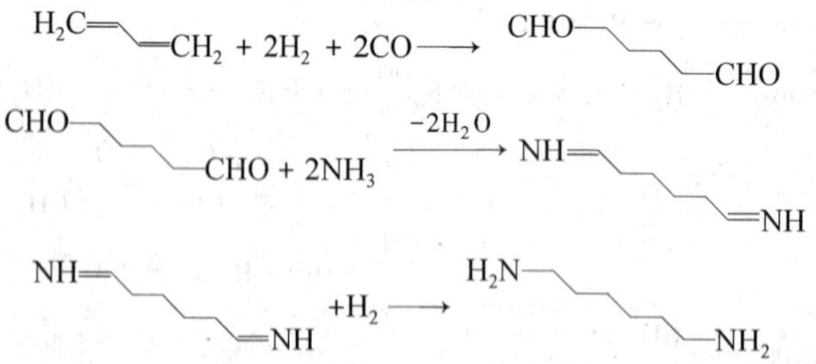

日本旭化成公司研究成功了异丁烯直接氧化生产甲基丙烯酸的技术，取代了传统的用氢氰酸和丙酮为原料生产甲基丙烯酸的ACH技术。德国BASF公司成功地开发了以丙醛和甲醛为原料生产甲基丙烯酸的技术，淘汰了以剧毒的氢氰酸为原料的旧工艺。美国孟山都公司以无毒无害的二乙醇胺为原料，代替剧毒氢氰酸原料，开发了经过催化脱氢生产氨基二乙酸

钠的工艺，改变了过去的以氨、甲醛和氢氰酸为原料的两步合成路线。由此获得了 1996 年美国"总统绿色化学奖"中的"变更合成路线奖"[7]。

2.1.2 其他的化工原料绿色化

（1）天然气裂解制氢取代水煤气制氢

合成氨是用途广泛的化工原材料，传统的生产方法是以煤气为原料，先生产出水煤气，然后再转换成氢气，最后与氮气在催化剂作用下，高温高压合成而得。水煤气有毒，且转化效率很低。现在采用天然气裂解制氢，取代水煤气，大大提高了生产效率。

（2）纤维素转化成乙酰丙酸[8]

乙酰丙酸是生产其他重要化工产品的关键中间体，如四氢呋喃、丁二酸和双酚酸等，全球需求量也较大。传统生产是以乙醇、丙醇为原料经多步合成而得。美国 Biofine 公司（Waltham，Mass，USA）发展了一种将天然纤维素转化成乙酰的新技术，由于这一研究成果，Biofine 获得了 1999 年总统绿色化学挑战奖。

合成生产乙酰丙酸的化学反应已有 100 多年的历史，但传统的反应由于形成焦油而导致乙酰丙酸的产率很低。Biofine 技术以天然纤维素（也可以是造纸废物、废木材、农业残留物）为原料，在 200℃ 稀硫酸及催化剂的作用下，15min 即可转化成乙酰丙酸，由于消除了副反应，乙酰丙酸产率高达 70% ~ 90%，同时可得到有价值的副产品甲酸和糠醛（呋喃甲叉）。

（3）双氧水取代含氯/硫氧化剂及漂白剂[9]

化工生产中的许多产品需要漂白，如造纸工业中的木浆漂白，制糖工业中的漂白，日用化工过程中的衣物洗涤漂白；另外化工生产中许多反应需要强氧化剂去氧化一些物质，如水的消毒反应。Carnegie Mellon 大学的 Collins 教授采用双氧水（过氧化氢）代替传统的二氧化氯、二氧化硫、高锰酸钾等强氧化剂去氧化或漂白化工产品或加速化工原材料的氧化及增白作用；双氧水反应后生成水，对环境友好。Collins 教授还用 TAML 活化剂（Tetraamido Macrocylic Ligand Activators）去增强双氧水的氧化能力，由此获得了 1999 年美国总统绿色化学挑战奖的学术奖。

2.2 可再生资源作为化工生产原材料

人类生产、消费的化工品绝大部分是有机化工品，制造这些有机化工品的绝大部分原材料以及所需能源又主要来自于石油、天然气以及煤炭。而这些东西一是储量有限，二是再生周期以亿万年计，几乎是不可再生的。此外，使用这些东西，还会直接或间接地对环境产生不良影响，如产生酸雨、温室效应气体等。

根据可持续发展战略，从绿色化学生产的角度看，最好的化工生产原材料应是不污染环境，又是储量丰富到取之不尽、用之不竭的。可供选择的方案之一就是以植物为主的生物质资源作为绿色化工生产的原料。所谓生物质可理解为由光合作用产生的所有生物有机体的总称，包括农作物、林产物、林产废弃物、海产物（各种海草）等。这些生物质资源来自于光合作用，主要成分为木质素、纤维素、碳水化合物。对于人类而言，太阳能几乎是取之不尽的天赠宝物，因此这些生物质也就可以看成是用之不尽的。

目前将生物质资源用作化工原料的方法有物理法、化学法、生物化学转化法等。其中物

11

理法、化学法能耗高、产率低，副产物多且造成废弃物污染环境。生物化学转化法是将生物质大分子转化为葡萄糖等低分子物质，然后再转化为能源（可燃气体、液体燃料）或化工原料（碳氢化合物或其他化学品）。生物化学转化法过程复杂，且要借助于特殊的酶催化剂或含酶的微生物作用才能进行，但这是今后生物质利用的主要方向。随着科学技术的进步，人们从利用酶以生物质为原料酿酒、制醋、造酱开始，已发展到今天利用微生物发酵生产出数万种特殊的化学品，如小到药品中的青霉素与氯霉素，大到燃料中的乙醇、汽油、精细有机化学品的己二酸、1,3-丙二醇、聚乳酸等。

（1）采用生物质材料制取燃料[4]

氢气燃烧热效应大，且只生成水，对环境无污染，因而被认为是最理想的能源。以氢燃料电池驱动的汽车早已问世，但由于传统方法电解水制氢的成本较高，因而仍缺乏实用价值。

采用生物化学转化制氢技术，即以糖废液、天然纤维素废液为原料，利用微生物培养方法制取氢气。生物制氢的关键是靠氢化酶，通过发酵方法连续生产氢气。但氢化酶易失活，因此国外近期的研究主要集中在固定化微生物制氢技术上。以聚丙烯酰胺将氢产生菌丁酸梭菌包埋固定化，发现这种固定化微生物能由葡萄糖连续产生氢气。后来改用琼脂固定化，其生成氢气的速度约为聚丙烯酰胺固定化法的3倍。利用这种固定化氢生产菌的催化作用，可以从工业废水中有效地生产氢气。国内对生物制氢技术也进行了大量研究，并取得突破性进展。目前以厌氧活性污泥为原料的"有机废水发酵法制氢技术"的研究已通过中试验证，实现了中试规模连续非固定菌长期操作生物制氢，据测算生产成本已大大低于电解法制氢。

此外，也可以谷物为原料的发酵法制造酒精（可作为汽车发动机燃料或有机化工原料），还可以农、林、畜产的废物和家庭的有机垃圾通过发酵法制沼气（可作为民用燃料或化工原料）。这些生物质属于可再生资源，且每年的生成量非常巨大。一旦能够方便有效地用它取代石油等矿物质去制造各种满足人类需求的燃料和化工材料时，人类则可以真正步入可持续发展的良性轨道。

（2）采用生物质材料制取精细有机化学品

己二酸是合成尼龙、聚氨基甲酸酯、润滑剂、增塑剂等的重要原料。

传统合成己二酸的方法是以苯为原料，借助镍或钯催化剂通过加氢合成环己烷，然后进行空气氧化成环己酮或环己醇，最后用硝酸再氧化制成己二酸。从苯出发制造己二酸直至尼龙66，被公认是当代合成有机化学中的重大成就。但也有缺陷，一是苯从石油中或煤中获得，不易得也不易再生，而且苯是致癌物；二是苯及其氧化、硝化过程中选择性低，原料有效转化率低；三是产生副产物多，特别是最后一步易产生笑气（N_2O），既直接危及人体健康，也破坏臭氧层，间接破坏环境，致使全球变暖；四是工艺流程长，反应条件苛刻，硝酸等介质易腐蚀设备及危害人身安全。

为了克服以苯为原料制取己二酸的种种问题，美国密歇根州立大学的 J. W. 霍斯特和 K. M. 查斯开发出了以蔗糖为原料，生物转化生产己二酸的工艺。该工艺利用经 DNA 重组技术改进的微生物酵母菌，将蔗糖变成葡萄糖，再变为己烯二酸，然后在温和条件下加氢制取己二酸。由己二酸制尼龙66或其他化工产品的工艺仍与传统无异。这一方法所用蔗糖来源方便，无毒无害，而且工艺条件简单，安全可靠。因为 J. W. 霍斯特和 K. M. 查斯开发了采用可再生生物质资源（蔗糖）代替矿物质资源（石油或煤焦油）制造己二酸，从而实现原料与生产过程无毒、无害、无污染，为此而荣获了 1998 年美国"总统绿色化学挑战奖"中的学术奖。

利用生物质资源制造有机化学品的例子还有很多，其中美国"总统绿色化学挑战奖"获奖项目中的 1996 年度的学术奖、1998 年度的学术奖、1999 年度的企业奖、变更合成路线奖都与生物质资源及其相应转化技术有关。从中可以看出，生物质资源作为化工原材料，不但原料丰富以及可再生，而且生产过程无毒无害，其产品有可能也是对环境友好的。因此，以植物为主的生物质资源作为化工原材料是我们生物化学工程研究的重点[4,10]。

3 绿色化工中的原子经济性

3.1 原子经济性概念的提出

1991 年，Trost 首先提出了原子经济性的概念，即原料分子中有百分之几的原子转化成了产物，可用来估算不同工艺路线的原子利用程度。理想的原子经济性反应应该是原料分子中的原子百分之百地转化成产物，不产生副产物和废物，实现废物的零排放。原子经济性反应有两个显著特点：一是最大限度地利用了原料；二是最大限度地减少了废物的排放，减少了污染。其实，Trost 所指的原子经济性应为原子利用率，因为它只强调原料中的原子有多少转化到产物中去了，而未提及原子利用的经济性。尽管如此，由于 Trost 明确提出一种新的标准来评价化学工艺过程，即选择性和原子经济性两个概念，特别是后者很好地考虑在化学反应中究竟有多少原料的原子进入到产品中。Trost 标准既要求尽可能地节约那些一般是不可再生的原料资源，又要求最大限度地减少废物排放。Trost 获得了 1998 年美国"总统绿色化学奖"的学术奖[4,11]。

一个有效的化学反应，不但要有高度的选择性，而且必须具有较好的原子经济性。理想的原子经济性的反应，应该是原料分子中的原子，不需要附加的，或仅仅需要无损耗的促进剂(催化剂)即可百分之百地转化成产物。如乙烯、丙烯、长链 α-烯烃与苯合成乙苯、异丙苯、长链烷基苯等基本有机原料是原子经济反应，异丁烷与丁烯烷基化生产高辛烷值汽油组分也是原子经济反应。例如在反应式中：

$$A+B \longrightarrow C+D$$

C 为产物，D 为副产物。在原子经济性论中，D 应减至最小，最佳为零。即

$$A+B \longrightarrow C$$

Witting 反应是一个在精细合成中很有用的反应，据此而荣获诺贝尔化学奖，但在 Witting 反应中，

$$Ph_3P^+MeBr^- \xrightarrow{\text{碱}} Ph_3P = CH_2 \xrightarrow{\substack{R_1 \\ C=O \\ R_2}} Ph_3PO+ \substack{R_1 \\ R_2} = CH_2$$

溴化甲基三苯基膦分子中仅有亚甲基被利用到产物中，即 356 份质量中只有 14 份质量被利用，利用率只有 4%，并且还产生了 278 份质量的"废物"氧化三苯膦。从原子经济角度看，探索具有高度选择性、又具有高效经济性的化学反应就成了化学、化工科技人员的迫切任务[11~15]。

杜邦公司从丁二烯和 HCN 合成己二腈，用甲醇羰化制醋酸等都是原子经济性浪潮的典型例子。Trost 的原子经济性可以用原子利用率(Atom Utilization，简称 AU)衡量，其定义式如下：

$$AU = 目标产物的摩尔质量/化工过程中所有物种摩尔质量之和$$

随后，Sheldon 提出用 E-因子更为符合绿色化工的要求，E-因子定义为每产出 1kg 产物

所产生的副产物的千克数，去衡量化工过程的排弃量。在上述两个指标中，废弃物是指预期产物以外的任何副产物。无机盐(氯化钠、硫酸钠、硫酸镁)往往成为废弃物的重要来源，它们大多在反应的后处理(酸碱中和)过程中产生。显然，改变许多经典有机合成中以中和反应进行后处理的常规方法是最重要的。Sheldon 根据 E-因子的大小划分化工行业。从表3.1 可以看出，产品越精细复杂，E 值越大。这反映了在这些行业中大量运用化学计量(而不是催化量)试剂和分离的多步骤合成[15]。

表 3.1 E-因子

化工行业	产品规模/kg	废弃物/产品
石油炼制	$10^9 \sim 10^{11}$	约 0.1
大宗化学品	$10^7 \sim 10^9$	1~5(个别小于 1)
精细化学品	$10^5 \sim 10^7$	5~50(个别大于 50)
医药品	$10^4 \sim 10^6$	25~100

毫无疑问，用原子经济性或 E-因子考察化工流程都过于简化，对于合成过程或化工过程所产生的环境影响更全面的评价还应考虑废弃物对环境的危害程度。此外，产出率，即单位时间单位反应器体积生产的物质量，也是一个重要因素。美国斯坦福大学 Wender 教授对理想的化工过程作了完整的定义：一种理想的(最终是实效的)合成是指用最简单、安全的、环境友好的、资源有效的操作，快速、定量地把廉价、易得的起始原料转化为天然或设计的目标分子。这些标准的提出实际上已在大方向上指出实现绿色化工的主要途径。

AU 用来估算不同化工过程在不同工艺路线中原子利用程度，它由理论反应式算出。AU 大，副产物少。它不是指产物的选择性，而是原料的选择性。表 3.2 为几种典型化学计量式反应与催化反应中 AU 值。

表 3.2 化学计量式反应与催化反应中的 AU 值

反应类型	化学计量式反应	催 化
还原反应	$4PhCOCH_3 + NaBH_4 + 4H_2O$ $\downarrow$ $4PhCH(OH)CH_3 + NaB(OH)_4$ $120/145 = 82\%$	$PhCOCH_3 + H_2$ $\downarrow$ $PhCH(OH)CH_3$ 100%
氧化反应	$3PhCH(OH)CH_3 + 2CrO_3 + 3H_2SO_4$ $\downarrow$ $2PhCOCH_3 + Cr_2(SO_4)_3 + 6H_2O$ $120/270 = 44\%$	$PhCH(OH)CH_3 + 1/2O_2(H_2O_2)$ $\downarrow$ $PhCOCH_3 + H_2O(2H_2O)$ $120/156 = 77\%$
C—C 转化反应	$PhCH(OH)CH_3 + HCl$ $\downarrow$ $PhCH(OH_3)Cl + H_2O$ 1. Mg 2. CO$_2$ 3. HCl $\downarrow$ $PhCH(OH_3)CO_2H + MgCl_2$ $148/243 = 61\%$	$PhCH(OH)CH_3 + CO$ $\downarrow$ $PhCH(OH_3)CO_2H$ 100%

由表 3.2 可见，在还原、氧化和羟基转化为羧基的反应中，催化法比化学计量式反应的 AU 显著提高，这意味着排放到环境中的废物大为减少。可见，催化技术即为重要的清洁工艺。

E-因子或 AU 值往往从排放废物数量的角度进行评价，它没有考虑这些废物间质的区别。显然，不同的物质对环境的影响是大不相同的。对于某些 AU 值较高的反应，尽管排放物数量少，但毒性高，LD_{50} 小。为此，必须建立另一新的评价指标，即环境系数。低毒无机物对环境不友好系数 $Q=1$，而重金属、一些有机中间体和含氟化合物等的 Q 值可在 100~1000 之间，具体视 LD_{50} 值而定。

因此，为减少副产物而开发环境友好工艺是有潜力的。

3.2　有机合成中原子经济性的实例

目前，在石油化工的基本有机原料的生产工艺中，相当多的过程是以"原子经济反应"为基础开发的。如乙烯聚合生产聚乙烯，丙烯聚合生产聚丙烯，对苯二甲酸和乙二醇聚合生产聚酯，异丁烷与丁烯烷基化反应生产高辛烷值汽油组分等都是原子经济反应。近年来。意大利 Enichem 公司采用钛硅分子筛催化剂，将环己酮氨氧化直接合成环己酮，转化率达 99.9%，基本上实现了原子经济反应。这些新工艺不但环境友好，而且是原子经济性的，大大提高了资源利用率。

（1）过渡金属催化的环加成反应[11]

这些反应中，原料中的原子全部变成了产物中的原子，是原子经济性的。它们的反应过程，可能是先形成金属杂环，再经烯烃或炔烃插入碳-金属键而生成产物。

（2）质子迁移的成环异构化[11]

Trost 用钯催化发现了下列反应：

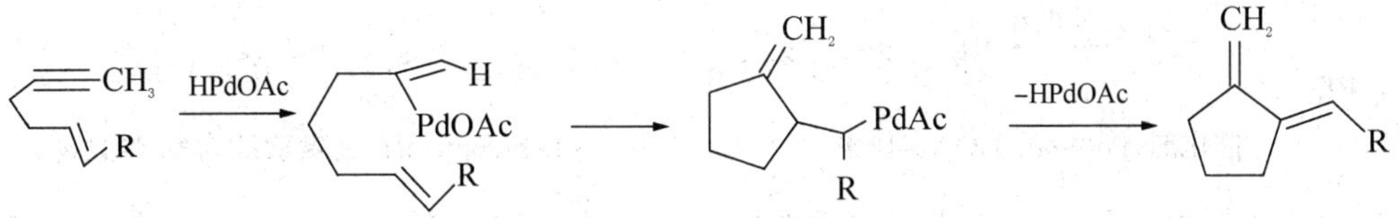

其通式为：

其机理可能是：

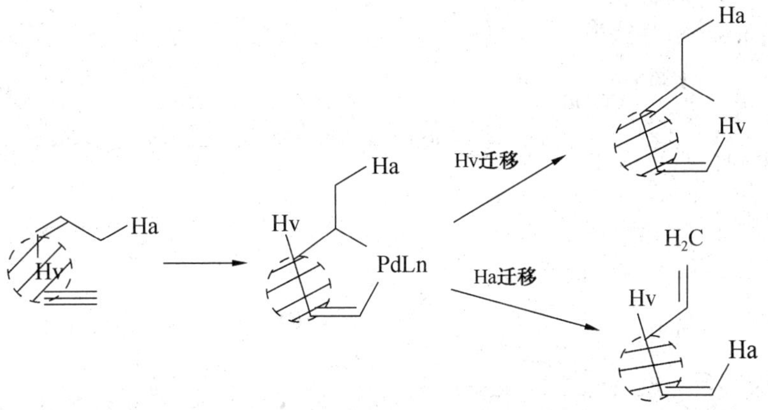

这些反应是原子经济性的。

（3）炔烃的异构化反应[13,16]

贫电子炔烃能为过渡金属或叔膦催化而异构化为双烯：

式中 R_1 为烃基，烷氧基，胺基；催化剂为 R_3P，过渡金属氢化物。这一反应可扩展至下列反应：

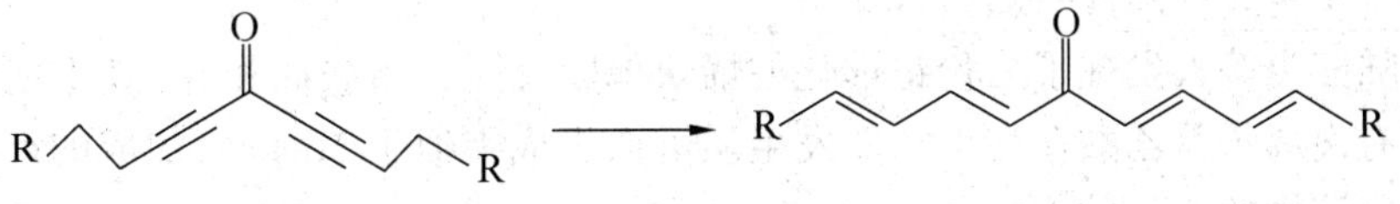

合成了天然产物 ostopanic acid：

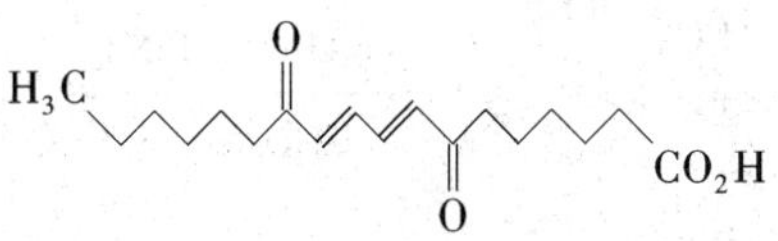

也可用以合成含氟的双烯：

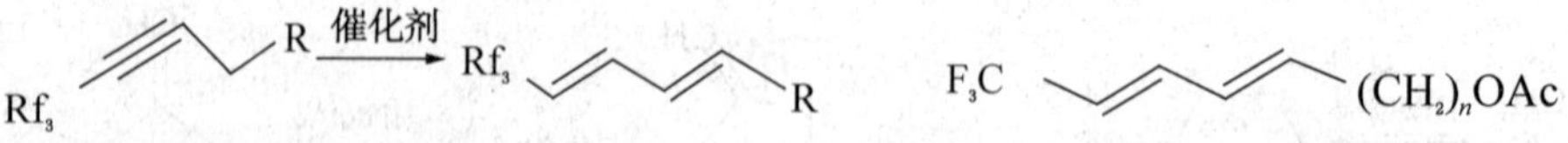

催化剂=Pd(dba)$_2$–HOAc–Ph$_3$P   n=7,8 Lepidoptera昆虫激素的含氟类似物

从这些双烯中间体可以合成很多重要的天然产物，如有杀虫性的 N-异丁基多烯酰胺，有杀菌及致癌性质的大环或多环化合物、昆虫激素、白三烯及其衍生物等。这些多烯化合物可以用 Wittig-Homer 法合成，但一般产率较低而且立体选择性不好。陆熙炎合成多烯化合物的方法是原子经济性的，可以弥补 Wittig-Homer 方法之不足[15,16]。

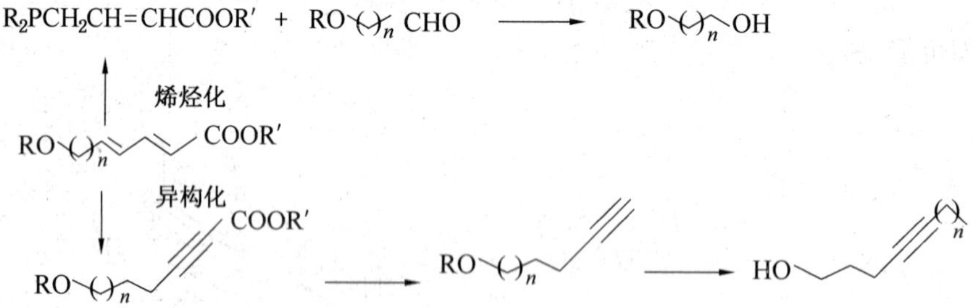

炔醇的异构化

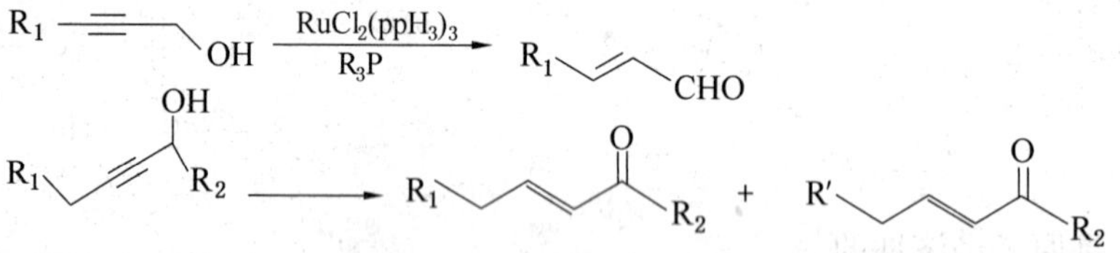

第一个产物与第二个产物的比值为 4∶1。这些反应都是原子经济性的。下面是这类反应中表明原子经济性的范例，其中叁键成为饱和所需的 4 个氢原子全部来自原料本身：

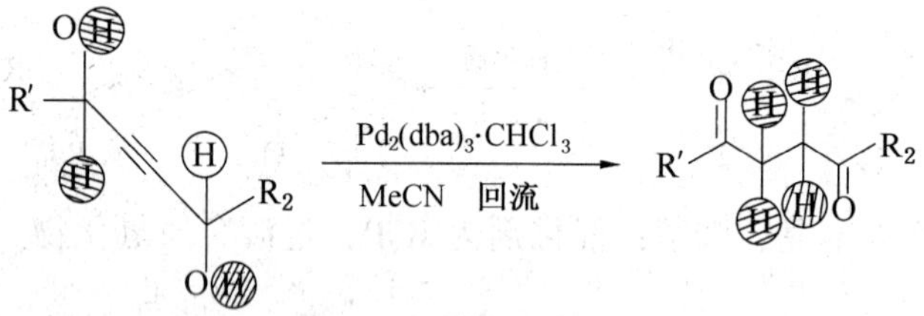

（4）二价钯催化稳定烯炔偶联反应

最近，陆熙炎等人发现了二价钯催化的烯炔偶联反应，当炔烃和 α、β 不饱和烯烃在二价钯催化，有卤离子及乙酸存在下，能发生质解而生成类似于 Michael 加成的产物，这一反应也是原子经济性的：

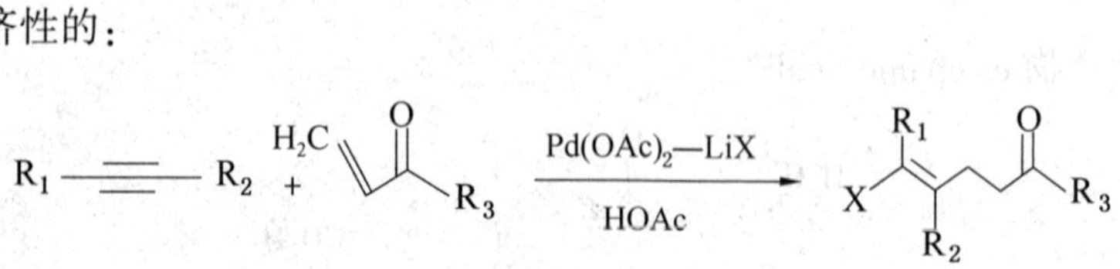

这一反应能以分子内的形式进行[17]：

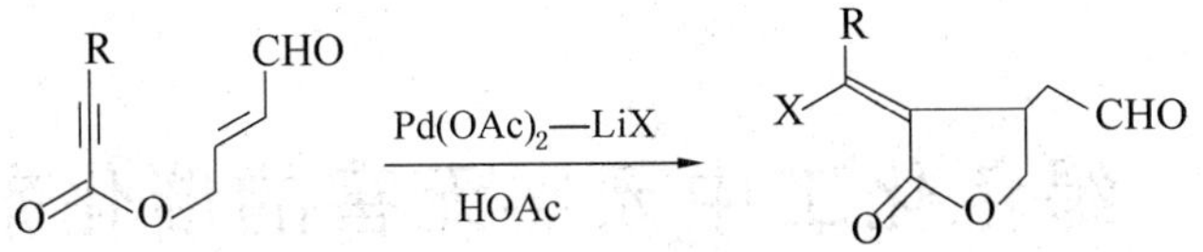

而且，分子内的氧原子也能作为亲核试剂代替卤素完成下列反应：

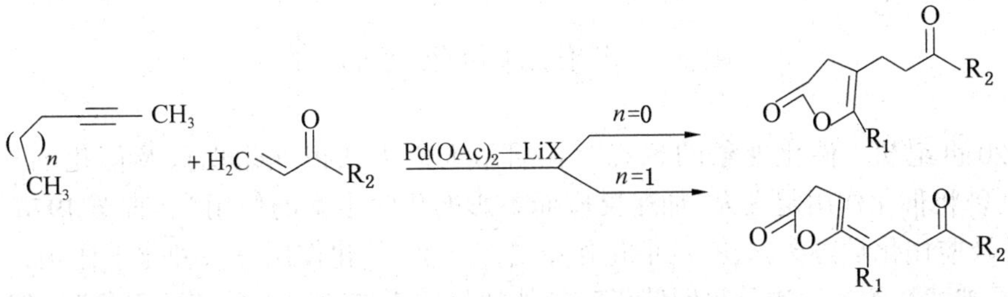

以上是有关原子经济性的简单介绍。有意义的是这些原子经济性反应还可以和上面所述的符合绿色化学要求的有机合成结合起来，发展成为绿色化学中当前最活跃的合成方法。

例如，Trost 将串联反应用于下列原子经济性反应，一步合成了多螺环产物[11]：

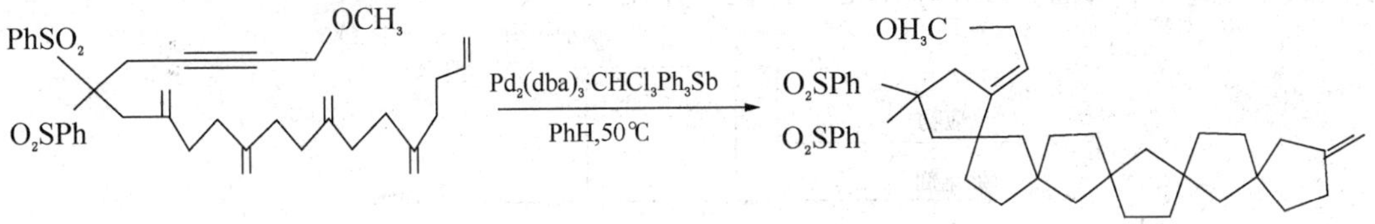

超临界二氧化碳中 CO_2 和甲醇一步合成碳酸二甲酯也是一典型。Noyori 等在超临界的二氧化碳中，从二氧化碳和氢合成了甲酸[18]：

$$O{=}O + H{-}H \xrightarrow[\text{sc } CO_2, \ Et_3N, \ 50℃]{RuH_2(PMe_3)_4} HCOOH$$
$$SC \quad 8.5MPa$$

又如取代卤代芳烃而直接用芳烃为反应原料的问题，最理想的方法是实现过渡金属催化的碳—氢键活化，使芳烃直接和烯烃发生反应，生成加成产物：

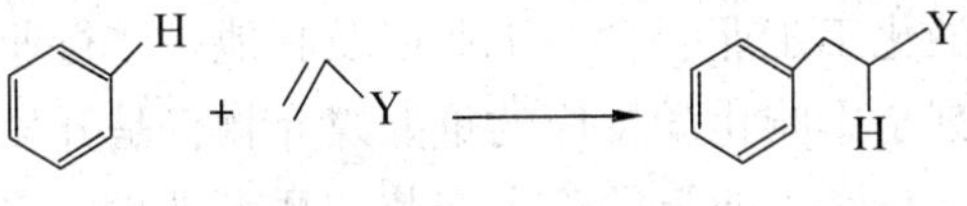

人们的这一梦想终于在最近得以实现。Murai 等用 Ru 为催化剂实现了下列反应[19]：

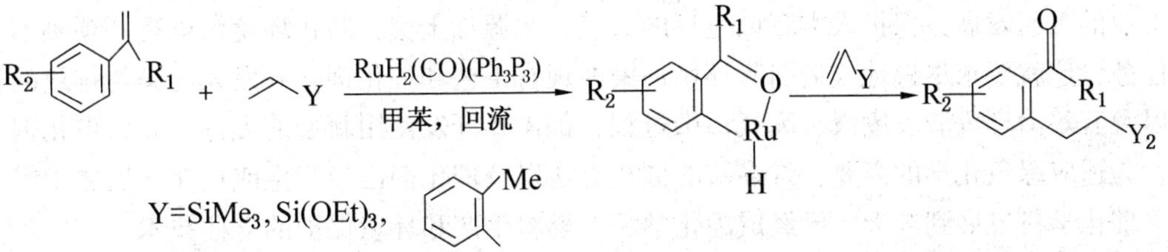

$Y = SiMe_3, \ Si(OEt)_3,$

目前的问题是在芳环上还必须有一个引导基团，人们在不久的将来会自由地实现碳-氢键的活化，从而会更自由地合成各种随心所欲的产品[20]。

19

4 绿色化工中无毒无害的催化剂

4.1 催化剂和催化作用

早在 20 世纪初，催化现象的客观存在启示人们去认识催化现象及催化剂。1902 年，W. Ostwald 曾将催化作用定义为"加速反应而不影响化学平衡的作用"。直至 1976 年 IUPAC（国际纯粹及应用化学协会）公布的催化作用的定义是"催化作用是一种化学作用，是靠用极少而本身不被消耗的一种物质叫做催化剂的外加物质来加速化学反应的现象"。催化剂能使反应按新的途径、通过一系列基元步骤进行，催化剂是其中第一步的反应物，最后一步的产物，亦即催化剂参与了反应，但经过一次化学循环后又恢复到原来的组成。如图 4.1 所示表述了催化剂参与了反应，催化作用是一种化学作用[21]。

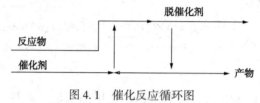

图 4.1　催化反应循环图

广义地说，目前所指的催化剂是指一种化学品或生物物质或多种这些物质所组成的复杂体系。例如酶、配合物（络合物），一种气体分子、金属、氧化物、硫化物、复合氧化物等固体表面上的若干分子、原子、原子族等。它们所起的作用是加速反应速度、控制反应方向或产物构成，而不影响化学平衡。此外，它们不在主反应的化学计量式中反映出来，即在反应中不被消耗。能起这种作用的物质称为催化剂。

在现代化学工业、石油化工工业、食品工业以及其他一些行业中，都广泛地使用着各种各样的催化剂。这些催化剂是影响化学反应的重要媒介物，是开发更多、更新、更好的化工产品生产的关键。可以说，化学工业上的重大变革、技术进步大多都是因为新的催化材料或新的催化技术而产生。要发展环境友好的绿色化学，其中新的催化方法是关键。随着现代化学工业的飞速发展，保护人类赖以生存的大气、水源和土壤，防止环境污染是一项刻不容缓的任务，这就要求尽快地改造引起环境污染的现有工艺和催化剂。开发无污染物排放的新工艺以及有效治理废渣、废液、废气污染过程，都需要开发使用新型的无毒、无害催化剂。因此，为适应绿色化学的需要，许多新的催化方法以及催化剂已经产生或正在发展之中[21~24]。

催化学科发展到今天，已经成为化学品、燃料生产和环境保护的支柱技术。

4.1.1　21 世纪前催化技术已经解决的主要任务

① 应用催化燃烧技术于无污染电能的生产；

② 实现酶促进的石油馏分脱硫、脱氮和脱金属催化技术；

③ 普遍应用手性（Chiral）催化作用生产生物活性分子；

④ 迅速突破燃料电池技术；

⑤ 用安全的固体酸替代 HF 和 H_2SO_4 催化技术。

4.1.2　21 世纪催化技术的发展目标

① 化学催化和生物催化相结合生产精细化学品和医药品、催化膜反应器广泛工业规模应用；

② 直接应用烷烃官能化作用于工业生产；

③ CO_2 应用于化学品生产；

④ 分子标记技术应用于普通和高选择性催化剂的制备。

4.1.3　2040 年前催化技术的发展目标

① 光催化作用普遍应用于氢和化学品的生产；

② 小分子催化剂用作医学治疗剂；

③ 通过微生物和植物工程途径生产化学品和材料；

④ 无机高聚物取代金属和合金；

⑤ 合成酶催化剂应用于工业生产。

4.2　绿色催化剂选择的原则

催化剂能够加快化学反应速度，但它本身并不进入化学反应的计量。这里指的是一切催化剂的共性——活性，即加快反应速度的关键特性，这是人们过去选择催化剂首先考虑的最重要的原则。但在绿色化学中，人们把催化剂活性放在次要的地位，首先考虑的原则是催化剂对反应所具有的选择性，即催化剂对反应类型、反应方向和反应产物的结构所具有的选择性。

例如，SiO_2-Al_2O_3 催化剂对酸碱催化反应是有效的，但它对合成氨反应却是无效，这就是催化剂对反应类型的选择性。

从同一反应物出发，在热力学上可能有不同的反应方向，生成不同的产物。利用不同的催化剂，可以使反应有选择性地朝着某一个所需要的方向进行，生产所需产品。使用不同选择性的催化剂，在不同条件下，可以让反应有选择性地按某一反应进行。例如，乙醇可以进行二三十个工业反应，得到用途不同的产物。它既可以脱水生成乙烯或乙醚，也可以脱氢生成乙醛，还可以脱氢脱水生成丁二烯。

$$CH_3CH_2OH \begin{cases} \xrightarrow{Al_2O_3} C_2H_4 + H_2O \\ \xrightarrow{ZnO} CH_3CHO \\ \xrightarrow{Al_2O_3 + ZnO} \frac{1}{2}CH_2 = CH - CH = CH_2 + H_2O + \frac{1}{2}H_2 \end{cases}$$

又如甲醛也可用不同催化剂，使之发生不同的反应。

$$HCOOH \xrightarrow[\text{脱水反应}]{Al_2O_3} H_2O + CO$$

$$HCOOH \xrightarrow[\text{脱氢反应}]{\text{金属}} H_2 + CO_2$$

类似的工业实例还有很多。例如，通过改变催化剂(以及催化过程的条件)，可以有选

择性地将 H_2+CO 混合物(合成气)转化成甲烷(催化剂为 $Ni+Al_2O_3$)、烷烃($Fe+$硅藻土)、醇、醛和酸($Co+ThO_2$)、或者甲醇($Cu+ZnO$)。这里的催化剂实际上变成了调控反应选择性的工具。此外,对于某些串联反应,利用催化剂可以使反应停留在主要生成某一中间产物的阶段上,其意义也与此相近。如乙炔选择加氢,只停留在乙烯上,而不进一步生成乙烷。再如利用不同催化剂也可使烃类部分氧化为醇、醛或酮以及酸等不同产物,然而并不完全氧化为二氧化碳和水。

从同一反应物乙烯出发,使用不同的催化剂,所得到的都是聚乙烯,但其立体规则性不同,性能也不同,这是催化剂对立体规则性选择的一个实例。例如

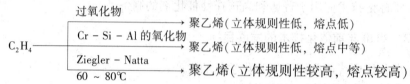

又如用不同的催化剂可以生产等规、间规、无规等多种不同空间结构的聚丙烯,因而其性能迥异、千差万别。

综上所述,选择绿色催化剂的首要原则是注重催化剂的选择性而非活性,是选择它的特殊性、专用性而非通用性,从而保证目标产物的高转化率,副产物的低转化率,甚至不转化产生副产物[21]。

4.3 绿色催化剂选择的研究开发

目前,研究开发、选择使用绿色催化剂比较现实可行的方法,是从现有的经验和局部理论出发,综合各方面因素,去考虑主催化剂、助催化剂和载体这三大部分的化学成分及其结构材料的选择。首先是定性的选择(加什么),进而是定量的优化(加多少或怎样加)[21]。

4.3.1 主催化剂的选择

主催化剂是确定催化剂的化学本性——选择性和活性的主要因素。只有在确定了主催化剂之后,才能进一步考虑到其他因素,如助催化剂和载体的选择,以及催化剂的宏观结构、机械强度等。

关于催化剂的选择,可依据一些半经验规则加以推理。如从选择性的激活性样本来推断;从选择性的吸附机理和吸附热推断;从几何对应性推断;从电子总效应推断等。

4.3.2 助催化剂的选择

在催化剂中助催化剂的含量不多,一般在百分之几的含量以下。它自身或单独存在,如重油催化裂化中的助燃剂;或附载于催化剂上,如重油催化裂化中的助辛剂;或根本就不附载于催化剂上,但反应过程中才能附着在催化剂上,如重油催化裂化中的硫转移促进剂。助催化剂本身并无催化反应活性,但可明显促进主催化剂选择性、活性的提高。如在酸-碱催化反应中的催化裂化、异构化、烷基化、叠合等催化过程与氧化还原不同,加入某些助催化剂可以增强或削弱主催化剂的某些选择性,从而使反应更多地向绿色化方向移动。助催化剂常分为调变性助催化剂和结构性助催化剂两大类。

4.3.3　载体的选择

在催化剂中有很大一部分主催化剂(有时还包括助催化剂)是负载于载体上的。尽管如此，载体在整个催化剂中占绝对大的份额。目前石油化工中所用的催化剂，多数属于固体负载形催化剂。载体与主催化剂、助催化剂相比较，是有更大的共性。从绿色催化剂的角度要考虑载体对主催化剂、助催化剂选择性、活性的影响，还要考虑载体自身的毒害性、可降解性、可再生性等。

4.4　绿色催化剂种类及应用实例

4.4.1　固体酸催化剂

(1) 液体酸、固体酸催化应用情况

酸催化反应和酸催化剂是烃类裂解、重整、异构等石油炼制以及包括烯烃水合、芳烃烷基化、醇酸酯化等石油化工在内的一系列重要工业的基础，是催化领域内研究得最广泛、最深入的一个方面。从酸催化反应和酸催化剂研究的发展历史看，最早是采用氢氟酸、硫酸、三氯化铝、磷酸等化学品作为催化剂，目前仍有许多过程采用这些无机酸。这显然是因为这些酸催化剂都具有确定的酸强度、酸度和酸型，而且在较低温度(常温)下就有相当高的催化活性。表4.1为利用 H_2SO_4、H_3PO_4、$AlCl_3$ 作为催化剂的一些工业上重要的催化反应例子[25~30]。

表 4.1　一些有代表性的用 H_2SO_4、H_3PO_4、$AlCl_3$ 等为催化剂的重要工业催化反应

反应类别	过程	液体酸	反应温度/℃	缺点	改用固体酸
烷基化	苯+乙烯→乙苯	$AlCl_3$	100~200	①腐蚀 ②操作条件苛刻 ③收率低 ④脱 HCl、RCl 困难 ⑤催化剂难分离 ⑥HF 有毒	渗磷 ZSM-5 400℃ Mobil/Badger 共同开发
		BF_3，HF	20，20		
	2-甲基丙烷＋2-甲基丙烯→异辛烷	浓硫酸，HF	8~12 30~40	①腐蚀 ②有毒 ③废水处理 ③催化剂难分离 ⑤副反应	
酯化	邻苯二甲酸酐+丙烯醇→苯二甲酸二丙基酯 乙酸+沉香醇→乙酸里那酯 水杨酸+甲醇→水杨酸甲酯 环氧氯丙烷+乙烯醇→氯丙酸乙酯	浓硫酸，硫酸，对甲苯磺酸	>120	①产品有色 ②副反应 ③腐蚀 ④废水处理 ⑤催化剂难分离	Nafion-H

反应类别	过　　程	液体酸	反应温度/℃	缺　　点	改用固体酸
异构化	Beckman 重排： 己内酰胺→ε-己内酯	硫酸+ 发烟硫酸	100~150	① 生成大量硫铵 ② 腐蚀 ③ 废水处理	
	歧化： 邻(间)二甲苯 →对二甲苯	HF—BF₃	<100	① 腐蚀 ② 污染 ③ 操作须熟练	ZSM-5 Mobil 公司
加成/消除	水合： 正丁烯→仲丁醇 异丁烯→叔丁醇	硫酸		废水处理	离子交换树脂 磷钼酸
	醇化： 环氧乙烷/乙二醇+醇 →乙二醇酯	硫酸，BF₃， 烧碱	120~150	① 腐蚀 ② 催化剂分离	
脱水/水解/ 酯化	丙酮合氰化氢+甲醇 →乙甲基丙烯酸甲酯	硫酸	80~100	① 副产品硫铵 ② 废水处理 ③ 污染及腐蚀 ④ 硫酸回收	
	丙烯腈(甲基丙烯酸)+ 烷基酸→丙烯酸酯 　　　(甲基丙烯酸酯)	硫酸		① 废水及污染 ② 催化剂回收	
缩合	Prinz 反应： α-烯烃+甲醛→羟基醇 +烷基二噁烷 →异戊二烯	硫酸	30~60	① 有副产物 ② 硫酸与多余甲醛回 　收困难	
聚合/ 齐聚开 环聚合	正丁烯→聚丁烯	HF₃，AlCl₃		① 腐蚀 ② 催化剂分离	
	α-烯烃→齐聚物	AlCl₃，BF₃		催化剂失活	
	四氢呋喃→聚丁基醚β	发烟硫酸		催化剂失活	H₃PW₁₂O₄₀
	β-蒎烷→齐聚物	AlCl₃		催化剂用量大	

这类酸催化反应都是在均相条件下进行，和多相反应相比，在生产中带来许多缺点，如在工艺上难以实现连续生产，催化剂不易与原料和产物分离，以及设备腐蚀等。为了克服这些缺点，首先就是把这些液体酸固载在载体上，接着就是利用酸性白土一类的固体酸作为催化剂。固体酸催化剂的问世是酸催化研究的一大转折，这不仅可以在一定程度上缓解或解决均相反应带来的不可避免的问题，而且由于可在高达 430~520℃ 的温度范围内使用，大大扩大了热力学上可能进行的酸催化反应的应用范围。由于这些优点，从 20 世纪 40 年代以来的半个多世纪里，人们从未间断过为开发新的包括超强酸在内的固体酸的努力。截至目前为止，已有一大批固体酸被用于酸催化反应，见表 4.2。

表 4.2　已被用于酸催化反应的固体酸

酸类型	举　　例
无机固体酸类	简单氧化物：Al_2O_3、SiO_2、Nb_2O_3、B_2O_3 混合氧化物：Al_2O_3-SiO_2、Al_2O_3/B_2O_3、ZrO_2/SiO_2、MgO/SiO_2 沸石分子筛：Mordenite(MOR) 4.4<Si/Al<39.5 β-Zeolite(Beta) 6.3<Si/Al<31.5 Mazzite(Maz) 2.5<Si/Al<5 Offetite(OFF) 3.4<Si/Al<26 ZSM-5 13.2<Si/Al<44 非沸石分子筛：AlPO's、SAPO's 层柱状化合物：黏土、水滑石、蒙脱土等 金属磷酸盐：$AlPO_4$，BPO_4、$LiPO_4$、$FePO_4$、$LaeO_4$等 金属硫酸盐：$FeSO_4$，$Al_2(SO_4)_3$、$CuSO_4$、$Cr_2(SO_4)_3$等 超强酸：SbF_5/ZrO_2-SiO_2、ZrO_2-SO_4、WO_3-ZrO_2：等 载体催化剂：H_3PO_4/硅藻土、BF_3/Al_2O_3、HF/Al_2O_3等
有机固体酸 （离子交换树脂）	Amberlyst-15，36(Rohm and Haas) Amberlyst-200H，IR-120(Rohm and Haas) Nation-211，NR-50(Du Pont) FSO_3H(HO，20℃)-15.1 CF_3SO_3H　　　-14.1 $C_2F_5SO_3H$　　-14.0 $C_5H_{11}SO_3H$　-13.2 $C_8H_{17}SO_3H$　-12.3

人们在开发新的酸催化反应过程中，除了尽可能地不再使用 H_2SO_4、HF、$AlCl_3$ 等液体酸，改用固体酸催化剂之外，近年来还开发出一些利用固体酸催化剂的重要酸催化工艺，见表 4.3。一些已被淘汰的传统工艺可参见表 4.1。

表 4.3　利用固体酸催化剂开发出的一些有代表性的重要酸催化工艺

反应类别	过　　程	催化剂	开发公司
烷基化	萘+甲醇→甲基萘 酚(苯胺)+烷基苯→烷基酚(烷基苯胺)	HZSM-5，460℃ 多种分子筛	Hoechst Mobil
异构化(歧化)	甲苯→苯+二甲苯 甲苯+C_9 芳烃→二甲苯	HZSM-5 分子筛 DcH-7，DcH-9	Mobil UOP
加成/消除	脱水：MTBE→2-甲基丙烯+甲醇 TAME→2-甲基丁烯-1+2-甲基丁烯-2 水合：环己烯+水→苯酚 醚化：甲醇+烯烃→MTBE 　　　混合 C_5+甲醇→TAME	固体酸 HF/黏土 H+树脂 新型分子筛 酸性树脂 Dow/Robm&Haas 酸性树脂	UoP/Hucks/住友 Exxon 化学 旭化学 Arco 化学 Exxon 化学
缩合/聚合/环化	乙醇→乙醚 乙醚+甲醇→汽油 C_3、C_4烯烃→芳烃，烷烃	ZSM-5 ZSM-5 DHCD-2，DHCD-4	Mobil UOP/BP
裂解	烃类裂解 重烃馏分裂解	UCCLZ-210 Flexicat ARTCAT 焙烧高岭土	UOP Exxon Engelhard Ashland 石油

25

对比表 4.1 和表 4.3 不难看出，还有许多酸催化工艺，迄今仍不得不沿用 H_2SO_4、H_3PO_4、HF、$AlCl_3$ 等为催化剂，其中最突出的是低碳异构烷烃(主要是异丁烯)和烯烃($C_3 \sim C_5$)的烷基化反应：

以及由环己酮生产尼龙 6 原料己内酰胺的 Beckmann 重排反应：

环己酮   环己酮肟   己内酰胺

尽管对液体酸这些反应有较好的活性，但都有很强的腐蚀性。例如以硫酸为催化剂时，在生产中就得处理大量的废物。如每生产 1t 高辛烷值汽油，要处理高达 100kg 的硫酸废液，生产 1t 己内酰胺会副产 2.3t 硫铵等，这已成为当今环保方面亟待解决的问题；而 HF 对于人体健康的潜在危害是人所共知的。随着环保法规对环境和安全问题日益严格的要求，利用 H_2SO_4、HF 等为催化剂的旧工艺，由于腐蚀性及造成有毒酸渣，腐蚀设备，严重污染环境、危害人体健康，已受到严峻的挑战。尽管从 20 世纪 80 年代就开始对那些依然使用传统工艺的生产过程，开发可以取代的新工艺，如利用分子筛、超强酸、离子交换树脂等，但至今尚未成功，已成为这个领域内广泛关注的问题。

为什么对这些体系还不能成功地开发出可以取代硫酸的新催化体系呢？这主要是由这些反应自身的特殊性决定的，以烷基化反应为例，这个反应主要有以下特点：

① 需要有像 H_2SO_4($H_0 = -10.2$)、HF($H_0 = -12.0$)那样酸强度极高的酸作为催化剂；

② 由于反应是放热的，反应需要在相对低的温度下才能进行(H_2SO_4，$8 \sim 12℃$；HF，$30 \sim 40℃$)

③ 需要在相对低的温度下才能抑制不可避免的副反应——烯烃聚合的发生。

简言之，可取代 H_2SO_4、HF 等的新催化剂体系至少要满足以下几个条件，即：

① 针对不同反应要有酸强度合适的催化剂；

② 新催化体系要有较高的低温选择性和活性；

③ 要满足反应物质在反应中传质上的要求，避免催化剂因碳化失活缩短使用寿命。

从上述意义上讲，就需要根据酸催化反应以及酸催化剂的本质进行深入的研究，才有可能根据每个反应的特点开发出可取代各种液体酸的新型催化体系。

（2）开发固体强酸催化剂的途径

文献中曾对酸有过多次定义。目前普遍可接受的概念是指那些带有有效正电荷或者有缺电子特性的物种或部位。这可以通过液体酸的组成和结构来理解。它们可以是平常称为 B 酸(Bronsted)的质子(H^+)，也可以是通常称为 L 酸(Lewis)的金属阳离子。在酸催化的反应中，它们作为电子受体(EPA)和反应物发生电子授-受(D-A)反应。固体氧化物形成酸的本质比较复杂，需要进行分析。

根据现代均相酸催化理论，液体酸的强度不仅取决于酸物种本身离解 H^+ 的功能，还和溶剂作用有着密切的关系。溶剂的作用不仅可加大酸分子的离解，而且通过溶剂分子还可加速 H^+ 的传递。如溶剂为 H_2O 或 ROH 时，可表示为：

$$Cl \overset{d^+}{—} H \cdots \overset{d^-}{O} + HOH_{(R)} \longrightarrow Cl—H \cdots \overset{d^-}{O} \cdots H \overset{d^+}{—} O—H$$

$$\longrightarrow Cl^- \left[\begin{array}{c} O \cdots H \cdots O \end{array} \right]^+$$

如前所述的氧化物，不管是简单氧化物还是双元氧化物，表面上的酸中心都是羟基，这可以是通过金属氢键的部分水解形成的端羟基：

$$M—O—M \xrightarrow{H_2O} M(OH)—M(OH) \rightleftharpoons$$

也可以是通过质子 H^+ 抵消表面局部过剩负电荷形成的桥式羟基：

$$M_1—O^-—M_2 \xrightarrow{H^+} M_1—O(H)—M_2$$

由于固体表面的复杂性，即使是单一的氧化物（ $M_1 = M_2$ ），表面上也能同时存在多种能量上不同的羟基（酸位）。例如，ZnO 上有 3 种，NiO 上有 4 种，Al_2O_3 上有 5 种等。表面上这种能量不连续的酸位，在理论上认为是由氧原子与其周围阳离子配位不同，也就是说由氧原子轨道杂化引起的。这种能量上不同的酸位可以从它们的酸碱性表现出来。根据自由羟基价键的振动频率，它们可在碱性的 $3839cm^{-1}$ 到酸性的 $2995cm^{-1}$ 范围内振动：

$$M—OH \longleftrightarrow M—O^- \cdots H^+$$
$$3839cm^{-1}（碱性）2995cm^{-1}（酸性）$$

氧化物表面上最简单的酸位是简单氧化物表面上的端羟基 M-OH。目前，已有多种用来标度简单氧化物酸碱性的方法。最新和最易接受的是 Sanderson 根据电负性均衡原理提出的，用氧化物中氧原子的部分电荷来标度简单氧化物酸碱性的方法。他认为两个以上具有不同电负性的原子在成键过程中能自动调整各自原来的电负性直至趋于均衡，并把该值称为该化合物的电负性均衡值。由于电负性的均衡化，必然使每个原子带上部分电荷，用 δ 表示。氧化物中氧原子上的部分电荷，可以用来标度简单氧化物的酸性，δ 值越大，表示 H^+ 愈难离解，呈碱性，相反则呈酸性。

了解羟基的桥式结构对混合氧化物酸性具有重要意义。首先，这里氧对金属阳离子的配位数为 2，不同于端羟基，具有更大的电负性；其次，由于 M_1 和 M_2 不同，它们不仅对羟基氧所能施加的影响不同，而且两者还相互影响，这就会影响到羟基中 H^+ 的离解能力。在硅酸铝催化剂中重要的酸位就是这样的桥式结构 $-Si-O-Al-$（带H），羟基除了受 Si（M_1）施加的极化作用外，还在作为 L 酸的 Al（M_2）的影响之下。如果把这样的结构写成 $[B酸(-Si-O)^-，L酸(Al-)]$ 和液体酸相类似，那么，$(-Si-O)^-$ 就相当于酸的残余部分(Cl^-，NO_3^-)，而 L 酸 $Al-$ 则相当于溶剂。说明混合氧化物表面上酸位的强度和液体酸一样也取决于两个因素：

① 简单氧化物(M_1-OH)释放质子能力，这可由简单氧化物的酸碱性或者电负性所决定；

② L 酸(M_2)对羟基氧的配位能力(溶剂化)，这可用 L 酸(M_2)与酸残留部分结合的热效应作为标度。

超强酸的一个主要组分是 L 酸，作为 L 酸的代表，是一些金属卤化物，它们的酸性来自可从碱性反应物接受电子对的缺电子中心原子，常常使用的金属卤化物有 $AlCl_3$、$AlBr_3$、BF_3、$TiCl_4$、$SnCl_4$、$SbCl_3$、$SbCl_5$ 和 $FeCl_3$ 等。其中，Ⅲ族元素的卤化物仍是用来说明整个金属卤化物酸性源的最好例子。Ⅲ族元素价电子层的电子构型为 ns^2np^1（B：$2s^22p^1$；Al：$3s^23p^1$；Ga：$4s^24p^1$；In：$5s_25p^1$；Tl：$6s^26p^1$；），它们的三价特性与 $ns^2np^1 \rightarrow ns^1np^2$ 易于转化有关。在正常状态下，它们的价电子层中是不存在电子八偶体的，也就是说它们总是缺电子的，同时，小于 4 个电子时就会产生较弱的斥力，这样它们就能起到电子受体的作用。这些金属的卤化物也都是八偶体不完全的简单分子，sp^2 杂化键位于电子对尽可能远离的平面内，它们完成八偶体的趋势使它们能够形成具有 sp^3 杂化的配合物或化合物。第Ⅲ族金属的化合物主要是共价性的，这是因为它们形成不大的三价阳离子的关系，这就使具有六偶体价电子的铝族金属卤化物能起到强受体分子的作用，也就是它们具有 Lewis 酸的性质。当这样的 L 酸和经常作为催化剂的 B 酸(HX)相互作用时，富电子的酸的残余部分就很容易参与八偶体的形成并组成超强酸，这时在 B 酸和 L 酸的作用下，通过形成酸结构。

$$H^+ \cdots\cdots \overset{\overset{\ddot{X}}{|}}{\underset{\underset{\ddot{X}}{|}}{X:\ddot{M}:X}}$$

使 H^+ 更容易离解，强度更高。通过以上讨论，不难看出可以增大酸强度的三种酸结构如图 4.2 所示。

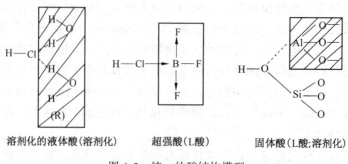

图 4.2　统一的酸结构模型

它们的共同特点就是为了增强酸强度，即提高 H^+ 的离解能力，必须通过溶剂或者 L 酸对酸的残余部分，即富电子部分施加影响，减弱它和质子之间的相互作用。增大酸强度的可行途径有三条：

① 在分子中引入吸电子物种。含卤酸比一般的酸具有更强的酸性就是由于分子中引入卤离子的关系，相反，如果引入斥电子基团，例如烃基，就将减小酸性：

$$
\begin{array}{ll}
X\leftarrow CH_2\!-\!\overset{\displaystyle O}{\overset{\|}{C}}\!-\!O\!-\!H \qquad\qquad & CH_3\!\rightarrow CH_2\!-\!\overset{\displaystyle O}{\overset{\|}{C}}\!\rightarrow O\!\rightarrow H \\[2em]
\overset{\displaystyle X}{\underset{\displaystyle X}{\overset{\uparrow}{\underset{\downarrow}{X\!\leftarrow\! CH}}}}\!\leftarrow\!\overset{\displaystyle O}{\overset{\|}{C}}\!\leftarrow\!O\!\leftarrow\!H & \overset{\displaystyle CH_3}{\underset{\displaystyle CH_3}{CH}}\!\rightarrow\!C\!\rightarrow\!O\!\rightarrow\!H
\end{array}
$$

如果把氧化物，例如 $Si(OH)_4$、$Al(OH)_3$，用 HCl、HF、NH_4F 以及 Cl_2 处理，由于晶格中 O^{2-} 离子部分被 Cl^- 或 F^- 所取代，它们的强受电子性，将明显改变氧离子的部分电荷，从而加强质子的离解作用。

② 在 B 酸中添加电子受体（L 酸）。超强酸就是通过这个途径被发现的：

$$
H_3C\!-\!\overset{\displaystyle O}{\overset{\|}{C}}\!-\!O\!-\!H + BF_3 \longrightarrow CH_3\overset{\displaystyle O}{\overset{\|}{C}}\!-\!\underset{\displaystyle BF_3}{O}\!-\!H \longrightarrow CH_3\overset{\displaystyle O}{\overset{\|}{C}}\!-\!\underset{\displaystyle BF_3}{O^-} + H^+
$$

把 L 酸加入氧化物中可取得十分满意的结果，见表 4.4。

表 4.4　组成超强酸常见的 B 酸和 L 酸

氧化物	电子受体	H_0（氧化物）	H_0（修饰氧化物）
SiO_2	SbF_5	4~7	-13.75
Al_2O_3	SbF_5	-5.6~-8.2	-13.75
Al_2O_3	$AlCl_3$	-5.6~-8.2	-13.75

③ 选择合适的氧化物制成高酸强度的双氧化物。

a）复合氧化物。目前已制成多种高酸强度的复合氧化物，结构如下：

$$
\overset{-O}{\underset{-O}{\diagdown}}M_2\!-\!\overset{\displaystyle H}{\overset{|}{O}}\!-\!M_1\overset{\diagup O-}{\underset{\diagdown O-}{}} \longrightarrow \overset{-O}{\underset{-O}{\diagdown}}M_2\!\cdots\!O^-\!\!-\!M_1\overset{\diagup O-}{\underset{\diagdown O-}{}} + H^+
$$

其组成如表 4.5 所示。

表 4.5 常见的高酸强度复合氧化物的组成

类　别	M_2	M_1	酸结构	H_o
Si/Al 分子筛	Al_2O_3，B_2O_3，GaO	SiO_2	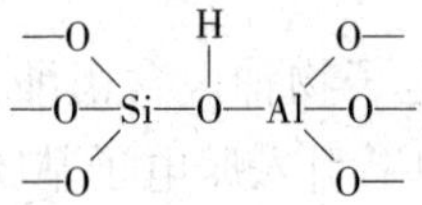 （酸结构示意图）	Al-Si>Ga-Si>B-Si ≤-13.75 $pK_a = -5.6 \sim -8.2$
磷酸盐	Al_2O_3，SiO_2，B_2O_3，TiO_2	P_2O_5	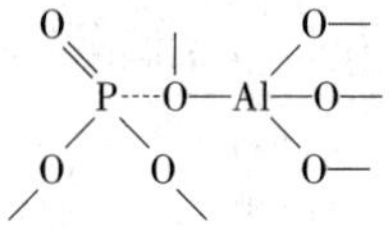 （酸结构示意图）	
超强酸	SO_4^{2-}，SeO_4^{2-}，TeO_4^{2-} WO_3，MoO_3，B_2O_3	TiO_2，ZrO_2 Fe_2O_3 SnO_2，SiO_2 Al_2O_3，HfO_2	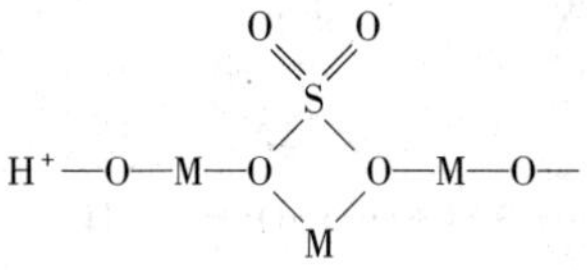 （酸结构示意图）	≤-14.5 ≤-16.4 -13，-11.9~-16.4
分子内超强酸 (杂多酸)	WO_3，MoO_3	P_2O_5，SiO_2	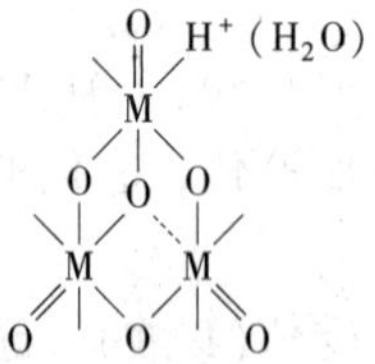 （酸结构示意图）	

b）负载型氧化物。在 $MoO_3(WO_3)/SiO_2$、Al_2O_3、$TiO_2(-3.0<H_o<-6.8)$；$WO_3(MoO_3)/ZrO_2(H_0<-12.7$，$H_o<-14.5)$；$B_2O_3/ZrO_2$，$Al_2O_3(H_o=-5.6\sim-8.3)$；$Nb_2O_5/SiO_2(H_o<-5.6)$ 等双元氧化物表面上可能形成如下的酸结构：

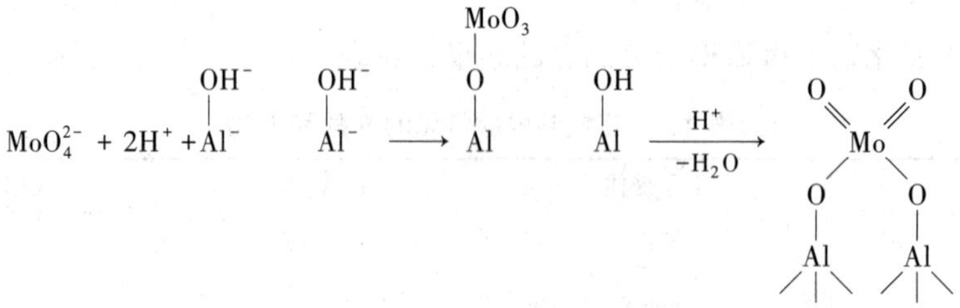

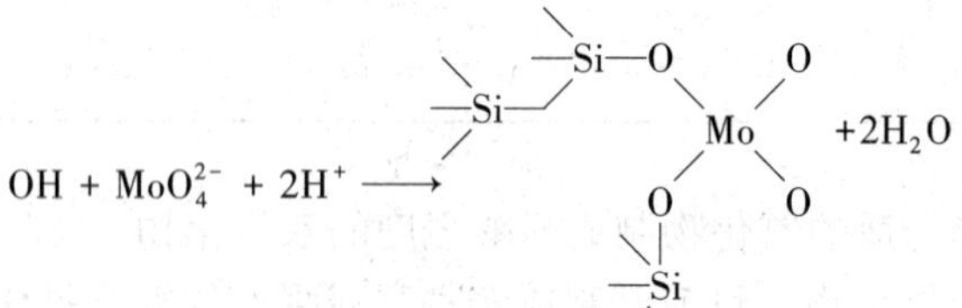

$$MoO_4^{2-} + 2H^+ + Al^- \longrightarrow \quad \xrightarrow[-H_2O]{H^+} \quad +2H_2O$$

$$OH + MoO_4^{2-} + 2H^+ \longrightarrow$$

由多种氧化物组成强酸性催化剂时，需要满足以下两个要求，即：

a）具有 B 酸性质的氧化物（M_1-OH），其表面羟基应有较大释放质子的能力，即电负性大的金属离子，这可视为必要条件。如周期表中Ⅳ族的 Si、Zr、Ti 等。

b）作为 L 酸的氧化物（M_2-OH），金属离子应有较强吸电子的能力，即和氧的配位能力（充分条件）。这可由氧化物吸附例如 CO（电子给体）的红外光谱位移获得参考信息；

$$M_2—OH\cdots CO \longrightarrow M_2—O—H\cdots CO$$

这对一些元素来说，已在它们的复合氧化物的酸强度 E_{H^+}（kJ/mo1）和 L 酸对 CO 的吸附

热 Q_{co}（kJ/mol）之间获得了很好的线性关系，见图4.3。考虑到Ⅵ族元素（Cr、Mo、W、S、Se）氧化物结构的类同性，它们都具有强吸电子的端氧结构，有可能和 SO_4^{2-} 一样，用作复合氧化物中的另一组分，因此除了原来由Ⅲ族元素（B、Al、Ga）和Ⅳ族元素（Si）组成分子筛类的酸催化剂之外，还有可能由Ⅳ族和Ⅵ族金属氧化物，组成另一类复合氧化物强酸催化剂。

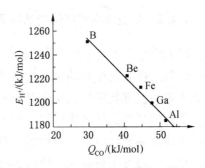

图 4.3　高硅分子筛 B 酸中心强度 E_{H^+} 和 L 酸中心配位强度的关系

固体酸的问世是酸催化研究的一大转折。其种类有混合氧化物、杂多酸、超强酸、沸石分子筛、金属磷酸盐、硫酸盐、离子交换树脂等。若将100%的硫酸的酸度作为比较标准的话，酸度大于100%硫酸的酸就被认为是超强酸。酸的强度可以用Hammett酸度函数 H_o 来表达，H_o 值越小酸度越大，100%硫酸的 $H_o = -11.92$。所以 $H_o < -11.92$ 的酸就是超强酸，如 CF_3SO_3H、$H_2S_2O_7$ 等。多年来国外正从分子筛、杂多酸、超强酸等新催化材料中大力开发固体酸烷基化催化剂。UOP公司的已工业化的Alkylene工艺应用的是HAL-100催化剂，这种催化剂与氢氟酸相比一样有效，而当前需要的是要有一种高活性的催化剂，在工艺条件下要与氢氟酸和硫酸一样能长期使用。

固体酸催化剂及其新的催化工艺的研究将是21世纪绿色化学中广泛关注的问题之一。彭峰学者认为极有前途的新催化方法是利用分子筛酸催化，如有机原料乙苯、异丙苯的生产传统是采用址 $AlCl_3$ 作催化剂，UOP公司发展成为 H_3PO_4 负载的多相催化工艺，目前Mobil-Badger工艺完全避免了负载型酸，直接采用酸性分子筛作催化剂，把此工艺变成了真正的绿色工艺。沸石分子筛广泛用于石油工业，如催化裂化、芳烃烷基化、歧化、异构化、芳构化、加氢、脱氢、聚合、水合以及烷基转移等。目前，沸石分子筛正在被大量应用于精细有机合成中，主要是提供催化活性中心，吸附载体和择形定向反应。由于它们的高择型性、高催化活性、可再生性、对环境的友好性，使它们在精细化工合成中的应用也越来越广泛。

杂多酸催化剂对多种有机反应表现出很高的催化选择性和活性，被誉为催化剂新秀。尤其近年来，钨、钼杂多酸（盐）在催化领域中的研究已引起足够的关注。杂多酸具有酸性和氧化还原性，在水溶液和固态中具有稳定均一的确定结构，它虽然是固体酸，但是具有假液相结构，在含氧有机物中溶解度较大且相当稳定。所以作为一类多功能的催化剂，它既可作均相催化剂，又可作非均相催化剂；既可作酸催化剂，又可作氧化还原催化剂；甚至可用作相转移催化剂，对环境没有污染，是一类大有发展前途的绿色催化剂。杂多酸的活性比硫酸高，但不腐蚀设备。目前，已经在工业生产上实际应用的有丙烯水合制异丙醇，丙烯醛氧化制丙烯酸，四氢呋喃开环聚合制聚丁二醇等。作为酯化反应的催化剂，杂多酸是均相酸催化剂，具有活性高、不引起副反应、可以重复使用等特点，往往用于制备高品位的酯。

杨应崶等人用钨杂多酸催化剂制备醋酸异戊酯，在最佳条件下异戊醇的转化率达100%。生成醋酸异戊酯的选择性高达99%。但由于催化剂在酯中溶解度较大，这就给催化剂与产品分离带来一定困难。潘海水等人将12-钨磷酸负载于一定量的活性炭上制成负载型杂多酸催化剂（HPW/C）催化合成乙酸乙酯，乙醇转化率达96%，酯化选择性100%，且HPW/C具有热稳定性高、便于分离、不易流失等优点[25~30]。

4.4.2　烃类晶格氧催化剂选择氧化

（1）烃类选择氧化问题及发展情况[31]

烃类选择氧化在石油化工中占有极其重要的地位。据统计，用催化过程生产的各类有机化学品，催化选择氧化生产的产品约占 25%。因烃类选择氧化属强放热反应，目前已工业化的烃类选择氧化过程，除个别例外，均采用氧或空气与烃类共进料模式在流化床反应器或多管反应器中进行催化反应。多管反应器不仅设备复杂，装卸催化剂十分不便，且反应温度不易控制。所以，除使用昂贵催化剂的选择氧化过程（如乙烯在 Ag/Al_2O_3 催化剂上氧化制环氧乙烷）采用多管反应器外，大都采用流化床反应器。流化床反应器的优点是传热好，反应温度容易控制，催化剂装卸方便；其缺点是反应物在流化床中返混严重，加之选择氧化的目的产物大多是在热力学上不稳定的中间化合物，在反应条件下很容易被进一步深度氧化为 CO_2 和 H_2O，其选择性是各类催化反应中最低的。这不仅造成资源浪费和环境污染，而且给产品的分离和纯化带来了巨大困难，使投资和生产成本大幅度上升。

20 世纪 80 年代以来，随着石油化工原料逐步从烯烃转向资源丰富的天然气和饱和烷烃，进一步增加了烃类选择氧化的难度。因为烷烃比相应的烯烃更稳定，通常需要在高温和临氧条件下才能活化。在这种情况下，除发生表面反应外，通常还伴随着有气相自由基反应发生，其产物更容易进一步深度氧化为 CO_2 和 H_2O。所以控制深度氧化，提高目的产物的选择性始终是烃类选择氧化研究中最具有挑战性的难题。

早在 20 世纪 40 年代末期，Lewis 等人就进行了烃类晶格氧选择氧化的开创性研究。但直到最近 Du pont 公司才开发成功晶格氧丁烷选择氧化制顺酐新工艺，该工艺用催化剂的晶格氧代替气相氧作为氧源，按还原−氧化（Redox）模式将丁烷和空气分别进入循环流化床提升管反应器和再生器，可使顺酐选择性从 45%（mol）~50%（mol）提高到 70%（mol）~75%（mol），未反应的丁烷可循环利用，被誉为对环境友好的催化过程，见图 4.4。

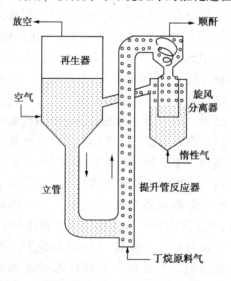

图 4.4　丁烷氧化的循环流化床提升管反应器示意图

甲烷氧化偶联反应中，用催化剂的晶格氧化作为氧源也能显著提高乙烯和乙烷的选择性。这表明烃类晶格氧选择氧化新工艺是控制深度氧化、提高选择性、节约资源和保护环境的有效的催化新技术。

（2）烃类晶格选择氧化的出现[31,32]

在绿色化学的氧化反应工艺中，最常用的氧化剂是 H_2O_2 反应后生成水，对环境没有污染。但要求 H_2O_2 的浓度为95%以上，增加了成本和工艺难度。TS-1沸石用于选择氧化，可使 H_2O_2 浓度降至40%，而且几乎对一切有机化合物的氧化都有效，选择性都大于80%。即使如此，目前以至将来的一段时间，对烃类的催化选择氧化，在工业上一般以氧气或空气为氧化剂，催化剂多为可变价过渡金属复合氧化物。就反应机理而言，大多为复合 Redox 机理，包括两个主要的过程：

① 气相的烃分子与高价态金属氧化物催化剂表面上的晶格氧（或吸附氧）作用，烃分子被氧化为目的产物，晶格氧参与反应后，催化剂的金属氧化物被还原为较低价态；

② 气相氧将低价金属氧化物氧化到初始高价态，补充晶格氧，完成 Redox 循环。按 Mars 和 Krevenlen 提出的 Redox 模型，选择氧化反应

$$C_nH_m+O_2 \longrightarrow C_nH_{m-2}O+H_2O \tag{a}$$

可写成两个基元过程：

$$C_nH_m+20M \longrightarrow C_nH_{m-2}O+H_2O+2M \tag{b}$$

$$2M+O_2 \longrightarrow 2OM \tag{c}$$

式中 M 为低价态的活性位，OM 为有晶格氧的活性位。

但是总反应（a）的速率，实际上是受反应中速率较慢的反应（b）（c）所控制。在通常情况下，催化剂被烃分子还原的反应（b）是慢步骤。烃类催化氧化反应动力学的研究结果表明，副反应对氧气的反应级数比主反应对氧气的反应级数高。所以提高氧分压通常不能有效地增加反应（a）的速率，反而会导致选择性下降。这是因为提高气相氧分压，一方面会增加与气相氧处于平衡的可逆吸附氧物种（如 O_2、O_2^{2-} 或 O^-）的表面浓度，这种高活性的可逆吸附氧物种，一般认为主要参与非选择氧化反应；另一方面，对于高温（≥670℃）的烃类氧化过程，除表面催化反应外，还伴随有气相自由基反应发生，气相氧的存在也会加快气相深度氧化反应，导致选择性下降。

为了避免气相氧对烃类分子的深度氧化，提高目的产物的选择性，人们在不断改进催化剂性能的同时，尝试了采用催化剂晶格氧作为氧源的反应新工艺。该工艺按 Redox 模型将烃分子与氧气或空气分开进行反应，以便从根本上排除气相深度氧化反应。目前有两种反应工艺可用于烃类晶格选择氧化。其中一种是用膜反应器，对烃类选择氧化而言，所用的催化膜通常由具有氧离子/电子导体性能和催化活性的金属氧化物材料制得。其反应机理如图4.5所示，烃分子在催化膜的右侧离解吸附，获得电子转化为氧离子，催化膜作为氧离子/电子导体，可把氧离子从膜的右侧输送到左侧，同时把电子从左侧输送到右侧，实现还原—氧化循环。这种膜反应器虽然可显著提高氧化反应的选择性，但由于氧离子的传输速率较慢，限制了膜反应器的反应速率，其反应速率通常比共进料反应器慢1~2个数量级。此外，这种膜反应器的放大，目前在制造技术上还存在很多难题有待解

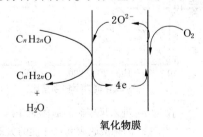

图 4.5　催化膜反应示意图

决。另一种很有前景的方法是采用循环流化床（简称 CFB）提升管反应器。该工艺在无气相氧存在下用催化剂晶格氧作为供氧体，按 Redox 模式，使还原—再氧化循环分别在反应器和再生器中完成。也就是说，在提升管反应器中烃分子与催化剂的晶格氧反应生成氧化产物，失去晶格氧的催化剂被输送到再生器中用空气氧化到初始高价态，然后送到反应器与烃原料反应。循环流化床提升管反应器烃类晶格氧选择氧化工艺不仅避免原料和产物与气相氧的转化直接接触，还可消除沸腾床中容易发生的返混现象，使目的产物的收率和选择性得以显著提高。上述新工艺的优点是：

① 可使催化剂的还原和再氧化分开进行，以便于选择各自的最佳操作条件。

② 因无气相氧分子存在，而且在提升管反应器中排除了返混现象，可大幅度提高选择氧化反应的单程收率、选择性和时空产率。

③ 烃类的进料浓度不受爆炸极限的限制，可提高反应产物的浓度，使反应产物容易分离回收。

④ 可用空气代替纯氧作为氧化剂，省去制氧的投资和操作费用。

以上优点属于比较理想的情况，实际上烃类晶格选择氧化工艺还存在许多问题，有待克服。

（3）烃类晶格氧选择氧化的研究进展[31,32]

早在 20 世纪 40 年代末，Sohio 公司的 Lewis 等人就提出烃类晶格氧选择氧化的概念，他们认为用可还原的金属氧化物的晶格氧作为烃类选择氧化的氧化剂比分子氧灵活和有效，并首次提出循环流化床烃类晶格氧氧化工艺。研究结果表明，采用单组分金属氧化物时，目的产物的单程收率和选择性都很低。但发现采用硅胶担载的磷钼酸铋作为氧化剂，并选用很高的催化剂/丙烯进料比，以保证在反应器中的氧化物处于接近最高氧化态时，可使丙烯以高达 80%(mol) 的选择性转化为丙烯醛。

以组成（质量分率）为 50%$BiPMo_{12}O_{32}$-50%SiO_2 的晶格氧氧化剂为例，假设在丙烯氧化制丙烯醛反应中，在催化剂组分中只有 Mo^{6+} 被还原为 Mo^{4+}，根据反应

$$C_3H_6+2O^{2-} \longrightarrow C_3H_4O+H_2O+2e$$

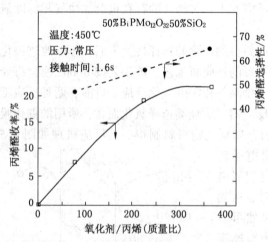

图 4.6 进入反应器的催化剂/丙烯重量比与
丙烯醛收率和选择性的关系

按化学计量比可计算出，每转化 1kg 丙烯为丙烯醛需要 50kg 催化剂提供的晶格氧量。

因为催化剂的活性和选择性与它的价态有关，通常只有当催化剂的平衡价态接近最高氧化态时才具有高的活性和选择性。由图 4.6 的实验结果可以看出，当进入反应器的催化剂/丙烯质量比大于 300 时，丙烯醛的选择性才能高于 60%。如此大量的催化剂循环在当时成为实现商业化的主要技术困难。

Sohio 公司的科学家也同时评价了这些催化剂在丙烯/空气共进料条件下的反应结果：1961 年 Veatch 等发现在常压、

450℃、接触时间 1.6s 和丙烯/空气/水蒸气＝1：9.3：3.5 共进料条件下，在 50%BiPMo$_{12}$O$_{32}$-50%SiO$_2$ 催化剂上可得到 56% 的丙烯醛收率和 60% 的丙烯醛选择性。为保持催化剂在反应过程中处于高的氧化态，在反应混合物中要求有少量过剩氧存在。1961 年 Veatch 等还意外地发现在常压、470℃、接触时间 9.1s 和丙烯/NH$_3$/空气＝1：1.1：13.1 共进料条件下，在填充 566g50%BiPMo$_{12}$O$_{32}$-50%SiO$_2$ 催化剂的 3.8cm 直径的流化床反应器上，可得到 96% 的丙烯单程转化率和 65.2% 的丙烯腈收率，氧的过剩量为 2.2(mol)%。由于共进料模式也可得到相当高的选择性，Sohio 公司就放弃了开发烃类晶格氧选择氧化工艺的研究工作，转向共进料模式的丙烯氨氧化制丙烯腈，并投入商业化生产。

第一套工业化的烃类晶格氧选择氧化过程是 Diamond Shamrock 公司 1976 年在 Houston 建成投产的间二甲苯氨氧化制间苯二甲腈工业装置，该过程的化学反应式如下：

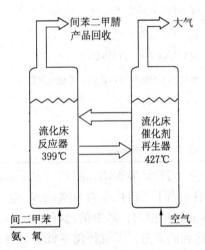

图 4.7 表示过程的反应工艺流程，采用钒酸盐晶格氧催化剂和循环流化床反应器，间二甲苯和氨进入反应器在常压、399℃下与钒酸盐催化剂的晶格氧化反应生成间苯二甲腈和水，失去晶格氧的催化剂进入再生器，在 427℃下用空气再氧化补充失去的晶格氧，催化剂在反应器和再生器之间循环。为提高间二甲苯的转化率，反应器进料除间二甲苯和氨外，通常还补充部分氧气。因此，该过程实际上是一种同时采用晶格氧和共进料混合模式的氧化工艺。

20 世纪 70 年代以来，商业化的丁烷氧化制顺酐过程都是用空气为氧化剂，在填充 VPO 催化剂的多管固定床或流化床反应器内进行反应。由于受爆炸极限的限制，原料混合气中丁烷的浓度对固定床反应器和流化床反应器分别为 1.8%(mol) 和 4%(mol)。顺酐的

图 4.7　间二甲苯氨氧化制间苯二甲腈的反应工艺流程

选择性约为 50%(mol)。针对丁烷、空气共进料工艺存在丁烷浓度低和顺酐选择性低等缺点，20 世纪 80 年代初期，Du pont 公司开始致力于研究开发丁烷晶格氧选择氧化循环流化床新工艺。经过近 10 余年的努力，该公司解决了两个关键技术问题：其一是研制成功抗磨硅胶壳层 VPO，晶格氧催化剂；其二是开发成功循环流化床提升管反应器。1995 年 Du pont 公司宣布于 1996 年在西班牙 Auturias 兴建的四氢呋喃工业装置中采用丁烷晶格氧氧化制顺酐新工艺。

在丁烷氧化的循环流化床提升管反应器的示意图 4.4 中，VPO 催化剂在流化床再生器中被氧化，氧化态的催化剂粒子通过立管移动至提升管反应器底部入口处，用含丁烷的高速原料气流提升至反应器顶部，丁烷在提升管中被催化剂的晶格氧氧化为顺酐，然后从顶部进入旋风分离器把被还原的催化剂粒子和反应产物分开，回收的催化剂粒子经惰性气体吹脱除去吸附的碳物种后，被送入再生器用空气再氧化，完成 Redox 循环。因为反应物和催化剂在提升管中基本上为活塞流，而且无气相氧分子存在，催化剂表面态可通过优化再生操作和在

进入提升管反应器前吹脱除去表面吸附的非选择性氧化物种，所以可显著提高顺酐的选择性。

为了取得工业放大的设计数据，Du pont 公司 1990 年在 Oklahoma 的 Ponca 市动工兴建丁烷氧化制顺酐的 CFB 提升管示范装置，于 1992 年初建成开车。该示范装置的提升管反应器直径为 0.15m，高 30m，配备了适当大小的催化剂再生器、气提段和立管，以保证足够的催化剂循环速率。为了进行比较，该装置也可按共进料模式进行操作。除配备了过程的控制和数据采集系统外，还配备了在线的质谱、红外、紫外和其他分析仪器，并包括产品回收、净化、污水处理和未反应丁烷的循环装置。根据 Contractor 等人的报道，将示范装置的 CFB 提升管反应器的操作条件汇总于表 4.6。

表 4.6 Dupont 丁烷制顺酐 CFB 提升管反应器示范装置的操作条件

操 作 参 数	范 围
提升管反应压力	稍大于常压
提升管中催化剂循环速率/[kg/(m² · s)]	400~1100
提升管反应温度/℃	360~420
提升管中气体流速/(m/s)	7~10
提升管中气体停留时间/s	≤10
循环 1kg 催化剂可转化的丁烷量/(g/kg)	2
丁烷浓度/%(mol)	≤25
丁烷转化率/%(mol)	20~80
顺酐选择性/%(mol)	80~60

实验结果表明，原料气中丁烷浓度对选择性的影响很小，但转化率对选择性有较大的影响。当丁烷转化率为 80%(mol)时，顺酐选择性为 60%(mol)。在丁烷转化率为 20%~50%(mol)范围内，顺酐的选择性为 80%~70%(mol)，顺酐选择性在丁烷转化率为 20%(mol)时达到最大值，丁烷转化率低于 20%(mol)顺酐选择性反而下降。他们认为，这一现象与经空气再生后的催化剂表面存在 O_2^- 或 O^- 等非选择性氧物种有关，采用在催化剂进入提升管反应器之前，通过一个吹扫段，可吹扫除去吸附的非选择性氧物种，使顺酐选择性提高到 85%(mol)。

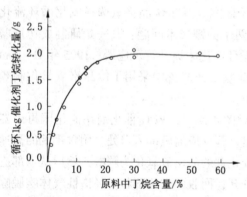

图 4.8 氧化态 VPO 催化剂的载氧能力

图 4.8 表示氧化态 VPO 催化剂可提供的晶格氧量与原料气中丁烷浓度的关系。在丁烷浓度低于 20%(mol)时，每循环 1kg 催化剂可转化的丁烷克数随丁烷浓度的增加而增加，当丁烷浓度大于 20%(mol)时，每循环 1kg 催化剂可转化的丁烷克数趋于一极限值 2。

由此可见，VPO 催化剂的可逆载氧量是很低的。为了克服催化剂载氧量低的缺点，Contractor 等也进行了在提升管中补充氧气的试验，其结果列于表 4.7。

表 4.7　在提升管中补充氧气的反应结果

反应器原料组成/%(mol)		反应结果/%(mol)	
丁烷	氧	丁烷转化率	顺酐选择性
12	0	47.4	75.2
12	6	51.5	74.8
12	16	53.2	69.5

可以看出，补充氧气可增加丁烷转化率，但会导致顺酐选择性下降，当原料中氧含量为6%(mol)时，丁烷转化增加 4.1%(mol)，而顺酐选择性仅下降 0.4%(mol)。但当氧含量增至 16%(mol)时，丁烷转化仅增加 5.8%(mol)，相应的顺酐选择性则降低 5.7%(mol)。所以补充少量气相氧可明显提高丁烷转化率，同时对选择性的影响也不大，在氧含量较低的情况下也可作为一种选择。

如上所述，丁烷晶格氧选择氧化工艺可显著提高顺酐选择性，但是每 kg 催化剂在一次 Redox 循环中只能转化 2g 丁烷。这是因为每转化一个丁烷分子需要 7 个氧原子。有关的基础研究指出，丁烷在 VPO 催化剂上转化为顺酐的反应机理涉及 V^{5+} 与 V^{4+} 之间的 Redox 循环。

$$14(VO)PO_4 \quad (V^{5+}) \qquad C_4H_{10}$$

$$3.5O_2 \qquad 7(VO)_2P_2O_7 \quad (V^{4+}) \qquad +4H_2O$$

Abon 等用 ^{18}O 同位素证实，在 VPO 催化剂上只有表面 4 层晶格氧可参与丁烷的氧化反应，当表面晶格氧消耗掉后，体相晶格氧向表面扩散的速率很慢，反应很快终止。所以在 CFB 提升管工艺中，要使丁烷达到较高的转化率，就必须增加催化剂对丁烷的进料比，增大催化剂的循环量。例如，要达到 25% 的丁烷转化率，催化剂对丁烷的进料比必须大于 125。在提升管中气体线速为 7~10m/s，催化剂必须具有很高的抗磨强度，才能满足要求。Du pont 公司通过长期的探索已找到制备抗磨 VPO 催化剂的方法，该方法是将小于 2μm 的 VPO 催化剂颗粒粉体与少量新制备的聚硅酸(以干料计为 10%)打浆后喷雾成型，在干燥过程中，近似胶体的硅胶粒子随着水的蒸发迁移到微粒颗粒表面，形成由抗磨硅胶壳层包裹的 VPO 催化剂，硅胶壳层的孔径不会影响反应物和产物扩散进出催化剂内孔表面。这种含 10% 硅胶的 VPO 催化剂的活性和选择性与不加硅胶的 VPO 催化剂基本上没有差别，但抗磨强度比不加硅胶的 VPO 催化剂提高 25~30 倍。Du pont 公司宣称 CFB 提升管丁烷氧化制顺酐工艺比同等规模的流化床工艺降低投资 20%，减少反应器的催化剂藏量 50%。

Emig 等的研究指出，CFB 提升管丁烷氧化制顺酐工艺的经济性不仅取决于选择性和时空产率，而且也取决于催化剂的可逆性储氧能力。该参数决定催化剂的循环量和循环所需的能量消耗。例如，以每千克催化剂可提供的储氧量能生产 1g 顺酐计算，一个产量 20kt/a 顺酐装置的催化剂循环量为 650kg/s，循环所需的能量消耗很大。他们的实验结果还表明，VPO 催化剂的再氧化过程较慢，如果要使再生器的大小比较合理，催化剂的循环量就要增加到 1500~3000kg/s，循环所需的能量约占生产能耗的 20%~30%。在这种情况下顺酐的时空产率以提升管和再生器中的催化剂计为 0.04~0.08(顺酐/催化剂)h^{-1}，只以提升管中的催化剂计为 0.16~0.24(顺酐/催化剂)h^{-1}。他们认为如不提高催化剂的可逆性储氧能力，目前

CFB 丁烷氧化制顺酐工艺在经济上是不利的。

另一个重要的烃类晶格氧选择氧化反应是 1982 年 Keller 和 Bhasin 报道的甲烷氧化偶联反应。他们首次发现在 Mn、Cd、Ti、Pb 等变价金属氧化物上的通过甲烷、空气周期切换操作，实现了晶格氧甲烷偶联制乙烯的新反应，成为催化领域近 10 年来的研究热点。后来大量的研究工作指出，除晶格氧类型的催化剂外，不变价的碱金属、碱土和稀土金属复合氧化物催化剂在甲烷与氧共进料情况下也有相当好的甲烷氧化偶联活性[33,34]。

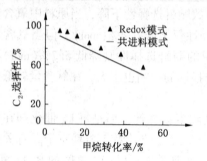

图 4.9 在 Li-B-Mn-Mg-O 催化剂上共进料
模式与 Redox 模式甲烷氧化偶联的比较

但就晶格氧参与甲烷氧化偶联反应的 Li-B-Mn-Mg-O 催化剂而言，Arco 公司的研究表明，采用 CFB 提升管晶格氧反应工艺比共进料模式的选择性提高 10%，其结果示于图 4.9。Arco 公司在模式的基础上设计了大型的反应器，但由于该反应的单程转化率和选择性较低，目前还难以实现商业化。

近年来，丙烯氨氧化制丙烯腈催化剂不断改进，使丙烯腈的单程收率和选择性提高到 80% 以上。但随着对环保要求的日益严格，仅对原有的共进料工艺进行改进已很难进一步显著提高经济效益和社会效益。因此，CFB 提升管晶格氧丙烯氨氧化工艺再次引起重视，有关高校和中国石化集团公司的有关研究机构正在进行这方面的研究。

在 CFB 提升管晶格氧选择氧化工艺研究方面，Patience 等以核环流模型为基础建立了一个反应工程模型，模拟在 CFB 提升管反应器中用 α-Bi_2Mo_3O/SiO_2 作为晶格氧催化剂氧化丙烯为丙烯醛的反应过程。其中关键的流体力学参数，包括半径、固体滞留量和核环传质系数等可从气-固示踪、压差和固体循环速率来测定。该模型可预测反应物组成、反应温度、催化剂晶格氧的消耗量、气速和催化剂悬浮密度沿提升管高度的分布。模型还指出，催化剂的可逆储氧量和还原-再氧化性能对催化剂循环量有重要影响。Pugsley 等以核环模型和固定床反应器上得到的反应动力学方程为基础，对 CFB 提升管反应器上丁烷晶格氧氧化制顺酐进行了计算机模拟，他们指出的模拟方法可以研究操作条件和反应器几何尺寸变化对转化率和选择性的影响。

（4）烃类晶格氧化催化剂的发展趋势[31~34]

综上所述，虽然人们已认识到，烃类晶格氧氧化在提高资源的有效利用和保护环境方面有广泛的应用前景，但是，目前工业上采用烃类晶格氧选择氧化工艺的例子不多，说明烃类晶格氧选择氧化工艺还面临着许多科学和技术上的挑战，其中包括：

① 提高催化剂的可逆储氧量是烃类晶格氧选择氧化工艺实现工业化必须解决的首要问题。据 Emig 估计在 VPO 催化剂中，只有约 2% 的 $(VO)_2P_2O_7$ 分布在催化剂表面，一个有效的途径是通过提高体相晶格氧的扩散速率，使体相的晶格氧也能参与反应。此外，也可考虑添加储氧成分，增加催化剂的可逆储氧量。

② 提高催化剂的抗磨强度，改善晶格氧催化剂的还原和再氧化性能，对 CFB 提升管晶格氧选择氧化工艺的工业化也有重要意义。

③ 目前，有关在 CFB 提升管反应器中的反应动力学和传输方面的基本知识较之流化床和固定床系统要贫乏得多。至今，提出的几乎所有反应动力学模型都是根据共进料条件下的

实验数据建立的。在这种情况下，催化剂暴露在氧化反应的混合气氛中，催化剂的氧化态基本保持不变，将这些动力学模型用到 CFB 提升管晶格氧氧化反应器中可能会造成错误。因为，在 CFB 提升管晶格氧氧化反应器和再生器中，催化剂处于还原-氧化状态逐步变化的情况下，研究这种条件下本征的还原-氧化动力学模型对开发晶格氧氧化工艺十分必要。此外，有关烃类晶格氧氧化工艺、反应器模拟的研究也非常重要。

20 世纪末，在国家自然科学基金委和中国石化集团公司联合资助的"九五"重大自然科学基金项目"环境友好石油化工催化科学与反应工程"中，已将"烃类晶格氧选择氧化"列为子课题之一，由北京化工大学、北京石油大学和南京大学共同承担。目前，间二甲苯晶格氧氨氧化制间苯二腈已建有工业装置，邻二甲苯氧化制苯酐、丙烯和丙烷氧化制丙烯腈的晶格氧选择氧化新工艺的开发研究也取得新的突破。

4.4.3 酶催化

在生物体细胞中发生着无数的生物化学反应，其中同样存在着增大反应速度的催化剂。这种生物催化剂俗称酶。酶和一般催化剂(多相的或均相的)一样，本质上可定义为能加速特殊反应的生物分子。现在已经知道，酶是生物体内一类天然蛋白质。所有酶都是蛋白质，然而并非所有的蛋白质都是酶，因为许多蛋白质并无酶那样的生物催化活性[21,35]。

酶的选择性很高。每一种酶都有两种选择性，一种称为底物(反应物)专一性，即只能催化一种或一族特定底物的反应。这种专一性在某种情况下，甚至可以把两种主体异构(如 D-或 L-乳酸那样的光学对映体)区别开来；另一种称为作用专一性，即只能催化某种特定的反应。

酶的高催化效率也表现在它能在非常温和的条件(例如常温、常压、接近中性 pH 的生理条件)下，大大加速反应。高温、高压、强酸、强碱、有机溶剂、重金属及紫外光等因素都能使酶变性失活。酶还有可自动调节活性的特点。

除了生物化学反应外，酶在有机化工、精细化工领域都有着广泛的用途，如荷兰甜味剂公司用于天门冬胺的制造，Zeneca 公司用于农药中间体 L-氯丙酸生产，瑞士 Alonza 则用于 L-Camitin 及 5-甲基 2-吡嗪酸生物活性物质开发，用于农药及医药，尤其是对手性药物。采用传统化学法所得的是难以分离的不同异构体混合物，而用酶可制得易分离的具活性的异构体，这方面 Zeneca 公司进行过大量的工作。挪威 Novo Nordisk 探索将酶用于有机合成的可能性，他们将酶分成两类：一类是价值高而用量少的酶，主要用于医药与农药中间体制造；另一类则是便宜而用量大的酶，如乙基糖苷经酯化而成 n-酯，这是一种可生物降解的未来的表面活性剂，目前正在进行经济可行性评估。利用酶促进反应强化来制备和生产化学品是化工清洁生产的重要领域，有文献报道以葡萄糖为原料，通过酶反应可只制得己二酸、邻苯二酚和对苯二酚。这将改变了传统的以苯为原料生产这些化合物的老工艺。石油的生物脱硫也是利用酶进行脱硫精制的清洁工艺[21,35]。

4.4.4 纳米材料催化剂

一纳米(nm)等于十亿分之一米(一般原子直径只有 1/10nm)，将直径为 1nm 的物体放到乒乓球上，就像一个乒乓球放在地球上一般。自从扫描隧道显微镜发明后，世界上便诞生了一门以 0.1~100nm 这样尺度为研究对象的前沿科学，称为纳米科技。纳米科技以空前的分辨率为人类揭示了一个可见的原子、分子世界，它的最终目标是直接以原子和分子来构造具有特定功能的产品。由于纳米材料具有独特的小尺寸效应、表面效应、量子尺寸效应和量子隧道效应，它拥有完全不同常规材料的光学、力学、热学、磁学、化学、催化活性、生物活性等性能。

纳米材料具有独特的晶体结构及表面特性（表面键态与内部不同，表面原子配位不全等），因而纳米材料催化剂的催化活性和选择性都大大优于常规催化剂，甚至使原来不能进行的反应也能进行。有报道显示，纳米催化材料对光解水制氢和一些有机合成反应具有明显的光催化活性，对催化氧化、还原、裂解反应具有很高的活性和选择性。

有人预计超微粒子催化剂很可能成为催化反应的主要角色。尽管纳米级的催化剂还主要处于实验室阶段，尚未在工业上得到广泛的应用，但它的前景很光明[36,37]。

（1）纳米粒子的化学催化

① 化学催化的作用主要可归结为三个方面：

（a）提高反应速度，增加反应效率。例如，提高下面两个反应（氢化和脱氢）的反应速度：

2-丙醇脱氢反应

$$(CH_3)_2CHOH \longrightarrow (CH_3)_2CO+H_2$$

丙酮氢化反应

$$(CH_3)_2CO+H_2 \longrightarrow (CH_3)_2CHOH$$

（b）决定反应路径，有优良的选择性。例如只进行氢化、脱氢反应，不发生氢化分解和脱水反应。

（c）降低反应温度。纳米粒子作为催化剂必须满足上述的条件。近年来科学工作者在纳米微粒催化剂的研究方面已取得一些结果，显示了纳米粒子催化剂的优越性。超细硼粉、高铬酸铵粉、高铬酸钾粉可以作为炸药的有效催化剂。以粒径小于 0.3μm 的 Ni 和 Cu-Zn 合金的超细微粒为主要成分制成的催化剂，达到纳米级的镍或铜-锌粉将代替昂贵的铂或钯，可使有机物氢化的效率提高到传统催化剂的 10 倍。超细 Pt 粉、WC 粉是高效的氢化催化剂。超细的 Fe、Ni 与 γ-Fe$_2$O$_3$ 混合烧结体可以代替贵金属而作为汽车尾气净化剂，可以在低温情况下将 CO、CO$_2$ 分解成碳和水。催化超细 Ag 粉可以作为乙烯氧化的催化剂，超细 Fe 粉可在 QH-6 气相热分解（1000~1100℃）中起成核的作用而生成碳纤维。Au 超微粒子固载在 Fe$_2$O$_3$、Co$_3$O$_4$、NiO 中，在 70℃ 时就具有较高的催化氧化活性。近年来发现一系列金属超微颗粒沉积在冷冻的基质上，特殊处理后具有断裂 C—C 键或加成到 C—H 键之间的能力。例如 Fe 和 Ni 微颗粒可生成 M$_x$—C$_y$H$_z$ 组成的准金属有机粉末，该粉末对催化氢化具有极高的活性。纳米 TiO$_2$ 在可见光的照射下对碳氢化合物也有催化作用，利用这一效应可以在玻璃、陶瓷和瓷砖的表面涂一层纳米 TiO$_2$ 薄层，从而具有很好的保洁作用，日本东京已有人在实验室研制成功自洁玻璃和自洁瓷砖，这种新产品的表面上有一薄层纳米 TiO$_2$，在光的照射下任何粘污在表面上的物质，包括油污、细菌在光的照射下由于纳米 TiO$_2$ 的催化作用，使这些碳氢化合物质进一步氧化变成气体或者很容易被擦掉的物质。纳米 TiO$_2$ 光致催化作用给人们带来了福音，高层建筑的玻璃、厨房内容易粘污的瓷砖的保洁都可以很容易地进行。日本已用制备出的保洁瓷砖装饰了一家医院的墙壁，经使用证明，这种保洁瓷砖有明显的杀菌作用。

② 目前，关于纳米粒子的催化剂的具体形式有以下三种：

（a）金属纳米粒子的催化作用

贵金属纳米粒子作为催化剂，主要以贵金属为主，如 Pt、Rh、Ag、Pd；非贵金属有 Ni、Fe、Co 等。已成功地应用到高分子高聚物的氢化反应上，例如纳米粒子铑在烃氢化反应中显示了极高的活性和良好的选择性。烯短双链上往往与尺寸较大的官能团——短基相邻接，致使双链很难打开，加上粒径为 lnm 的铑微粒，可使打开双链变得容易，使氢化反应顺利进行。表 4.8 列出了金属铼粒子对各种短的氢化催化活性的影响。由表中数据可看出，粒径越小，氢化速度愈快。

表 4.8 不同烃的氢化速度与金属铑纳米粒子催化剂粒径的关系[1]

烯 烃	Rh-PVP-MeOH/H$_2$O (3.4nm)	催化活性 Rh-PVP-EtOH/H$_2$O (2.2nm)	Rh-PVP-MeOH/NaOH (0.9nm)
1-己烯	15.8	14.5	16.9
环己烯	5.5	10.3	19.2
2-己烯	4.1	9.5	12.8
丁烯酮	3.7	4.3	7.9
异丙叉丙酮	0.6	4.7	31.5
丙烯酸甲酯	11.2	17.7	20.7
甲基丙烯酸甲酯	5.8	15.1	27.6
环辛烯	0.6	1.1	1.2

注：[1]甲醇中的氢吸收速度单位为 mol H$_2$/(gRh·atm·s)；30℃；H$_2$气压为 101.33kPa；包覆聚乙烯吡咯烷酮的金属铑为 0.01mmol/L^3，烯烃为 25mmol/L^3。

（b）带有衬底的金属纳米粒子催化剂

这种类型催化剂是以氧化物为载体把粒径为 1~10nm 的金属粒子分散到这种多孔的衬底上，衬底的种类很多，有 Al$_2$O$_3$、SiO$_2$、MgO、TiO$_2$、沸石等。用途比较广泛，一般采取化学制备法，概括起来有浸入法、离子交换法、吸附法、蒸发法、醇盐法等。

这里还应指出的是，有的纳米粒子合金的活性远远高于常规催化剂的活性，它们对有机物的氢化还原和聚合反应有良好的催化作用。例如：Co-Mn/SiO$_2$，对乙烯的加氢反应显示出高活性；n-Pt-Mo/沸石在丁烷脱氢反应中其催化作用远远高于传统催化剂。

（c）化合物纳米粒子的催化

其中以硫化物催化效率最高，CoS、MoS、ZnS、CdS 的纳米粒子有极强的助燃作用。FeS 达到纳米尺度也有明显的热催化效果，在粗颗粒 FeS 中这种作用不明显。纳米硫化物的热催化在煤的燃烧性、柴油燃烧以及生活垃圾处理上作为助燃剂将有广泛的应用前景。

纳米粒子的催化作用除了显示高活性外，还有一个很重要的催化作用就是提高化学反应的选择性，在这方面的例子很多。例如：利用蒸发法获得的金属纳米粒子催化剂对甲苯的氢化反应显示很高的选择性。5nm Ni/SiO$_2$，对丙醛的氢化呈高选择性，即使丙醛加氢为正丙醇 CH$_3$CH$_2$CH$_2$OH，抑制脱碳引起的副反应(由丙醛氢化为 CH$_3$CH$_3$+CO+H$_2$)，由 Fe(CO)$_{12}$ 制得的 n-Fe/Al$_2$O$_3$(Fe 的粒径为 2nm)在 CO 的氢化反应中生成物丙烯的获得率大大提高。

金属纳米粒子催化剂还有一个使用寿命问题，特别是在工业生产上要求催化剂能重复使用，因此催化剂的稳定性尤为重要。在这方面金属纳米粒子催化剂目前还不能满足上述要求，如何避免金属纳米粒子在反应过程中由于温度的升高，导致颗粒长大还有待进一步研究。

（2）半导体纳米粒子的光催化

半导体的光催化效应发现以来，一直引起人们的重视，原因在于这种效应在环保、水质处理、有机物降解、失效农药降解等方面有重要的应用。近年来，人们一直致力于寻找光活性好、光催化效率高、经济价廉的材料，特别是对太阳光敏感的材料，以便利用光催化开发新产品，扩大应用范围。所谓半导体的光催化效应是指在：光的照射下，价带电子越迁到导带，价带的孔穴把周围环境中的烃基电子夺过来，烃基变成自由基，作为强氧化剂将酯类变化如下：酯→醇→醛→酸→CO_2，完成了对有机物的降解。具有这种光催化半导体的能隙既不能太宽，也不能太窄，对太阳光敏感的具有光催化特性的半导体能隙一般为 1.9~3.1eV。纳米半导体比常规半导体光催化活性高得多，原因在于：

由于量子尺寸效应使其导带和价带能级变成分立能级，能隙变宽，导带电位变得更负，而价带电位变得更正。这意味着纳米半导体粒子具有更强的氧化和还原能力。

纳米半导体粒子的粒径小，光生载流子比粗颗粒更容易通过扩散从粒子内迁移到表面，有利于得或失电子，促进氧化和还原反应。

常用的光催化半导体纳米粒子有 TiO_2（锐钛矿相）、Fe_2O_3、CdS、ZnS、PbS、$ZnFe_2O_4$等。将这类材料做成空心小球，浮在含有有机物的废水表面上，利用太阳光可进行有机物的降解。美国、日本对海上石油泄漏造成的污染进行处理就是采用这种方法。还可以将粉体添加到陶瓷釉料中，使其具有保洁杀菌的功能，也可以添加到人造纤维中制成杀菌纤维。锐钛矿白色纳米 TiO_2 粒子表面用 Cu^+、Ag^+ 离子修饰，杀菌效果更好。这种材料在电冰箱、空调、医疗器械、医院手术室装修等方面有着广泛的应用前景。敏化的 TiO_2 纳米粒子的光催化可以使丙炔与水蒸气反应，生成可燃性的甲烷、乙烷和丙烷；铂化的 TiO_2 纳米粒子通过光催化效应可以用来从甲醇水合溶液中提取 H_2。日本科学家已在实验室完成了上述实验，纳米 ZnS 的光催化也可以从甲醇水合溶液中制取丙三醇。这些实验结果表明，纳米半导体粒子的光催化在工业上的应用是指日可待的。

近年来，纳米 TiO_2 的光催化在污水有机物降解方面得到了应用。为了提高光催化效率，人们试图将纳米 TiO_2 组到多孔固体中增加比表面，或者将铁酸锌与 TiO_2 复合提高太阳光的利用率。利用准一维纳米 Ti 钨丝的阵列提高光催化效率已获得成功，有推广价值。方法是利用多孔有序阵列氧化铝模板，在其纳米柱形孔洞的微腔内合成锐铁矿型纳米 TiO_2 丝阵列，再将此复合体系粘到环氧树脂衬底上，将模板去后，在环氧树脂衬底上形成纳米 TiO_2 丝阵列。由于纳米丝表面积大，比同样平面面积的 TiO_2 膜的接受光的面积增加几百倍，最大的光催化效率可以提高 300 多倍，对双酚、水杨酸和带苯环一类有机物光降解十分有效。

（3）纳米金属、半导体粒子的热催化

金属纳米粒子十分活泼，可以作为助燃剂在燃料中使用，也可以掺杂到高能密度的材料（如炸药）中，增加爆炸效率，也可以作为引爆剂进行使用。为了提高热燃烧的效率，金属纳米粒子和半导体纳米粒子掺杂到燃料中，提高燃烧效率，因此这类材料用在火箭助推器和煤的助燃剂中。目前，纳米 Ag 和 Ni 粉已被用在火箭作助燃剂。

具有纳米尺度的 TiO_2 由于具有合适的能带宽度（$E_g = 3.2V$，吸收紫外光）、大的比表面积和光电化学稳定性而被广泛用作研究太阳能转换材料，将太阳能转化为化学能以及光降解废物。目前光催化反应研究绝大部分集中在粒子尺寸极小的纳米级半导体，基于纳米 TiO_2 光催化原理，能在适宜波长的照射下将有机物催化降解转化为无毒的二氧化碳和水。目前已证实其在废水处理、空气净化、水面油污处理、杀灭细菌和病毒、抗癌和超级亲水抗雾等多方面具有现实或潜在的应用价值。因此，纳米技术在环保领域的应用前景同样诱人。工业生产及车用油燃料是二氧化硫的最大污染源，纳米钛酸钴将作为新一代高活性的石油脱硫催化剂，用于石油炼制工业中的脱硫工艺以降低各类油品硫含量。如应用纳米二氧化钛处理工业废气能改善周围空气质量、降解有机磷、完全催化降解工业废水。最新研究结果表明，复合稀土化合物的纳米级粉体是无可比拟的汽车尾气净化催化剂。它的应用可以彻底消除尾气中的一氧化碳和氮氧化合物，而更新一代的纳米催化剂将使汽油在燃烧时不产生有害尾气。

4.4.5 绿色催化选择的实例

（1）环氧丙烷生产的绿色化

在 TS-1（钛硅分子筛）催化剂存在下，利用 H_2O_2 作为氧化剂直接氧化丙烯生产环氧丙烷，这是一条工艺简单，反应条件温和，选择性高，无污染的绿色化学工艺路线。薛俊利等采用 TS-1 进行了丙烯环氧化生产环氧丙烷的绿色化学工艺开发研究，反应时将溶剂甲醇、30% H_2O_2 和 TS-1 催化剂投入反应器，用氮气置换反应器内的空气，升温至 40℃，并通冷却水保持恒温反应，同时通入丙烯，维持反应器内压力 0.4MPa，反应 30min，H_2O_2 的转化率达 96%，环氧丙烷的选择性 94%。2000 年，陈晓晖等提出三相热虹吸环流反应器的设想，并对该反应器中 TS-1 催化丙烯环氧化反应的工艺条件进行了研究，确定了适宜的操作范围，为环氧化过程的工业化提供了依据。该反应工艺的最佳条件如下。$C_3H_6 : H_2O_2$（摩尔比）= 1.1～1.3；反应温度 30～50℃；反应压力 0～0.1MPa（表压）；TS-1 质量浓度 3%～6%；H_2O_2 质量浓度 3%～5%[38]。

（2）甲基丙烯酸酯（MMA）新催化技术

国外开发了甲基丙烯酸酯（MMA）的新的合成路线，取代了丙酮和氢氰酸为原料丙酮氰醇法。传统的丙酮氰醇法，反应中要使用剧毒物品氢氰酸和过量的硫酸，并产生大量的废物。因此，近十年来世界各国竞相开展 MMA 新工艺、新催化剂的开发。其中以 C_4 馏分为原料的工艺路线在环保及经济上颇具吸引力。20 世纪 80 年代初，日本首先建立了用非贵金属催化剂的异丁烯氧化生产 MMA 的工业装置。最近，日本旭化成公司又开发出异丁烯氧化法新工艺，用钯作催化剂，使后步氧化和酯化同时进行，氧化温度由 300℃ 以上降至 40～100℃，产品产率 >80%。据称，新工艺能显著降低投资和生产成本[4,38]。

$$CH_2 = C(CH_3) \xrightarrow[催化剂]{O_2} CH_2 = C(CH_3)CHO \xrightarrow[催化剂]{O_2, CH_3OH} CH_2 = C(CH_3)COOCH_3$$

Shell 公司开发出由丙炔—钯催化 CO 羰化一步制 MMA 的工艺。新工艺使用 α-吡啶二苯基膦的钯化合物为催化剂，反应在温和的条件下进行，工艺简单成本低。该法区域选择性和反应收率均大于 99%，原子利用率高达 100%，催化剂的转化活性高达 1×10^5（底物）mol/h·g（催化剂），无疑是对环境无害的工艺流程。

$$H_3CC = CH + CO + CH_3OH \xrightarrow[6 \times 10^6 Pa/60℃]{Pd\ 催化} CH_2C(CH_3)COOCH_3$$

（3）甲烷与 CO_2 转化反应制合成气

甲烷氧化偶联反应一度成为各国催化研究的重点，但由于其选择性不佳和高温操作技术上的困难而难以实现工业化。第十届国际催化会议上提出了甲烷与 CO_2 转化反应制合成气的转向研究，已经取得了长足的进展。日本 T. Inui 报告了经 Al_2O_3 复涂改性后的 FF 陶瓷管负载的含 RhNi-Ce_2O_3-Pt 催化剂的反应结果，证明常压空速 $100000h^{-1}$ 条件下，$CH_4 + CO_2 \rightarrow$

$2H_2+2CO$ 的反应在 650℃ 时便可达到平衡产率；而 $2CH_4+CO_2+H_2O \longrightarrow 5H_2+3CO$ 的反应在 600℃ 条件下便可达到平衡产率。显然，这一结果已具有工业应用价值[39]。

(4) 可见光的光催化剂

到目前为止，纳米 TiO_2 光催化剂在研究与开发应用中，主要用于废水处理和空气净化上。近十年来，金属氧化物半导体 TiO_2、ZnO 等引起了许多研究者的广泛关注，由于其在可见-近紫外光的照射下对有毒有机物的降解作用，可用于水及空气污染物的处理。其中，锐钛矿 TiO_2 因具有安全、廉价、无污染的优良特性，已成为最具有开发前景的绿色环保催化剂之一。

国内学者金华峰采用 Fe/Ti/Si 复合纳米微粒进行了光催化降解 NO_3^- 研究。NO_3^- 是一种可致癌的危害性较大的环境污染物，存在于水、空气、食品中，特别是低浓度 NO_3^- 不易消除，比较稳定。研究表明，Fe/Ti/Si 复合微粒的催化活性高于 Ti/Si 体系，当 Fe/Ti/Si 组成为 $Fe_{3+}=1.5\%$，Ti∶Si∶2∶1(m) 时具有最佳活性，样品呈晶化度较低的锐钛矿结构。Fe^{3+} 掺杂导致晶粒的增大，稳定性降低，大大提高了半导体的光催化活性，有利于对低浓度 NO_2^- 的光催化降解，在环境保护等方面有着极广泛的实用价值[40]。

采用特制的 Pd/TiO_2 催化剂研究乙烯和水的光催化反应中，乙烯分子适度活化与光解水的协同作用，在提高放氢量的同时得到了高选择性的有机氧化产物，而且成功地阻抑了 CO_2 的生成：研究结果表明，Pd/TiO_2 上乙烯氧化的催化循环是通过钯和氧化钛的协同作用实现的。催化剂的制备方法和氢预处理条件都明显地影响催化乙烯氧化活性。较低温度氢处理能使催化活性中心逐步形成，300℃ 处理的样品有最高催化乙烯氧化活性，而高温氢处理导致金属和载体相互作用过强，改变了催化剂的物理化学状态，反而不利于实现催化环链的电子传递过程，使催化乙烯氧化活性明显降低。

(5) 汽车尾气的净化催化剂

传统的贵金属汽车尾气净化催化剂是以 Pt 为主要成分的 Pt-Rh-Pd 催化剂，从催化剂资源利用和改善现有催化剂性能出发，近年来开发以 Pd 为主要或唯一成分的催化剂颇受关注。对于甲醇车尾气的净化(主要污染物为未燃烧的甲醇)，Pd/Al_2O_3 催化剂对甲醇的低温深度氧化具有较好的催化效能。日本丰田公司开发了新系统用碱土金属氧化物(BaO)吸收 NO_x 转变为硝酸盐。当汽车使用低硫燃料时，可将硝酸盐还原为氮，此运作可周期循环进行。

(6) 酶催化

酶的催化具有很高选择性，而且反应条件温和，许多反应在常温常压下就能进行，因此酶催化反应的能耗低、效率高。

日本东高公司利用酶催化路线由丙烯腈生产丙烯酰胺，与通常采用铜催化工艺相比要简便得多。他们培育了一种腈水合酶并将其固定在一种聚丙烯酰胺凝胶上，在低温生物反应器中应用，转化率可达 100%，因此就不必要分离，也不需要从反应器排放料中回收丙烯腈。

4.5 绿色催化过程和催化剂开发前沿

催化技术仍面临许多有待解决的课题，绿色催化技术发展涉及的未来机遇也具有广泛的挑战性，主要表现为以下四个方面[21]。

（1）均相催化

新的催化过程及催化剂能极大地影响生产成本及产品质量，在未来的化工过程中，原材料的最优开辟、过程能耗的高低以及生产环境友好性将仍然占着主导地位。催化剂的选择性将成为化工过程的一个决定性因素，尤其是在聚合物、医药品、精细化工品工业中，较高的选择性意味着所采用的原料得到较好利用，副产物的生成减少，昂贵的产品分离过程得以简化。

均相催化的主要优势在于它能有效活化的主要是烯烃而非烷烃。如果均相催化反应能够将烷烃中的 C—H 活化变为现实，那将打开许多工业化学品的新的廉价生产途径，特别是利用丰富的自然生物资源催化反应出许多含氧的精细化学品，如醇、醛、羧酸、酯类物质。

（2）非均相催化

由于严峻的环保需要，也由于化工反应现已一般地倾向于采用较温和的条件，这就意味着提高对非均相催化剂的要求。21 世纪非均相催化剂的进展趋向主要有四点：

① 开发能将廉价原料变为有用产品的特殊用途催化剂。如用丙烷（传统为丙烯）直接氧化制异丙醇或丙酮等。

② 能源工业用非均相催化剂。如非均相催化剂改进的燃料电池，可使矿物燃料得到最有效的利用；用于直接发电，如甲烷电池用的非均相催化。

③ 环保用非均相催化剂。日本正研究 [Cu]ZSM-5 分子筛能在 SCR 过程中将 NO_x 分解为 N_2 和 O_2，从而减少光化学烟雾，保护大气环境少受污染。

④ 非均相催化剂的其他发展趋向是催化剂几何形状的优化（车轮状、蜂窝状）；新型的载体材料；选择性助催化剂；防护催化剂等。

（3）相转移催化剂

发生在任何物相中的化学反应，其必要条件是两种反应物分子之间必须发生碰撞。开发高效相转移催化剂，能更好地利用非均相催化选择性高、产物易分离的特点；能使传统方法难以实现的反应顺利进行；能使反应条件温和、操作简便、缩短反应时间、提高选择性、减少副反应；能减少甚至不用昂贵的特殊溶剂，用水或常见的低毒、低害的有机溶剂即可。

新型高效的相转移催化剂将大大加速各种有机合成反应的绿色化，如醚化、酯类合成、醛类合成、醛酮缩合、氰化、氧化、硫原子烷基化、碳原子烷基化等的反应。

（4）酶催化剂

酶的高选择性、高活性及其缓和的反应条件，是目前以及将来开发的均相、非均相催化可望而不可及的。若谈到催化和催化剂的发展潜力和远景，实际上酶的催化及酶催化剂才真正是最重要、最有发展前景的。

人类已进入克隆生物（如羊、牛等）和基因工程的新时代，将会在今后的几十年内，从无数的氧化酶或羟化酶中分离、筛选、繁衍改良出许多全新的酶，并开发出许多酶催化过程，既可以从甲烷这些小的有机物合成出高分子材料，也可以将植物纤维素、木质素等丰富的可再生资源转化为小分子的精细化工品。若能如此，人们就可以骄傲地宣布真正实现人类的可持续发展。

5 化工生产过程中无毒无害的介质

5.1 传统溶剂的作用与危害

许多化工生产(反应、分离)过程都需要使用大量的溶剂。由于有机化工产品种类、数量在化工产品中占绝对大量,因此不得不广泛使用大量的有机溶剂。在涂料、油漆、塑料、橡胶、化纤、医药、油脂等加工使用过程中也广泛使用大量的有机溶剂。此外,在机械、电子、文具等精密仪器器件的清洗,乃至于服务业如服装干洗过程中都需要大量的各种溶剂。

使用量最大、最常见的溶剂主要有石油醚、苯类芳香烃、醇、酮、卤代烃等。目前这些有机溶剂绝大部分都是易挥发、有毒、有害的。这些溶剂在使用过程中,相当大一部分经过挥发进入了空气中,在太阳光的照射下,容易在地面附近形成光化学烟雾,导致并加剧人们的肺气肿、支气管炎,甚至诱发癌症病变。此外,这些溶剂还会污染水体,毒害水生动物及影响人类的健康。因此,挥发性有机溶剂(VOC)是造成大气环境污染的主要废弃物之一。

随着保护环境的呼声日益高涨,各国纷纷制订、采取各种限制和减少挥发性有机溶剂排放的措施,以减轻对环境的危害。如美国的联邦、州政府都通过并实施的空气清洁法(Clean Air Act,简称CAA)。所以研究开发采用无毒无害的溶剂去取代易挥发性的、有毒有害的溶剂,减少环境污染,也是绿色化工中的一项重要内容。

5.2 水与超临界水

5.2.1 水

水作为介质、稀释溶剂或萃取溶剂,有其独特的优越性。水是地球上自然丰度最高的溶剂,价廉易得,无毒无害,不燃不爆,不污染环境。此外,水溶剂特有的疏水效应对一些重要的有机转化也是十分有益的,有时可提高反应速率和选择性,更何况生命体内的化学反应大多是在水相中进行的[4~5,41~44,95]。

介质中基团或离子及溶剂	反应条件	产率	第一产物:第二产物
Et,甲苯	室温,288h	52%	0.85:1
H,水	室温,17h	85%	1.5:1
Na,水	室温,5h	100%	3:1

1980年,Breslow又发现水可作为有益的溶剂;环戊二烯与甲基乙烯酮的环加成反应,在水中较之以异辛烷为溶剂的反应快700倍。随后Grieco在水相中环加成反应也做了许多开

创性工作。水相反应可同时提高反应速率和选择性。值得一提的是,这个反应只得到 4 种可能立体异构体中的 2 种,主要异构体是合成目标分子所需的,若用常规的有机溶剂苯,则产生无用的立体异构体。

水相有机合成的一个重要进展是有机金属类反应,其中有机铟试剂是成功的实例之一。Chan 等人通过甘露糖与 α-溴甲基丙烯酸甲酯的偶联非常简捷地合成了(+)-KDN15。此类反应的另一优点是碳水化合物的多个羟基官能团在碳-碳键形成步骤无需保护。在合成中使用保护基是为达到选择性所做的无奈选择,因为需要使用化学计量的保护试剂进行保护,最后还得除去保护基,不但增加反应步骤,多消耗能量和原料,还增加了废物排放。

近年来发现采用金属铟在水溶液中反应获得高产率的偶联化合物。金属铟无毒,以水为溶剂,可在沸水或碱溶液中进行,在空气中不易氧化生成氧化物,铟能回收并循环使用。

水相有机合成的另一重要进展是水相 lewis 酸催化的反应。许多常规的 Lewis 酸催化反应必须在无水的有机溶剂中进行,但反应物 A 与 B 在 $0.01 mol/m^3$ 硝酸铜催化下的水相环加成较之在乙醇中进行的非催化反应速率提高 79300 倍。

X=NO₂,Cl,H,CH₃,OCH₃   (A)   (B)

5.2.2 超临界水

目前,应用最多的超临界流体是二氧化碳,通常称超临界流体的流体都是泛指二氧化碳。但最活跃的研究项目是超临界水。水的来源更方便,且也有一些独特的优点,如将有机和无机反应移植在过热和超临界的水中进行。因为水的低成本和环境友好特性,水与二氧化碳作介质的超临界过程一样在化学化工、医药、食品、环保中具有广泛的应用前景[5,41~44]。

水处于临界点(374℃,22.1MPa)以上的高温高压状态时被称为超临界水。而过热水是指温度高于沸点,但低于临界温度的热水。水的物理化学性质随温度和压力变化很大,不同于二氧化碳。例如液体水的静电常数是 80 左右,在过热和超临界区域里它能够减小到 3~20。因此,非极性的有机化合物以及氧气、氮气和二氧化碳等气体可与超临界水完全互溶,而大多数无机物,尤其是盐类在其中的溶解度则很小。在超临界条件下水的介电常数、离子积、黏度等性质与常态下也有很大差别。传递性质和可混合性是决定反应速率和均一性的重要参数。高扩散性、低黏度以及在通常条件下溶解的反应物的完全可混合性,导致了均相和快速反应。此外，对于那些在通常条件下无法进行的酸基催化反应，由于在高温高压下增加了氢离子浓度，从而可加速这类化学反应。这些特性使得超临界水成为一种优良的反应介质。

（1）甲烷氧化反应

Knopf 等人研究了烃类化合物如甲烷在超临界水中的部分氧化；或在超临界二氧化碳、超临界氙和超临界氮中使用非均相金属催化剂的部分氧化过程。Franck 首先报道了超临界水中的非催化部分氧化，他发现在恒定 380℃和 30~60 MPa 压力范围，在超临界水中的甲烷氧化可以生产甲醇，并且甲烷转化率在 15%~20%之间。Savage 等人在超临界水和近临界水下也检验了甲烷非催化部分氧化生成甲醇过程。甲醇的选择性在 4%~75%，最高选择性在 0.05% 的低转化率条件下，最高收率为 0.7%。Abraham 等人采用 Cr_2O_3 催化剂，在 450℃下的超临界水中进行甲烷的部分氧化，当选择性为 40% 时的最高甲醇收率可达 4%。

（2）Friedel-Crafts 反应

F—C 反应是有机合成中应用范围最广者之一，是合成许多重要有机化工产品和有机中间体的反应。通常进行 F—C 反应时需要使用大量的多于化学计量几倍的酸（如 $AlCl_3$、H_2SO_4 等），当反应完成后为了中和这些酸又需要使用大量的碱，随之将产生大量的副产物盐和其他污染废物，从而对环境造成严重污染，同时也使生产成本明显上升，特别是在工业合成中，这些问题显得尤为突出。

Xu 等人在研究近临界水中叔丁醇的脱水反应时观察到出乎意料的结果：在不使用任何酸催化剂的条件下，在 250℃的近临界水中异丁烯是唯一的产物，且反应速度很快（30s 即可达到化学平衡）。

当添加极少量的硫酸（10^{-5} mol/L）时，反应速度进一步得到显著提高，且不产生任何副产物。Chandler 等人研究了近临界水中的苯酚与叔丁醇的烷基化反应，结果表明上述反应在 275℃下，近临界水本身的酸性就足以起到很高的催化作用，反应速度很快。Kuhlmann 等还对近临界水中一些典型的有机反应（包括消除反应、重排反应、水解反应等）进行了较广泛的探索性研究，其结果同样非常喜人，反应速度快，选择性高。

（3）超临界水氧化技术在环保处理方面的应用

超临界水氧化反应（Super Critical Water Oxidation，简称 SCWO）是指有机废物和空气、氧气等氧化剂在超临界水中进行均相快速氧化，并将有机废物完全转化成二氧化碳、氮气、水以及盐类等无毒的小分子化合物的氧化反应。SCWO 具有反应速率快、过程封闭性好、适应性强、处理彻底、不形成二次污染等优点。另外当有机物含量超过 1% 时可以形成自热而不需外界供给热量。相对于湿式空气氧化法或焚烧法，SCWO 是一种具有很强潜在优势的环保新技术。超临界水氧化过程可以消除各种有毒的化学物质，包括酚、氨、硝基苯、氰化物、多氯联苯等，有毒物去除率可达 99.99% 以上，且无二次污染。由于均相反应和停留时间短，所以反应器结构简单，体积小，过程封闭性好。废物中的 C、H 元素氧化成 CO_2、H_2O 和有机化合物，通过降低压力或冷却，有选择性地从溶液中分离产物。作为日本通产省的重要科研计划，建立了一套超临界水氧化法分解二噁英类化合物中试装置，下部为焚烧垃圾的燃烧塔，高 15m，在燃烧塔顶部安装一个分解二噁英类化合物的反应器，体积为 30L，该反应器处理量为 150kg/d。在 500℃、30MPa 下，相同处理时间内，超临界水+空气体系处理二噁英类化合物的分解率为 97.4%，超临界水+氧气体系为 98.5%，超临界水+过氧化氢体系分解率为99.7%。在0.02%（质量）过氧化氢，反应时间30min，反应压力30 MPa时，二噁英类化合物分解率z随反应温度T的变化关系见图5.1，500℃以上时，二噁英类化合物的分解率达到99.98%，几乎完全分解为CO_2、H_2O和HCl等。500℃附近的代表性分解产物为苯酚、氯苯、氯代苯酚等。事实上用超临界水氧化法分解二噁英类化合物时，同时发生的化学反应有氧化分解反应、加水分解反应和热分解反应。

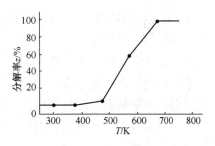

图5.1　分解率z与反应温度T的关系

　　据有关文献报道，目前对含氮化合物、含氧化合物、含硫化合物、羧酸类化合物以及氰化物、卤代物等进行了超临界水氧化研究，结果表明，上述有害物质都能转化成无毒无害的小分子化合物。

　　将SCWO用于处理城市污水、人类代谢污物和生物污泥的研究也已经取得成功。醇类化合物是许多碳氢化合物SCWO反应的重要中间产物，作为许多废水中COD的重要组分，它本身也是一种重要的污染物。向海涛等对超临界水氧化处理醇类废水进行了研究，研究表明，在一定条件下，SCWO能将乙醇完全氧化为二氧化碳，达到彻底处理的目的。超临界水能将有毒有害物质、生活垃圾、生物污泥氧化成无害物质，同时放出大量热量。热能可供进一步利用，整个工艺过程对环境没有污染，符合绿色化学原则。

　　美国、西欧和日本已经投入大量资金，对超临界水氧化技术进行研究和开发，已使这项技术进入工业化应用，并取得商业性运作。据报道，世界上第一座商业性的SCWO试验装置是美国生态废物研究所1994年8月研制成功并投入运行，处理一些长链有机物和胺类化合物。在日本，多座超临界水氧化技术的中试装置正在运转。但离真正工业化还有一段距离。SCWO工业化的最大难题是异常苛刻的安全要求和长期耐腐蚀、耐磨损、耐高温、耐高压的反应器材质的研制。

　　为了缓和SCWO苛刻的反应条件和提高处理能力，催化超临界水氧化技术的研究至关重要。关键是找到在SCW中既稳定又具有活性的催化剂。Ding等在390℃，500%过量氧气，反应停留时间小于10s的苯酚SCWO中，用V_2O_5/Al_2O_3，和MnO_2/CeO_2为催化剂不仅增加了苯酚的去除率，而且苯酚几乎100%转化为CO_2。在这两种催化剂上，苯氧化成CO_2的转化率也大大提高。水溶液中芳香化合物的非催化SCWO氧化产物主要包括多种部分氧化产物和二聚产物。而在催化SCWO中，芳香化合物到CO_2的高转化率表明这些部分氧化产物和二聚产物没有生成或生成后也被快速分解了。但研究发现催化剂的活性、稳定性受SCWO环境影响较大，尚待探讨。

　　目前SCWO技术除从反应器材质和催化技术改进外，还可用超临界多元流体水反应来解决，如纳米级金属氧化物的制备：

$$M(NO_3)_xx + xH_2O \longrightarrow M(OH)_x + xHNO_3$$

$$2M(OH)_x \longrightarrow M_2O + xH_2O$$

$$HNO_3 + KOH \longrightarrow KNO_3 + H_2O$$

　　金属硝酸盐与超临界水反应得到金属氢氧化物及稀硝酸，金属氢氧化物在高温下脱水生成纳米级金属氧化物。由硝酸盐、超临界水与氢氧化钾组成的超临界三元流体反应，可降低反应温度，减少稀硝酸腐蚀。可用于制造纳米级金属氧化物的有Al、Ba、Ce、Co、Mn、

Ni、Ti、Zr 等的硝酸盐、盐酸盐、硫酸盐水溶液，微粒径 5~200nm，粒状有六角板、针状、球状、八面体、短柱状等。

(4) 重质矿物资源的超临界水转化反应

重质矿物资源在超临界水中的转化和改质有以下优点：不使用价格昂贵的氢气和有机溶剂就能对重质矿物燃料进行轻质化，可望降低成本，增加安全性，有益于过程绿色化；抑制了缩合反应的发生，使焦炭等副产物减少；可预期有脱除硫等杂原子的可能性，有利于生产环境友好的燃料。

用超临界流体进行煤的液化和萃取是目前备受关注的课题，甲苯和水为常用的溶剂。因为它们的临界点均在 300~400℃ 范围内，与煤液化的条件相当，且在该条件下比较稳定。Deshpande 等在高压釜中研究了煤的超临界水反应萃取，萃取出物质的量随 SCW 密度的增加而增多，如将密度从 0.16g/cm³ 增大到 0.30g/cm³，四氢呋喃可溶物质量分数从 40% 增大到 75%。加料方式对反应结果也有影响，如在 375℃、密度 $\rho = 0.30g/cm^3$ 的条件下，将煤直接加入到 SCW 中反应 15min，可得到 75% 的四氢呋喃可溶物，而先在常温、常压下将水煤混合然后再加热到超临界条件下，只得到 60% 的四氢呋喃可溶物。Amestica 和 Wolf 在 $CO-H_2O$ 体系中研究了催化剂和有机溶剂对煤液化效果的影响，发现无论有无催化剂在 $CO-H_2O$ 体系中都能得到高的煤转化率。如单独用 SCW 可得到 25% 的煤转化率及 11% 的脱硫率，而加入 CO 后，煤的转化率增加到 33%，脱硫率增加到 20%。加入有机溶剂后转化率会进一步增加，但加 Co、Mo 催化剂煤的转化率增加很少。Ross 等用 $CO-H_2O(D_2O)$ 在 400℃ 探索了煤的液化，煤的转化率和水溶液的 pH 值之间的依赖关系很强，pH 值高于 12，煤的转化率由 15% 左右猛增到 50% 以上。Yasunari 和 Atsushi 分析了超临界流体萃取褐煤所得的产物，发现用 SCW 所得煤的转化率高于超临界甲苯，温度增加液体产物收率降低。用 SCW 所得液体产物相对分子质量比用超临界甲苯小，但用 SCW 所得产物 O/C 高，且含大量羟基。因此推断在 SCW 萃取煤的过程中，不仅发生了热解反应，而且有水解反应的发生。

重质油热裂化是重质油轻质化的一种加工工艺，在炼油技术发展史中曾起过重要作用。催化加工过程的发展，热裂化工艺已被催化加工过程所代替。在 SCW 中进行重质油的热裂化是近几年才出现的一种重质油加工方法，目前仍处于探索阶段。Entomb 等用超临界水在高压釜中对油沙油进行了改质研究。实验结果表明，不用氢可将黏度为 3500mPa·s(50℃) 左右的重质油转为 5~35mPa·s(30℃) 的轻质油。将重质油与超临界水在反应器中接触反应，得到低黏度的轻质化油，收率高且副产物少。反应的温度为 300~500℃，压力随水油比的变化而变化，水油比以 10%~40% 为宜。反应时可根据需要添加盐或碱作为催化剂。水油比不同，所得产物的分子量有所不同，水油比增加，产物分子量分布变窄。Satio 等指出高温高压下的亚临界或超临界水可为矿物燃料(如煤、油沙油、页岩油)或大分子化合物(含杂原子或不含杂原子的，如聚乙烯、各种树脂、橡胶等石油化学废料)的裂解提供氢，即 SCW 具有供氢的能力，这种方法价廉效高，对环境无污染。美国专利也报道了用超临界 H_2O-CO 体系产生氢进行重油裂化的工艺过程。Kunio 在 SCW 中研究了通过烃的部分氧化产生氢来进行重质油的催化脱硫。在 400℃、30MPa 的不同气体环境(H_2-SCW、CO-SCW、CO_2-H_2-SCW、HCOOH-SCW)中用 $NiMo/Al_2O_3$ 催化剂对二苯并噻吩(DBT)进行加氢实验。反应的主要产物为二连苯和环己基苯。在 CO-SCW、CO_2-H_2-SCW、HCOOH-SCW 中，DBT 的转化率要高于 H_2-SCW 中的转化率。表明在 SCW 中发生水气转移反应产生物种的加氢效率比氢气本身要高，这可能因水气转移反应所产生的氢不必转化为氢分子就直接与 DBT 发生了反应，而 H₂-SCW 和 DBT 发生反应时需先进行 H—H 键的断裂，然后才进行加氢反应。他们又在 SCW 中部分氧化 DBT-己苯溶液对 DBT 进行加氢，同样得到了良好的效果。这是因为在部分氧化己苯时产生了 CO，CO 又进一步发生水气转移反应产生氢，从而进行加氢反应，这样就使得用氧取代了昂贵的氢来进行加氢脱硫反应成为可能。

将 SCW 和重质矿物燃料的轻质化相结合的绿色技术，目前尚处于探索阶段，有关的基础数据以及工程技术参数尚严重匮乏。

5.3 超临界二氧化碳特性

5.3.1 无毒无害溶剂的兴起

地球上最丰富和廉价的溶剂是水，而且在无机化工中也得到了非常广泛的使用。但化工生产、化工品消费使用最多遇到的还是有机物，而水对绝大部分的有机物的溶解能力极差。除特殊情况外，只有用传统的有机溶剂才行。

随着对超临界流体的认识，发现超临界二氧化碳、液体二氧化碳等可以很好地溶解一般的、相对分子质量比较小的有机化合物，如碳原子数在 20 以内的各种脂肪烃、卤代烃、醛、酮、酯等。在液态或超临界二氧化碳中再加入适当的表面活性剂，又可以溶解许多工业材料，如聚合物、重油、石蜡、油脂、蛋白质、水、重金属盐等。若再加入极性提携剂，提高对极性物质的溶解能力或形成化学缔合，则可以说，液态或超临界二氧化碳几乎可以溶解目前所有的化工原材料及其制成品。所以，以超临界和液态二氧化碳取代当前工业有机溶剂，减少以至杜绝有机溶剂的排放，将具有明显的技术优势和广阔的发展前景。

5.3.2 超临界二氧化碳的特性[41~42]

常温常压下的二氧化碳无色、无味、无毒、不燃烧、化学性质稳定，气体二氧化碳对液体、固体物质无溶解能力。二氧化碳的临界温度为 31.06℃，临界压力为 7.39MPa。当二氧化碳高于临界温度、临界压力时，称为超临界状态。图 5.2 反映了纯二氧化碳压力、温度与密度的相互关系。

二氧化碳临界温度 31.06℃，是文献上所介绍过的超临界溶剂临界点最接近室温的，其临界压力 7.39MPa 也比较适中。已知超临界溶剂的溶解能力一般随流体的密度增加而增加，除合成氟化物外，二氧化碳的临界密度 448kg/m³ 是常用超临界溶剂中最高的。因此，二氧化碳具有最适合作为超临界溶剂的临界点数据。

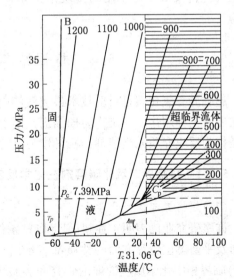

图 5.2 纯二氧化碳压力、温度、密度相互关系
（各直线上的数值为 CO₂ 密度，单位为 g/L）

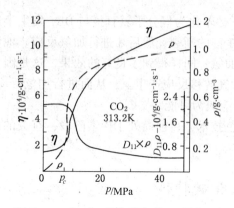

图 5.3 40℃时二氧化碳密度 ρ、黏度 η、
自扩散系数×密度($D_{11}×\rho$)值与压力 P 的关系

超临界二氧化碳密度变化规律是二氧化碳作为溶剂最受关注的参数。图 5.3 关系表明，二氧化碳密度是压力和温度的函数。其变化规律有如下两个特点。

① 在超临界区域，二氧化碳溶剂密度可以在很宽的范围内变化，即从 $150kg/m^3$ 可上升到 $900kg/m^3$。换言之，若适当控制流体压力和温度可以使溶剂密度变化达到 6 倍左右，溶解能力也会发生相应的变化。

② 在临界点附近，压力或温度的微小变化，都可以引起二氧化碳溶剂密度的明显变化，溶解能力也明显变化。

由于二氧化碳溶剂的溶解能力取决于密度，使得以上两个特点构成二氧化碳溶剂的最基本关系，也是确定溶解过程中溶解能力、选择性的重要依据。

除了要知道物质在液态或超临界二氧化碳溶剂中的溶解度和分配系数等热力学数据外，在应用过程中还需知道物质在超临界二氧化碳溶剂中的扩散系数、传递速度等动力学数据。对传递性能而言，超临界溶剂的黏度、导热系数、扩散系数明显不同于常态下的数值。一般而言，超临界二氧化碳的密度接近于液态的密度，而黏度却近似为气体的数值，扩散系数比在液体中大数百倍。图 5.3 反映了二氧化碳密度、黏度、自扩散系数与压力的关系。

综上所述，由于二氧化碳无毒、惰性、便宜易得，用超临界二氧化碳作溶剂既具有较大的溶解能力和可调范围，又具有较大的扩散能力。此外还可在适中压力、室温条件下，无须其他特殊过程及设备即可直接使用，适应于"回归自然"的思潮。所以研究开发、使用超临界二氧化碳技术，必将大量地减少危害环境和身体健康的挥发性有机溶剂的排放，减轻在世界经济发展中由于使用传统溶剂带来的空气和水污染的负担，创造更加美好的生活环境。

5.4 超临界二氧化碳流体的应用

超临界二氧化碳是目前技术最成熟使用最多的一种超临界流体。超临界二氧化碳作为溶剂主要有三种用途，一是作为抽提剂，用于食品、医药行业的香料和药用有效成分的提取；二是作为反应介质充当溶剂；三是作为化学品应用过程中的稀释剂[5,41~44]。

5.4.1 超临界二氧化碳溶剂在化学反应中的应用

（1）超临界流体对化学反应的影响[41]

许多研究业已表明，在超（亚）临界条件下的化学反应，其反应速率、选择性、催化剂寿命及平衡态位置等方面的性质都表现出与常规反应有较大的区别。特别是近年来有关超（亚）临界相中化学反应的理论研究和实验研究都倍受重视，这与人们对自身生存环境以及强化化学工程的高度认识有相当大的关系。

① 提高化学反应的反应速率。超临界流体的特性对在超临界区内发生化学反应影响很

大。超临界流体中重溶质组分具有异常的偏摩尔性质，使得压力升高有利于化学反应速度的提高。Laidler 等人用过渡态理论对此进行了解释。在低浓度和溶剂接近其临界点条件下，$\Delta V \neq$（活化体积，其数值等于活化络合物的偏摩尔体积与反应物的偏摩尔体积之差）具有很大的负值，反应速度常数随压力的提高显著增加。

② 降低化学反应的反应温度。某些高温反应，如煤液化反应等，可借助 SCF 大幅度降低反应的温度，从而改善反应的选择性，提高产品的收率，使其更易于工业化。

③ 使化学反应在均相中进行。在超临界状态下进行的化学反应，不论是 SCF 作为反应物参与反应，还是作为惰性介质，都有可能使多相反应物溶于 SCF 之中，使反应在均一的流体相中进行，从而大大消除了扩散的限制，提高了反应速度。

④ 降低固体催化剂的失活速率。利用 SCF 良好的溶解性能可以解决非均相催化剂失活的问题。SCF 可溶解某些能导致固体催化剂失活的物质，使催化剂长时间保持活性，亦可使反应混合物处于超临界状态而恢复催化活性。此外，SCF 虽不能直接活化已经烧结的催化剂，但由于采用 SCF 技术有可能降低反应温度或催化剂的再生温度，亦能间接缓解甚至消除催化剂因烧结而引起的失活问题。

⑤ 易于使反应物和产品分离。超临界状态下进行的化学反应，可通过选择合适的压力和温度使产物不溶于超临界反应相，及时将反应物和产物分开，亦可逐步调节体系的温度和压力使产物和反应物依次从 SCF 中分离出来，从而实现产物、反应物、催化剂和副产物之间的分离。

⑥ 提高化学反应的选择性。在 SCF 中进行的化学反应，利用 SCF 的特性可大幅度提高目的产物的生成速度，抑制副产物和非目的产物的生成速度，反应的选择性显著提高。

(2) 超临界二氧化碳作为聚合反应的介质（溶剂）

聚合反应大都需要在某种介质中进行，尤其是烯类单体的加成聚合反应，其聚合过程中放出大量的热，约为 $60 \sim 100 kJ/mol$。在聚合物生产过程中，反应热的排除是一个关键性的问题。特别是到了聚合反应后期，如果没有适合的分散介质，聚合反应体系随着分子量增大和单体数量减少而使黏度急剧增大，散热就成了难以克服的困难。即使采用高效的换热装置和高效搅拌器，也很难将所产生的反应热及时排除。如果反应热不能及时转移，体系温度就会不断上升，使反应很难平稳进行。而且温度的升高会进一步加速反应，从而放出更多的热量。这样相互促进的结果，轻者使反应温度过高，导致聚合物分子量低，分子量分布变宽以及产生支化和交联，严重者引起暴聚，使产品报废甚至发生爆炸事故。若令聚合反应在溶剂中进行，反应介质能够稀释反应单体，减少反应体系的黏度，及时转移反应热，从而使聚合反应易于控制，不致发生爆炸。

传统使用的介质包括各种有机溶剂和水，都存在许多问题。首先是各种有机溶剂的挥发和排放对环境造成严重污染；其次是反应结束后需要进行产物和溶剂的分离，一个既消耗能源、又浪费时间的过程。如将丙烯酸单体聚合生产聚丙烯酸是在水溶液中进行，由于聚丙烯酸可溶于水，反应结束后必须将凝胶在高温下脱水烘干。如使用各种有机溶剂的烯类聚合，产物中不可避免残留有各种有机溶剂，这些产物若用作食品、医药、化妆品，则还需耗费人力物力去脱除残留的溶剂。

使用超临界二氧化碳作聚合反应的溶剂具有许多优点。如惰性（二氧化碳分子很稳定，不会导致副反应）；溶解能力随压力变化，对一种聚合物而言，在一定温度下超临界二氧化碳压力越大溶解的该聚合物的分子量就越大，在聚合反应中利用这一原理可得到某特定分子量很窄分布的产品；产物易纯化，超临界二氧化碳通过减压成为气体很容易与产物分离，完全省却了使用传统溶剂带来的复杂的后处理过程，直接可以得到纯净的聚合物。超临界二氧化碳对高聚物有很强的溶胀能力。分子越小渗透性越强，二氧化碳的分子体积很小，并且在超临界条件下黏度和表面张力不大，而扩散系数很大，因此很容易渗透进入高聚物，这样就将反应生成的高聚物强烈溶胀，使得反应单体容易进入刚生成的高聚物内部继续进行聚合反应，从而提高聚合反应的转化率和产物的分子量。

超临界二氧化碳作为溶剂用于聚合反应的情况见表 5.1。

表 5.1　超临界二氧化碳中的聚合反应

反应方式	类　型	反应体系	反应方式	类型	反应体系
溶液聚合	均聚 共聚 分散聚合	FOA FOA+MMA，FOA+St， PPVE+TFE MMA	沉淀聚合 乳液聚合	自由基型 离子型	丙烯酸 异丁烯 丙烯酰胺

（3）超临界二氧化碳作为烃类反应介质的应用[5,41~44]

Diels-lder 反应是工业化合成环状化合物的最重要反应之一，在超临界二氧化碳中，D-A反应甚至不用催化剂也能在较温和的条件下自发进行，并得到较好的产率。Ikushima 等用甲基丁二烯与丙烯酸甲酯作为二烯体和亲二烯体分别考察了超临界二氧化碳下 AlCl$_3$ 催化和非催化、以及超临界二氧化碳与有机溶剂分别为介质的反应性能。结果表明，超临界二氧化碳介质中压力的增加有助于反应速率的提高，并将改变产物的分布。一般而言，常压下不管是 AlCl$_3$ 催化的还是非催化的 D-A 反应，主产物均为对位异构体。然而在超临界二氧化碳介质中，产物的分布随着压力变化而变化。在临界点附近，间位异构体/对位异构体的产量比达到最大值，即超临界二氧化碳溶剂有利于间位异构体的生成，其选择性正好与常态反应相反。这一结果说明在超临界条件下溶剂效应非常显著。

此外，超临界二氧化碳在烃类的烷基化反应、异构化反应、氢化反应、氧化反应都具有重要的作用。由于溶解度增大，减少催化剂上多核芳香族化合物的缩合生焦，从而减缓催化剂的失活。又由于扩散能力的增强，反应物易到达催化剂活性中心，而产物易从活性中心更快脱离，从而减少副反应，提高了催化剂的选择性；还由于传热速率、扩散速率增大，更快达到反应平衡和加快反应速率，从而提高装置生产能力。

5.4.2　超临界二氧化碳溶剂在化工分离过程中的应用

许多石油化工生产分离反应过程以有机溶剂为介质，特别是在富含芳烃的挥发性有机溶剂中才能完成，而这些有机溶剂在使用过程中会造成环境污染。在采用无毒无害的溶剂代替挥发性有机化合物作溶剂方面，一是用低毒或无毒的有机溶剂，如己烷油、碳酸二甲酯，或用含水的溶剂（如乙醇、丙醇）代替有机溶剂作为分离介质；二是用超临界的液体作为溶剂。

国内采用超临界二氧化碳萃取技术，直接从油料作物制取精炼食用油脂已实现工业化生产。美国和德国主要采用超临界二氧化碳萃取咖啡豆中的咖啡因以及从啤酒花中脱除蛇麻酮，还有脱除蛋黄中的胆固醇等。表 5.2 为日本和欧美超临界流体在分离方面工业化的情况，可以看出国外工业应用情况几乎都是以天然物料分离提取为对象，可见天然物料的提取已是超临界流体萃取最有价值的发展方向。

表 5.2　日本、欧美 SCFE 工业应用情况

厂　　名	所在地	分离对象	生产能力/(t/a)
Kraft General Foods(Max well)	Huston	咖啡因/咖啡豆	50000
HAG	Bremen	咖啡因/咖啡豆	10000
SKW Trosberg(Lipton)	Munchsmunster	茶碱/茶	6000
Phillip Morris	Chester	尼古丁/烟草	不详
Phasex.	Lawrence	胆固醇/蛋黄	1000
Supercritical Proc.	Allen Town	咖啡因/咖啡豆	1000
SKW Trosberg(Lipton)	Munchsmunster	蛇麻酮/啤酒花	6000
Barth，Raiser&Co.	Wolnzach	蛇麻酮/啤酒花	2000
Flavex	Rehlingen	芳香物	180
Pfizer/C Albest	Grasse	芳香物	120
Hoechst/Marbert	Dusseldolf	脂肪酸/大麦	不详
富士香料	日本	烟草、食品香料	200L×1
		天然调味料、色素	300L×2
长谷川香料	日本	香料精油、中药	500L×2
茂利制油	日本	风味剂、色素	500L×1

(1) 超临界流体(二氧化碳)在香料香精分离过程中的应用[41]

① 超临界流体(二氧化碳)萃取天然香料的应用现状。各种天然香料、香精由于具有独特、自然舒适的香气和香韵，非人工所能调制。因此天然香料、香精的提取分离技术都强调尽量减少对其香气成分的破坏和微量成分的丢失。天然香料传统的提取方法主要为榨磨法、水汽蒸馏法、挥发性溶剂浸取法、吸附法等。

尽管传统方法使用各种手段控制温度，但不可避免会破坏、损失天然香料中某些热敏性或化学不稳定性的成分，因而改变天然香料的独特香韵和风味。

超临界二氧化碳流体萃取技术在食品、香料、香精工业投入应用后，由于整个萃取分离过程在常温下进行，二氧化碳无毒、无残留，由此可制备出近乎完善的"天然"香料而备受人们的重视。

② 植物芳香成分的提取。植物中的挥发性芳香成分由精油和某些特殊味的成分构成。精油分离一般使用水汽蒸馏(简称 SD)，精油和香味成分从植物组织中提取使用溶剂浸取法。但应用传统的提取方法时部分不稳定的香气成分受热变质，溶剂残留以及低沸点成分的损失将影响产品的香气。因此，室温操作的超临界 CO_2 萃取就成了传统的提取方法——水气蒸馏和有机溶剂萃取法的理想替代。

对芳香成分的萃取，一般使用液体 CO_2 或低压下的超临界 CO_2 流体，萃取物主要成分为精油，若在超临界条件下精油和特征的味成分可同时被抽出。并且植物精油在超临界 CO_2 流体中溶解度很大，与液体 CO_2 几乎能完全互溶，因此精油可以完全从植物组织中被抽提出来，加之超临界流体对固体颗粒的渗透性很强，使萃取过程不但效率高而且与传统工艺相比有较高的收率。有关天然香料提取的研究一直非常活跃，有大量论文发表，现列举其中部分结果于表 5.3。

表5.3 天然香料的CO₂萃取

类 别	原 料	萃取条件[1]	抽 出 物
鲜花类	茉莉花	抽气吸附+SCF 洗脱	头香精油
		浸膏+SCF 抽提	精油
	桂花	Liq+SCF 抽提	精油
	墨红花	SCF	精油
	栀子花	抽气吸附+SCF	头香精油
	熏衣草花	SCF	精油
	丁香花	Liq+SCF 抽提	精油
	玫瑰花	SCF	精油
	春黄菊花	Liq+SCF	精油+黄菊素
	除虫菊花	Liq+SCF	精油+除虫菊素
辛香料类	杏仁	SCF	精油
	黑胡椒	SCF	精油+胡椒碱
	鼠尾草	SCF	精油
	生姜	Liq+SCF	精油+姜辣素
	芹菜籽	SCF	油树脂
	小豆蔻	SCF	精油
	岩兰草	Liq	精油
	小茴香	Liq	精油
	肉豆蔻	Liq+SCF	精油+α、β 酸
	啤酒花	SCF	精油
	番椒	SCF	精油
	当归	Liq+SCF	精油
	百里香	SCF	精油
	香荚兰	Liq	精油
	迷迭香	SCF	精油
	甘牛至草	SCF	精油
	八角茴香	SCF	精油
	芫荽籽	SCF	油树脂
	薄荷	SCF	精油
	多香果	Liq	精油
	桉树	SCF	精油
	缬草	SCF	精油
	山金草	SCF	精油
	香子兰	SCF	精油
其他香料	古蓬香脂	SCF	精油
	檀香木	Liq+SCF	精油
	柑橘、柠檬皮	SCF	精油
	刺柏果	Liq	精油
	甜橙皮	SCF	精油

注：①SCF—超临界 CO_2 流体萃取；Liq—液体 CO_2 萃取。

③ 水果蔬菜香气成分的萃取和浓缩。柑橘类果汁和精油提取具有重要的价值，在柑橘加工工业中，主要问题是如何生产具有自然香气的果汁和减少不希望的性质，如因加热造成

的气味以及苦味。柑橘精油是柑橘加工过程中重要的副产品，其主要来源于柑橘类的外皮，目前全世界需求量达每年9kt，是一种重要的天然精油。通常提取方法是冷磨、冷榨和蒸馏法，其中以冷磨法油品最佳，一般精油收率为 0.2%~0.5%。应用超临界 CO_2 提取柑橘精油已有报道。SFE-CO_2 法从柠檬果皮中萃取精油（30MPa 和 40℃），精油回收率可达 0.9%。柠檬果皮的 SFE-CO_2 萃取产物组成与冷榨法产物对比见表 5.4。结果表明 CO_2 法精油与商业冷榨法油有明显差别，最主要的差别在于精油中醛类和醇类的含量，CO_2 萃取油含有较多的萜品醇、橙花醇和香叶醇，含较少的柠檬醛等醛类。

表 5.4　柠檬果皮超临界 CO_2 萃取法和冷榨法产物组成

香气成分	超临界 CO_2 萃取/%	冷榨法/%	香气成分	超临界 CO_2 萃取/%	冷榨法/%
单萜烯	92.4	95.00	香茅醇		0.40
柠檬烯	62.9	66.60	橙花醇	0.80	0.01
橙花醛	0.30	1.20	香叶醇	1.30	0.03
柠檬醛	0.20	1.15	橙花醇醋酸酯	0.45	0.40
萜品醇	1.20	0.25	香叶基醋酸酯	0.45	0.35

　　超临界 CO_2 萃取对柑橘油的另一个应用是精油脱萜。植物精油主要由萜烯烃类和高级醇类、醛类、酮类、酯类等含氧化合物所组成。例如大规模工业生产的冷榨柑橘精油中，萜烯烃类含量达到 95%，但他们对于精油香气贡献很小。而精油中的含氧化合物对精油特殊香气却有很重要的作用，存在于精油中的醛、醇、酮和有机酸结构及其相对比例对柑橘精油香气有决定性的影响。由于精油中萜烯类化合物以不饱和烃为主，它们对热和光不稳定，在空气中很容易氧化变质而影响柑橘油质量。因此有些精油在应用中往往需要预先脱萜浓缩，国外已有较多的工作。E. Stalh 通过测定萜烯类和含氧萜类化合物在超临界 CO_2 流体中溶解度行为并讨论精油成分分馏的可能性，发现倍半萜烯烃类与含氧萜类在 CO_2 流体中溶解度几乎相同，因而很难分离。然而由于二者极性的差异，通过增加极性方法，例如将 CO_2 流体饱和水分有可能将二者分馏分离。图 5.4 表示 CO_2 流体饱和水分以后对茴香脑和石竹烯溶解度的影响。

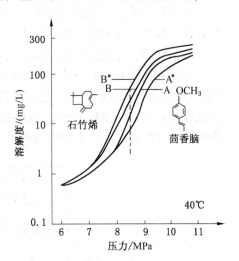

图 5.4　超临界 CO_2 流体饱和水分后
对茴香脑和石竹烯溶解度的影响

A、B—纯 CO_2 溶解度；

A^*、B^*—饱和水分后 CO_2 的溶解度

　　在 8.5MPa、40℃纯 CO_2 流体中，石竹烯和茴香脑的溶解度曲线 A、B 几乎相同，分馏困难。相同条件下，CO_2 流体饱和水分以后的溶解曲线 A^+ 和 B^* 都有显著的差别，极性化合物茴香脑比石竹烯溶解度大 8 倍左右，可以实现分馏。图中曲线还表示，40℃下超过 9.0MPa 压力，由于二者溶解度都增加，分离又变为困难。另外，采用连续逆流 CO_2 流体萃取-蒸馏装置（见图 5.5）可以大幅度提高设备处理能力，有效发挥 CO_2 萃取和蒸馏两种分离手段的性能，是个值得注意的动向。

　　水果、蔬菜汁的浓缩是超临界流体二氧化碳的另一种用途。液体 CO_2 的极性较小，对果汁中的醇、酮、酯等有机物的溶解能力较强，因此，比较适合于果汁和蔬菜汁的香味的浓

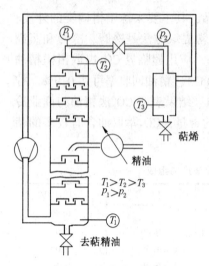

图 5.5 可连续对精油脱萜浓缩的
SC-CO$_2$萃取装置

缩,并且产物中无溶剂残留,其安全性远较有机溶剂浓缩法要高。已进行的研究工作包括苹果、柑橘、桃子、菠萝、梨等。液体 CO$_2$ 同样可作为蔬菜特有香味的抽提剂。已研究过的蔬菜包括土豆、胡萝卜、芹菜等。果汁和蔬菜汁浓缩专利也曾有报道,据称所得产物富含氧成分,香气风味俱佳。另外超临界 CO$_2$ 流体还应用于柑橘汁的脱苦以及新鲜蔬菜汁中某些怪味的脱除。柑橘汁苦味主要成分为柠檬碱,使用 SFE-CO$_2$ 法在压力 21~41MPa、温度 30~60℃下,可在 1h 内将柠檬碱减少 25%,4h 萃取可将柠檬碱减至苦味阈值 7×10^{-6} 以下,是一种很有希望的果汁脱苦方法。

④ 鲜花芳香成分的提取。多数鲜花中芳香成分含有不稳定性物质,很易在加工过程中受热或氧化而变质。由于 CO$_2$ 抽提可在室温下进行,因而对鲜花香料的提取具有很大的吸引力,玫瑰、甘菊花等鲜花的超临界 CO$_2$ 抽提国外已有报道。但鲜花都是堆密度很小,将严重影响设备时空产率,加之鲜花采摘期很短,往往短期内需要加工处理大量的鲜花,更进一步加重萃取设备的短期负荷,增加工业化的困难。所以从技术经济角度分析,鲜花较难实现大规模工业化萃取。实际上至今也没有大规模采用超临界萃取鲜花的工业报道。

国内在茉莉、栀子、墨红、桂花等鲜花芳香成分提取方面进行了不少研究。茉莉浸膏和净油是名贵的香料。茉莉浸膏生产工艺是采收成熟花蕾,在存放过程中随着鲜花的呼吸与代谢作用,鲜花才逐渐开放和释放香气。传统溶剂浸提工艺过程只能收集到投料瞬间茉莉花朵上含有的精油,无法回收鲜花在开放过程中散发在空气中的头香。

鉴于上述茉莉花放香特征,中国科学院广州化学研究所与广州百花香料厂合作研究了"抽气吸附捕集和超临界 CO$_2$ 脱附茉莉花头香精油"。超临界 CO$_2$ 提取茉莉头香精油的工艺特点是在目前茉莉花浸膏生产流程的基础上,采用抽气吸附捕集头香精油和超临界 CO$_2$ 脱附生产头香精油的方法。整个分离流程见图 5.6。

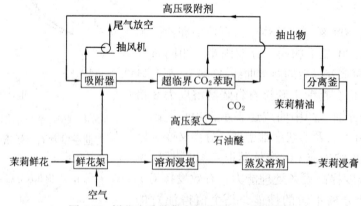

图 5.6 鲜花头香捕集和超临界 CO$_2$ 脱附流程

头香提取分离由如下两部分组成。在室温下,将空气经抽吸通过鲜花层(刚采摘的鲜花,分层放置在四周密封的花架上),带出鲜花散发出来的头香精油,含头香精油的空气流经高效吸附剂床层，精油被吸附捕集。将吸附头香精油的吸附剂在萃取釜中用超临界 CO_2 流体脱附，分离出被吸附的头香精油，经上述处理的鲜花仍可作为溶剂浸提的原料，生产鲜花浸膏。

该项新工艺已申请发明专利，其技术优点如下：

① 能有效地捕集茉莉花自然散发的香气。

② 由于吸附剂的浓缩作用，所需超临界 CO_2 萃取设备规模很小，有利于工业化。

③ 所得茉莉头香精油为浅黄色透明液体，香气与植株上的茉莉非常接近。

④ 可在不影响茉莉花浸膏得率的条件下，增收茉莉头香精油 0.28%（对鲜花质量）。

⑤ 适用于采摘后还能不断形成精油的鲜花，如茉莉、素馨、白兰、姜花等。

桂花是我国独特的香料资源，桂花浸膏在国际香料市场上有良好的信誉。桂花具有超临界 CO_2 萃取的条件，首先桂花易于保鲜，现有的盐矾水保鲜技术能保证鲜花贮存近一年的时间，有利于超临设备均匀发挥生产效能；其次桂花堆密度较大，有利于提高超临界萃取设备的利用率；最后超临界萃取所得桂花浸膏的品质远比传统石油醚浸膏优越，并具有较高的浸膏得率，加之浸膏价格很高。因此，桂花直接用于超临界萃取具有比较优越的条件，也应是鲜花超临界萃取较理想的品种。

（2）超临界二氧化碳溶剂在其他分离领域中的应用

由于超临界、近临界流体技术的不断发展完善，超临界流体除了在重油萃取分离、天然香料提取分离已获得工业化应用外，还在以下分离领域得到广泛的发展和应用。

① 在食品方面的应用超临界流体（主要为二氧化碳）萃取技术在食品加工领域有着广阔的应用前景，正成为食品工业获得高品质的最有效的手段之一。主要应用有：有效成分的提取，如啤酒花萃取；从植物中萃取风味物质；从各种动植物中萃取各种脂肪酸、提取色素等。

② 在医药工业中的应用。超临界流体（主要为二氧化碳）在医药工业中的应用也有广阔前景，正成为中草药有效成分提取、有害成分脱除的重要生物加工手段。如中草药中萜类、醌类衍生物、糖及其苷类有效成分的提取。

超临界流体技术在药物的干燥、加工、除杂、灭菌、纯化等方面也发挥越来越重要的作用。

5.4.3 超临界二氧化碳溶剂在涂料工业中的应用

目前油漆涂料行业中不少厂家仍采用 $C_7 \sim C_{10}$ 芳烃作溶剂。由于芳烃有较大的毒性，经常发生油漆工人的中毒事件。国内华东理工大学开发成功的用碳酸二甲酯作为涂料溶剂的技术，保护了大气环境和人体健康。随着涂料工业与喷漆技术的发展，采用超临界二氧化碳作为涂料油漆的稀释剂已得到广泛应用。

下面介绍改善喷漆环境的超临界二氧化碳喷漆技术[4,41]。

传统油漆和涂料一般由两部分组成：一部分为形成固体涂层的固体材料，另一部分为便于使用的有机溶剂。固体材料由一种或几种聚合物组成，他们能够相互结合在一起，在被覆盖的固体表面形成一层光滑的固体膜。常见的聚合物有丙烯酸树脂、醇酸树脂、氰胺树脂、纤维素树脂、硅树脂、聚乙烯树脂、环氧树脂、脲醛树脂等。为了美观还可加入相应的颜料。有机溶剂用来稀释固体涂料，使它们在使用过程中具有较好的流动性。为了获得较好的喷雾效果和形成坚固、均匀的固体涂层，涂料的溶剂必须是由具有不同挥发能力的溶剂组成的混合溶剂。若从溶剂的挥发能力来分，溶剂可分为挥发快和挥发慢的溶剂。占溶剂总量三分之二的挥发快的溶剂，使得涂料具有较低的黏度，便于喷雾，一般均为挥发性有机溶剂，他们在喷成雾状的涂料接触到固体表面之前就迅速地从雾滴中挥发掉；剩下挥发慢的溶剂和聚合物一起被喷到需要涂覆的固体表面，并且由于黏度高而不易流动。慢挥发溶剂在涂料的干燥过程中逐渐挥发，控制着涂料雾滴的聚并和膜的形成，最终得到均匀、光滑和牢固的涂料膜。

若使用水来代替有机溶剂就得到水基涂料。但是，由于水的挥发速度很慢，以及涂料中各组分的搭配不得当，使得水基涂料在使用上不方便，并且得到的涂层质量经常出现问题。限制了其使用范围。也有不使用溶剂而使用分子量较小的聚合物的涂料，当这些小分子量的聚合物涂覆到固体表面后，通过化学反应形成高分子量的聚合物涂层，这种涂料称为反应性聚合物涂料，这种涂料的缺点是常常在固体表面发生流动、跑滴，严重影响涂层的质量和美观，而且需要在高温下进行烘烤。此外，还有完全不使用溶剂的固体粉末涂料，需通过在高温下将固体粉末熔化来形成涂层，同样地由于所形成的涂层的外观质量较差，难于满足大多数的实际应用，而难以在整体上代替传统的挥发性有机溶剂涂料。

最近，一种具有广泛应用适用性和高质量的涂层，被称为超临界流体喷漆过程的新技术被开发出来了。它采用对环境友好的超临界二氧化碳来代替传统喷漆过程中的快挥发溶剂，而保留仅为原溶剂总量 1/3~1/5 的慢挥发溶剂，以获得良好的喷漆质量。在某些情况下，由于具有非常好的喷雾质量，也可以不再使用慢挥发溶剂。这种新开发的喷漆系统能减少多达 80% 的污染环境的挥发性有机溶剂的排放。此外，还开发了在超临界二氧化碳溶液中的新型反应性液体聚合物喷漆系统，完全不使用有机溶剂，从而可以实现挥发性有机溶剂的零排放。

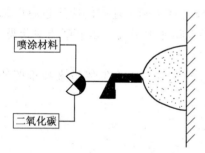

图 5.7　超临界流体喷漆过程示意图

超临界流体喷漆过程如图 5.7 所示，仅含少量慢挥发溶剂的新配方涂料，在喷雾前先与二氧化碳混合，然后在约 50℃ 和 10.1MPa 下进行喷雾。此时，二氧化碳为超临界流体，它和聚合物涂料形成一个均匀的相态。超临界二氧化碳是极快挥发的溶剂，它在喷雾前稀释涂料，使其具有很低的黏度而容易喷成雾状；从喷嘴喷出后，二氧化碳几乎是瞬间就从雾滴中挥发掉，剩下高黏度的统的喷涂到固体表面。喷涂浓缩物中含有的低挥发溶剂控制着其黏度，以使涂料在固体表面很好地聚并而不会流动或滴漏，从而获得高质量的涂层。

使用超临界二氧化碳喷涂过程的好处是显而易见的。首先，在喷漆的工作场所，由于快挥发溶剂为二氧化碳，仅有很少量的慢挥发溶剂排放到工作去空间，使挥发性有机溶剂的排放量大大降低。其次，由于二氧化碳无臭、无毒、不可燃，与传统喷涂过程相比，超临界流体喷漆可以免除大部分快挥发有机溶剂的气味对操作工人的刺激，有利于操作工人的身体健康，不会发生中毒和爆炸事故。虽然高浓度的二氧化碳能够引起窒息，但其危害性远小于有机溶剂的毒性，二氧化碳在空气中的下限允许浓度几乎是所有油漆用有机溶剂的下限允许浓度的 10~100 倍，而大部分快挥发有机溶剂同时也是爆炸极限很低（1%~2%）的易燃、易爆物品。再次，二氧化碳性质稳定，没有腐蚀性，并且其超临界状态容易到达，正好适合传统的喷漆装备的操作范围，不需增加投资。

综上所述，使用超临界二氧化碳的喷漆工艺，在保持喷漆质量的同时，可以极大地减少传统喷漆过程中有害挥发性有机溶剂的排放，有利于减轻环境污染和维护喷漆工人的身体健康。并且，喷漆过程中直接排放到大气中的二氧化碳远比传统工艺使用的有机溶剂产生的二氧化碳少，从而减轻了温室效应。

5.4.4 超临界流体(二氧化碳)在化工环保中的应用

随着社会的进步和人们生活水平的提高，环境污染问题越来越受到广泛的关注，各国政府对于有毒、有害废物的处理提出了更高的要求，制定了更为严格的环保标准。现在，许多有毒废物、生物污泥和有机废水利用传统技术不甚奏效或过程繁杂，费用较高，因此，开发新型实用的环保处理技术是非常必要的。SCF 技术由于具有节能、高效、选择性可调等特点，受到国内外环保学者的瞩目。近几年，用于环境保护方面的 SCF 技术发展异常迅速，先进工业国家竞相开发，已在环境监测、环境分析及废物处理等方面得到了广泛的研究和应用。欧美一些发达国家已将 SCF 技术如 SCWO 法等实现了工业化。目前，用于环境保护方面的 SCF 技术主要有：SFE、SFC 和 SCWO。

(1) 超临界流体(二氧化碳)在环境废物萃取技术方面的应用[41~44]

目前，SFE 技术对于废物的处理按工艺的不同主要有两种形式。

① 直接接触法。即 SCF 直接与被污染物相接触除去其中的有害成分。该方法不仅对高浓度废水有很好的去除效果，而且对低浓度废水的净化效果也相当好。Ringhard 和 Kopfler 通过直接接触法流程从含污染物浓度很低的水中萃取一系列污染物质，取得了满意的净化效果。但考虑到过程的经济性，直接接触法一般适合于有机废物含量高的污水。直接接触法还可用于固体污染物的处理，去除率也相当高。于恩平利用超临界 CO_2 处理被多氯联苯(PCB)污染的土壤，在 10MPa、32% 条件下，去除率高达 99% 以上。

② 间接接触法。即被污染的物质先与中间媒介(吸附剂)相接触使其中的污染物得到富集，然后将中间媒介在一定条件下经 SFE，分离出其中污染物的方法。在实际生产过程中所用的吸附剂一般为活性炭或硅胶，因此间接接触法常称为活性炭吸附再生法或硅胶吸附再生法。该法适合于较低浓度废水或废气的处理，能使含 10^{-6} 和 10^{-9} 级的污染物得到很高的回收率。

无论是直接接触法还是间接接触法，在环境保护方面与传统的处理方法相比都是经济有效的。Knez 等采用直接接触法对于除草剂废水进行了超临界 CO_2 净化废水的研究，结果表明，利用超临界 CO_2 净化废水的效率是相当高的。与传统方法相比，采用 SFE 无论在投资费用，还是在操作费用方面都优于其他方法，见表 5.5。Epping 等研究了用活性炭吸附空气中微量汽油、酒精和酮等污染物质，并用 SCF 使活性炭再生，结果表明该过程的经济效益和再生效率均很高。

表 5.5 几种废水处理方法投资费用和操作费用的比较

处理方法	超临界萃取法	蒸馏法	焚烧法	活性炭吸附法
投资费用	1	1	4	0.5
操作费用	1	5	25	4

在传统的环境分析技术中，有许多样品制备也是采用萃取的方法，但所用的溶剂大多有

毒性,而且价格较高。SFE 由于其高效、快速、后处理简单等特点,大大减少了样品的用量,缩短了样品的处理时间,可以在数分钟或数小时内完成传统方法几十小时的工作量。另外,SFE 可与其他技术,如气相色谱、液相色谱等技术联用。通过以上分析可以看出,SFE 在环境保护方面具有高效、快速的特点,在环境分析、废物处理等方面显示出具有广阔的应用前景。

(2) 超临界流体(二氧化碳)色谱技术的应用[42]

目前,SFC 在环境保护方面的应用越来越广泛,主要用于对热不稳定性、高相对分子质量(分子量)、强极性和非挥发性化合物的分析。法国采用 SFC 技术分别成功地分离、测定了杀虫剂、除草剂和氯苯胺灵等 4 种氨基甲酸酯类农药。由于 SFC 兼有气相色谱(GC)和液相色谱(LC)的特长,除可配备 GC、LC 法的各种检测器外,还可与质谱(MS)、傅立叶变换红外光谱(FTIR)等联用。这样,大大提高了检测的灵敏度和分辨率。黄威冬等采用 SFC/FTIR 联用技术分析了萘等 5 种多环芳烃混合物。结果表明,SFC/FTIR 联用系统是分析鉴定多环芳烃的一种有效手段,且具有实验室条件温和、分析时间短及分离效率高等特点。另有文献报道,采用 SFC/MS 联用技术分析鉴定高相对分子质量的芳香族化合物,也取得了令人满意的效果。由此可知,SFC 在环境保护方面是一种非常有效的分析检测手段,在环境分析中必将得到日益广泛的应用。

(3) 超临界流体(二氧化碳)在保护臭氧层方面的应用[4,41]

CFCs 是一类含氯、氟、碳的化合物的总称,如通常所说的二氟一氯甲烷、二氟二氯甲烷等。由于 CFCs 具有很好的化学稳定性、不燃性、无腐蚀性、毒性低、热力学性能和电学性能优良,被广泛用作致冷剂、塑料的发泡剂、灭火剂、电子元件的清洗剂、气溶胶喷射剂等。

Rowland 教授和 Molina 博士指出,由于 CFCs 化学稳定性高,在大气层中停留时间长达 40～150 年,当释放的 CFCs 通过对流层到达同温层时,受到高能紫外线照射、激发,分解产生的氯原子与臭氧分子反应,消耗大量的臭氧分子[61]。大量的科学考察结果都证明 CFCs 是破坏大气臭氧层而造成臭氧空洞的元凶。因此,为保护臭氧层,必须禁止使用 CFCs。

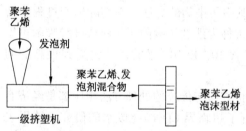

图 5.8　聚苯乙烯泡沫塑料挤塑示意图

① 液体二氧化碳替代传统塑料发泡剂[4,41]。通过各种塑料中加入发泡剂生产的泡沫塑料,可被用作快餐饭盒、禽蛋盒等食品包装材料,运输包装的减震材料以及保温材料等。典型的聚苯乙烯泡沫塑料挤塑示意图见图 5.8。

泡沫塑料发泡成型过程中所用的发泡剂,传统是氟里昂-11(CFC-11),后来是环戊烷、戊烷作发泡剂。这些发泡剂都带来环境问题。有人将二氧化碳和传统的有机发泡剂一起混合使用,以减少有机发泡剂的使用量。在这种技术中,二氧化碳的用量只占发泡剂总量的 25%,这虽然有助于减轻臭氧层的破坏和减少光化学烟雾的形成,但并没有彻底解决问题。美国的 Dow 化学公司则开发了一种用液态二氧化碳完全替代有机发泡剂,生产聚苯乙烯泡沫塑料的新技术,完全消除了传统有机溶剂带来的环境危害和安全问题。Dow 化学公司使用二氧化碳作为聚苯乙烯发泡剂,可生产厚度小于 1.27cm(0.5in)、用于食品包装的泡沫塑料板,估计每年可减少 1500t 以上的二氟二氯甲烷或二氟一氯甲烷的排放。为此,该技术获得了 1996 年美国"总统绿色化学挑战奖"的变更溶剂/反应条件奖。

使用二氧化碳代替有机发泡剂的好处是多方面的。由于使用的二氧化碳来自合成氨厂和天然气井，排放到大气中的二氧化碳并没有增加。同时，二氧化碳的温室效应能力仅为二氟二氯甲烷的1/5800或二氟一氯甲烷的1/1700，用二氧化碳代替二氟二氯甲烷或二氟一氯甲烷可以显著地减小温室效应。此外，使用纯二氧化碳作发泡剂生产的聚苯乙烯泡沫塑料，比使用有机发泡剂生产的泡沫塑料具有更好的柔韧性，可以减少泡沫塑料包装材料的破裂，减少经济损失。因此，使用100%二氧化碳代替有机溶剂作为聚苯乙烯泡沫塑料的发泡剂，不论是从环境改善，还是从产品质量来看，都是有利的。

② 超临界二氧化碳溶剂代替溶剂油清洗剂。在机械、电子、医疗器具和干洗等行业中普遍采用挥发性有机溶剂来进行清洗，带来了大气污染等环境问题和人身危害等安全问题。但是，有很多工业材料又不能在超临界和液体二氧化碳中溶解。若能使用一种合适的表面活性剂，就有可能使这些材料溶解于超临界或液体二氧化碳中。正是基于这一设想，美国北卡罗莱纳大学的 J. M. Desimono 等人，设计合成了一种含氟化合物表面活性剂，使大多数原来不溶于超临界或液体二氧化碳中的化合物如石蜡、重油、油脂、蛋白质和聚合物等工业材料能够在液态或超临界二氧化碳中溶解，从而可以使用二氧化碳来替代现在的工业上使用的大多数有机溶剂，减轻对环境的污染和操作工人的人身危害。

采用超临界流体再辅之超声波技术去代替传统的溶剂或水系清洗，具有明显的优点，如可以清洗几何结构复杂的零件，常温操作，不需要干燥时间等。

J. M. Desimono 等人成立的 Micell 技术公司已将这项新技术用于服装干洗，用超临界二氧化碳代替原来的四氯乙烯(一种地表水污染物和可能的致癌物)作清洗剂。此外，该公司还开发了一种利用二氧化碳和表面活性剂的金属清洗系统，以取代传统的卤代烃金属清洗系统。为此，J. M. Desimono 等人的新技术获得了 1997 年美国"总统绿色化学挑战奖"的学术奖。若将这项新技术加以推广应用，必能从更大程度上减少工业有机溶剂的排放量，减轻对空气和水源的污染。

③ 灭火剂哈龙的替代物。哈龙(Halon)灭火剂是一种卤烷烃类化合物，常含有氟、氯、溴、碳等原子。由于它具有特殊的灭火效果，不导电、低毒、无残留，特别被用作飞机、舰艇、计算机房和重要电子设备的灭火剂。但哈龙化合物对大气臭氧层的破坏力特别大，是氟里昂的 10 倍。

二氧化碳不助燃，能隔绝空气与火源从而能灭火。因此，人们在开发应用干冰(固体二氧化碳)灭火的基础上，又开发更加新型和便于应用的超临界二氧化碳灭火剂及相关使用技术。美国杜邦公司最近开发了一种以二氧化碳为主，添加 2-氢七氟丙烷的新型灭火剂。这里值得一提的是真正对臭氧层起破坏作用的是 CFCs 分子中的氯原子，与分子中的氟原子无关。某些广告中称绿色冰箱为无氟冰箱完全是一种误解误导。实际上绿色冰箱中使用的 HFC-134a 致冷剂仍是一种含氟化合物。目前，更有效又更清洁的灭火剂仍在寻找之中。

5.4.5 超临界二氧化碳溶剂在酶催化反应中的应用

酶催化反应的介质由水基介质发展到有机溶剂介质是 20 世纪 80 年代以来酶催化科学的一个重大突破。特别是近年来的大量研究表明，酶在许多非极性有机溶剂中不仅可以保持其固有的催化活性而且其热稳定性大大提高。然而，有机溶剂本身的种种缺点和有机溶剂中酶催化反应存在的多相传质阻力使得有机溶剂中酶催化合成的应用前景不容乐观。

20 世纪 80 年代末，人们根据超临界二氧化碳与己烷等有机溶剂极性相似的特点，发展了 SC-CO₂ 中的酶催化反应新方向。CO₂ 不仅临界温度低($T_c = 31.4℃$），而且具有对人体无害及化学惰性的优点，因此特别适于酶催化方向的非水介质[41~44]。

许多研究业已表明，在 SC-CO₂ 中许多酶的活性和稳定性都很好，反应速率有时比常规反应成倍增加，并且还由于酶在 SC-CO₂ 中不溶解，易于实现反应分离一体化，从而使其得到工业化应用的可能性大大增加。

（1）酶稳定性的研究

表 5.6 和表 5.7 分别列出了在 SC-CO₂ 中能稳定存在的酶和该条件下的各种酶催化反应类型及实例。

Nakamura 早在 1985 年就研究了脂肪酶在 SC-CO₂ 中的稳定性与活性，发现在 SC-CO₂ 中处理 24h 后酶还基本保持其催化活性。Dumont 等研究显示，固定化脂肪酶在 50℃、15MPa 的 SC-CO₂ 中处理 5 天，仍保留 96% 的初始活性，且在 0~15MPa 范围内多次升降压，活力并不损失。Taniguchi 研究了 9 种商业用酶在 SC-CO₂ 中的稳定性，发现他们在 32MPa、35℃ 的超临界条件下处理 1h，仍是相当稳定的。

中国科学院广州化学研究所曾健青课题组曾详细考察了各种操作参数对猪胰脂肪酶（PPL）酶活性的影响。结果表明，温度、压力和与 CO₂ 的接触时间对酶活性的影响较小。即使在 90℃ 的高温下 PPL 与 SC-CO₂ 接触 3h 后其活性也仅损失 5%。在 35℃ 和 14MPa 压力下，当降压速率 0.1MPa/min 时，与 SC-CO₂ 接触 52h 后也仅损失 11% 的活性。然而，与温度、压力和接触时间的影响不同，降压速率对酶活性的影响很大。但降压速率为 0.1MPa/min 时，3 次降压操作后损失 10% 的初始活性；而当降压速率达到 7MPa/min 时，PPL 仅能保留一半的初始活性。

表 5.6　在 SC-CO₂ 中酶的稳定性

类　　型	产生机构	温度/℃	压力/MPa
脂肪酶	米赫毛霉属	35~60	43~48
枯草杆菌蛋白质酶	枯草杆菌	45	45
嗜热菌蛋白酶	细菌	35~40	70
碱性磷酯酶	细菌	35	50
胆固醇氧化酶	胆固醇	35	50

表 5.7　SC-CO₂ 介质中酶催化反应实例

反应类型	底　　物	酶
酯化反应	油酸+乙醇	脂肪酶
酯化反应	十四烷酸+乙醇	脂肪酶
酯化反应	丁酸+缩水甘油	脂肪酶
酯交换	三乙酸甘油脂+(D，L)薄荷醇	脂肪酶
酯交换	N-乙酰基-L 苯基丙氨酸氯	枯草溶菌素
酯交换	乙烷酯+乙醇天冬氨酸+L-苯丙氨酸甲酯	嗜热菌蛋白酶
水解反应	对硝基苯酚磷酸酯	碱性磷酯酶
氧化反应	胆固醇	胆固醇氧化酶
手性合成与拆分	外消旋布洛芬+正丙醇	脂肪酶
	外消旋香茅醇+油酸	脂肪酶

（2）反应速率的加强

在超临界条件下，界面张力极低，使得反应物易于渗入大孔甚至微孔物质中；而 SC-CO$_2$的高扩散系数及低黏度使得传质速率大为提高。酶在非水体系中是以悬浮的固体颗粒的形式存在的，因此反应的速控步骤一般是底物从主体溶剂向酶的活性中心的扩散过程，但在 SC-CO$_2$中这一传质阻力变得微不足道了。因此，对于扩散控制的反应在 SC-CO$_2$中反应速度往往得到显著提高。

曾健青课题组详细考察了乙醇、正辛醇和油醇与油酸的酯化反应并与甲苯、正庚烷及环己烷等有机溶剂中的结果进行了比较。结果表明，在 SC-CO$_2$中油醇的转化率明显高于甲苯和正庚烷中的转化率。对于乙醇和正辛醇等低分子量的醇在上述有机溶剂中的转化率也只稍高于 SC-CO$_2$中的。在进一步考察油酸甲酯和香茅醇的酯交换反应时发现：在实验条件下，无任何介质时香茅醇的转化率为 13.1%，用环己烷和正辛醇作反应介质时转化率分别只有 11.5% 和 9.5%。而同样温度和反应条件下，SC-CO$_2$作介质，香茅醇的转化率高达 40.5%。在 9.0MPa 下，温度从 36℃升高到 70℃时转化率从 35.1% 增大到 59.3%，而在 45℃下，当压力从 6.0MPa 升高至 11.4MPa 时，转化率从 55.8% 先增大到 7.0MPa 时的 57.2%，然后随压力的进一步升高而下降到 31.7%，表明临界点附近超临界流体的奇异性能及其溶剂性能可调性强的特点。

SC-CO$_2$中酶催化反应的普遍适应性为酶催化不对称拆分进而获得光学活性物质提供了一条新途径。如 Ikushima 等用固定化脂肪酶在 SC-CO$_2$中催化外消旋的香茅醇和油酸的酯化反应，在 31℃和 8.4MPa 时，可以得到 99% 的光学纯度的（S）-（-）-香茅醇油酸酯。Martins 等研究了 SC-CO$_2$中酶催化外消旋缩水甘油与丁酸的酯化反应，结果也令人鼓舞：在 SC-CO$_2$中（35℃，14MPa），反应产率为 25%~30%，（S）-酯的对映体过量达（83±2）%。这些结果都比传统的酶催化反应结果要好，显示出 SC-CO$_2$中酶催化拆分对映体获得高光学纯度手性物质这一新方法的良好应用前景。

（3）反应-分离一体化过程

从应用上讲，由于批式反应效率太低，实现连续动态反应是最佳途径。通过超临界二氧化碳萃取分离过程和固定动态酶促反应过程相耦合，曾健青课题组最近设计并建立了一套超临界反应-分离一体化装置。这种新过程的特点是反应物先在临界压力以上的较高压力下经过固体酶床并发生反应，再通过降压使产物或一同或分别与二氧化碳分离，二氧化碳继续被循环使用，从而实现反应分离一体化过程。在上述装置上，成功地实现了固体酶催化的油酸甲酯和香茅醇的酯交换反应分离一体化。如在 55℃、9.0MPa、催化剂装 1 g、原料进料速率 1.6g/h 及二氧化碳流量为 890L/h 的条件下，香茅醇的单程转化率高达 66.14%。此外，与静态反应相似，转化率随温度和压力的改变而变化，为高效跟踪手性拆分的效果提供了方便。

5.5 离子液体

离子液体是只含离子的一种熔融电解质[97]，一般由有机阳离子和无机阴离子对组成，具有高温稳定性，拥有高达 300℃的液体范围，且易于控制，在较宽范围内的低蒸气压、低黏度，具有良好的导电性，较高的离子迁移和扩散速率，高的热容量，甚强的溶解各种材料的能力，表现出 Bronsted、Lewis 和 Franklin 酸性，具有同超强酸相近的性能。其环境友好的原因是其不挥发、不燃烧、热稳定性高；高极性及不配位；可促活化、促催化、促选择性；与很多溶剂不混溶，但可广泛用作无机材料、有机材料的溶剂；易生产，成本不高。这些特性决定了其在工程上的广泛用途。

① 作为电解提取金属的电解质。金属铝的生产，稀土金属的制取，碱金属、碱土金属、高熔点金属的生产等广泛采用熔盐电解法。熔盐电解生产金属具有工艺流程简单、金属回收率高、产品质量好、机械化、自动化程度高等优点。

② 在能源领域中作为燃料电池和太阳能电池的电解质，是目前最热门的一类研究课题。燃料电池是将化学能直接转换为电能的装置，具有能量转换率高、无环境污染、噪音低、占地面积小等一系列优点。燃料电池发电系统由多个单电池叠置串联而成，其规模大小可通过改变串联的单电池数目加以调整。因此，既可用于替代火力发电站，也可用作就近供电、供热的电源，还可用作电动汽车的能源，是 21 世纪人类理想的绿色能源。

③ 在化学化工领域中的应用。离子液体能大量溶解无机、有机和高分子化合物，且能抑制离解、歧化、降解反应，是新型的清洁反应溶剂。在石油精炼、精细有机合成、烯烃的二聚和齐聚、线性烷基化合成、有机物分解、高温电催化、催化剂的电化学强化、热腐蚀、高温电化学防腐、油砂脱硫、脱氮处理等方面也有重要应用。

④ 在核工业中用作均相反应堆的燃料溶剂和传热介质。在增殖炉、核融合炉、核融合分裂复合炉、加速器以及核燃料的处理、回收过程都有应用。

离子液体引起了国际上的广泛关注。南非 SASOL 公司已将"离子液体工艺"定为促进和改造现行煤化工开发重要化工产品的新工艺，NATO 集团公司已成立专门的研究机构，大面积进行投资开发。重点是研制室温或低于室温的温度下呈液态的离子液体，它们都是有机盐或其中含有机成分，较好的是烷基铵、烷基磷、N-烷基吡啶鎓、N, N'-二烷基咪唑鎓盐阳离子的有机盐。其中引人关注的是 $[\text{emin}][\text{NO}_3]$，$[\text{emin}][\text{ClO}_4]$（其中 emin 是 1-乙基-3-甲基咪唑鎓铃盐阳离子）。

5.6　二甲基亚砜

二甲基亚砜$(\text{CH}_3)_2\text{SO}$(dimethyl sulfoxide) 简称 DMSO。DMSO 为强吸湿性液体，无色无臭，相对密度 1.100，熔点 18.45℃，沸点 189℃，折射率 1.4795；溶于水、乙醇、丙酮、乙醚、苯和三氯甲烷。DMSO 是一种既溶于水又溶于有机溶剂的极为重要的非质子极性溶剂；也是一种十分重要的化学试剂。它在石油、化工、医药、电子、合成纤维、塑料、印染等行业有许多用途。

DMSO 在芳烃抽提中作为萃取溶剂，最早是法国的 IFP 法，曾在华沙 35 国化工会议上发表。DMSO 对芳烃具有高的选择性，常温下对芳烃无限制混溶，萃取温度低，且不与烷烃、烯烃、水反应，无腐蚀、无毒；萃取工艺简单、设备少、节能，不溶于烯烃，适合含烯烃高的油料，溶剂回收可用反萃取等优点。IFP 法比壳牌公司的 Sulfinol 法和环球公司的 Udex 法更优越。北京、辽阳石化公司引进装置中已使用。

DMSO 对烷烃不溶，用于食品蜡、食用白油的精制和治癌物的检测中。

DMSO 对乙炔易溶，每升 DMSO 能溶解 33L 乙炔，而每升丙酮只能溶解 25L 乙炔。DMSO 沸点高，回收、再生容易。用于石油气乙炔回收和溶解乙炔生产中。

DMSO 对有机硫化物、芳烃、炔烃易溶，常用于润滑油、柴油精制中。DMSO 含水 40%

时在-60℃时不冻，而且 DMSO 与水、雪混合时放热。这种性质使 DMSO 可作为汽车防冻液、刹车油、液压液组分。乙二醇防冻液在超过-40℃低温时已不适用。而且比 DMSO 沸点低，有毒，易产生气阻。DMSO 防冻液在北部严寒地区用于汽车、战车中，并可以随时以雪代水补充。DMSO 还用于除冰剂，涂料、各种乳胶的防冻剂，汽油、航煤的防冰剂，骨髓、血液、器官低温保存的防冻剂等。在燃料油添加剂二茂铁生产中用作反应溶剂，使二聚环戊二烯钠与三氯化铁的反应加速，提高收率。在硝基烷烃生产中使亚硝酸钠与氯代烷在 DMSO 中直接反应具有很高收率。

DMSO 在腈纶纺丝中应用，最早是日本东洋人造丝株式会社申请专利，使丙烯腈在 DMSO 中聚合，不用分离，直接在水浴中喷丝，得到膨松、柔软、容易染色的人造羊毛。其优点是工艺简化、溶解度高、溶剂沸点高、无毒、容易回收、产品性能好、成本低。我国山西榆次、大连、北京部分腈纶厂用此工艺生产。最近在用聚丙烯腈生产碳纤维中、涤纶树脂生产中对苯二甲酸酯的精制中、氯纶生产中、丙烯腈共聚中都有使用。

DMSO 对许多药物具有溶解性、渗透性、本身具有消炎、止痛，促进血液循环和伤口愈合以及利尿、镇静作用。能增加药物吸收和提高疗效，因此在国外叫做"万能药"。各种药物溶解在 DMSO 中，不用口服和注射，涂在皮肤上就能渗入体内，开辟了给药新途径。更重要的是提高了病区局部药物含量，降低身体其他器官的药物危害。

DMSO 是农药、农肥的溶剂、渗透剂和增效剂。用抗菌素溶入 DMSO 中治疗果树腐烂病，将杀虫剂溶入 DMSO 中杀灭树木及果实中的食心虫，用 0.5% 的溶液在大豆开花期喷洒，增产 10%~15%，各种肥料水溶液中加 0.5% DMSO 可叶面施肥。

DMSO 在涂料中用做溶剂、助溶剂、防冻剂，在水乳漆中使用较多。由于 DMSO 对各种树脂溶解性好，因而在某些漆中作为增溶剂。更重要的用途是作去漆剂。DMSO 中加入碱或硝酸，可以除掉包括环氧树脂在内的各种漆膜。

DMSO 用于法拉级、超大容量电容器——液体双电层电容器的电解质，目前的电容器仅为微法拉容量，而这种电容器可达到 1~100F。如：日本 3~5V 10F、美国 1.6V 100F 电容器，用于太阳能供电系统作为能量贮存元件，电子计算机和机器人的信息保护电源和记忆元件。在电子元件、集成线路清洗中大量使用 DMSO，它具有对有机物、无机物、聚合物一次清除的功能，而且无毒、无味，容易回收。

DMSO 在化学反应中起到反应溶剂、反应试剂的双重作用；某些难以实现的反应在 DMSO 中能顺利进行；对某些化学反应具有加速、催化作用，提高收率，改变产品性能。DMSO 为卤代烷及磺酸酯亲核离解溶剂，能生成加成物，反应速率比一般非质子溶剂快 10^5 倍，在烷基化反应中占有重要地位。溴苯与叔丁醇钾在 DMSO 中不用加热即生成苯叔丁醚。Cope 消除反应在 DMSO 中室温下能顺利进行，且反应速度比在水中快 10^5 倍。有机物中氢-重氢在碱催化下交换速率在 DMSO 中比在醇中高 10^9 倍。在 DMSO 中使不对称 α-碳消旋速率比在叔丁醇中高 10^6 倍。在 DMSO 中经叔丁醇钾催化可产生双键重排，反应能在低温下均相进行。三乙胺与碘乙烷的季铵化、高级脂肪酸与甘油酯的酯交换，在醇钠存在下非还原糖酯化、醇类氰乙基化、异氰酸苯酯与硫醇反应的催化作用等，在 DMSO 中都具有加速效果。DMSO 还可在酯缩合、高分子多聚物中作反应溶剂。如：Dicekmann 反应、葡聚糖解聚、胰朊酶构象转变、酯化等等。

DMSO 作为溶剂时必须考虑回收，降低生产成本。利用 DMSO 易溶于水、苯、甲苯生成缔合物的特点，一般采用萃取和反萃取的方法与其他杂质分离，然后减压精馏得纯品。如：

DMSO 与无机盐的混合物，用甲苯从混合物中抽出，再向抽出液中加水反萃取 DMSO，得到的 DMSO 水溶液在 1.33~2.00kPa 残压下精馏，得到含量 99% 以上的 DMSO。在芳烃抽提时，正萃取从重整油中抽出芳烃，再向抽出液中加水反萃取，得到含水 DMSO，再减压精馏得到纯 DMSO。此外，尚有用磷酸二氢钾盐析的方法，用甲醇、乙醇萃取的回收方法，在特定的条件下可以采用。

5.7 氟溶剂

氟溶剂主要是液体全氟代碳链化合物（全氟代烷烃、全氟代烷基醚、全氟代烷基叔胺）或氟代碳氢化合物，其中最重要的是全氟代直链烷烃。高氟代碳链化合物，特别是全氟代的烷烃、烷基醚和烷基叔胺具有化学惰性、热稳定性、阻燃性、无毒性、非极性、较低的分子间作用力、低表面能、较宽的沸点范围以及生物兼容性等。虽然其热解可能产生有毒的分解产物，但其热解温度远高于大多数试剂和催化剂的热分解温度，即使在蒸发温度下也能稳定存在，且具有溶解大量非极性反应物如烯烃的能力，所以是一种优良的反应介质。在较低温度如室温下，高氟代碳链化合物与甲苯、四氢呋喃、丙酮、乙醇等大多数有机溶剂混溶性都很低，可以组成液—液两相体系即氟两相体系。氟两相体系是一种新型均相催化剂固定化和相分离技术，独特且对环境友好的性能使其在诸多领域显不出广泛的应用前景。氟两相体系是一种非水液-液两相反应体系。独特之处是在较高温度下，氟两相体系中的氟溶剂相能与有机溶剂相很好地互溶成单一相，为在其中进行的化学反应提供优良的均相反应条件。反应结束后降低温度，体系又恢复为两相，含反应物和催化剂的氟相与含有机产物的有机相分离。这样只需单相分离而无须将催化剂锚定在固定基上就实现了均相催化剂的固定化，留在氟相中的催化剂和未反应试剂可高效地循环使用。

全氟代烷烃作为 O_2 的传输介质已在化学反应中得到成功应用。现正探讨用它作为人体血液的替代品来传输 O_2 及药物。一种从血液中除去有害化学物质的新设想是利用氟代试剂萃取吸收有毒有害物质，或利用氟代试剂和催化剂通过化学转变解除其毒性使其无害。在生物体系中使用氟试剂和氟催化剂扩展了对人造血液替代品和药物衍生物的研究。生物分子在高氟代碳链化合物载体上的固定化已成功地用于层析技术。

6 强化绿色化工的过程与设备

化学工业发展的一个明显趋势是安全、高效、无污染的生产，其最终目标是将原料全部转化为预定期望的产品，实现整个生产过程的废弃物零排放。为实现这一目标，除了主要从前面所讨论的化学反应工艺路线、原材料选取、催化剂、助剂及溶剂选取等方面考虑之外，还可通过强化化工生产过程与设备去达到。

强化绿色化工生产过程可以有许多方法，除了前面提到的超临界流体用作助剂以及采用催化剂加速反应外。还有生产工艺过程集成、优化控制、超声波、微波辐射等新技术[45~48]。

6.1 强化绿色化工的生产过程

6.1.1 绿色化工过程集成的由来[47]

绿色化工过程集成是一个极具挑战性的课题，涵盖了从分子→聚集体→界面→单元过程→多元过程→工场→工业园的全过程，主要解决与"化学供应链"的过程工程和产品工程相关的创造、合成、优化、分析、设计及控制等的多元复杂问题，以建立环境友好的、可持续发展的化工过程或产品为最终目标。这一定义是现代化学工业由工程基础(Enginerring-based)向科学基础(Science-based)、由过程工程向产品工程和以产品为中心的过程工程转变的必然要求。这一定义将分子水平或微观水平上的基础科学创造性发现与工业需要或工程研究开发直接的联系起来，是对具有 35 年历史的过程系统工程的扩展，代表着 21 世纪化工系统工程发展的方向和趋势。

长期以来，化工过程的设计主要集中在工艺过程的模拟与分析上，而对化工系统合成/集成的研究相对较少。化工系统集成不再局限于换热网络设计、夹点技术(能、水、氢夹点技术)和热力学分析的范畴，最近已扩展到资源有效利用、节能高效利用、过程排放最小、副产物分层多级利用、过程操作与控制方面等。可以预料化工系统集成将来还会在理论方法和应用范围上有较大的发展，逐步扩展到"化工供应链"所涉及的整个过程，即向大尺度(生态工业系统)和向小尺度分子水平的扩展。

化工系统集成有其显著的特点，就是与工业过程或产品的研究开发紧密相联，在工业实践中获得应用是其研究成果的重要体现。然而，化工系统集成有其自身的科学规律，是一门非常复杂的交叉学科，深入的基础理论与方法研究必须得到足够的重视。如：反应路径和反应器的优化设计，必须建立在科学的分子热力学模型、微观反应动力学模型以及能表征反应器客观现象的单元模型的基础之上，否则，这种优化设计能够为工程设计提供的帮助将是非常有限的，有时甚至产生错误的诱导。再如：多目标函数的优化问题，需要科学的数学理论和系统的计算方法，否则，优化的结果只能是局部最优(Local optimization)，而不是全局最优(Global optimization)。化工系统集成的另一特点是与计算机技术和方法的应用紧密相联，其工业应用往往有以计算机软件的提供和应用来体现。总之，理论研究和工业实践相结合是对化工系统工程工作者提出的一大挑战。

6.1.2　基础理论与方法的研究[47]

长期以来，化工过程设计采用了"二步法"，即：首先设定一个目标范围，通过对基本单元/流程的模拟与试差逼近(Try-and-error)来搜索符合设定目标的对象。一旦潜在的目标对象被发现或锁定，然后通过模拟-优化的交叉反复进行获得最优设计。这种"二步法"的缺点是操作困难、费时，且不易获得最优结果。化工过程合成/集成的未来趋势是采用反向思维方法，即根据指定的条件来合成相应的单元结构或流程。这种"一步"合成的方法在精馏分离方面有比较成功的应用。将这种方法推广到不同类型分离过程之间的合成以及反应和分离过程之间的合成是未来的发展趋势。

目前，不论是化工过程的模拟优化还是化工过程的合成，采用的基本上都是数学模型化方法，即基于能够用数学方程式表达的信息来实现模拟优化与合成。而真实化工过程的合成实际上还需要许多模糊信息的支持，这些信息可能来自于工程实践的经验、文献、专利等。研究"基于模糊信息和理论模型相结合的绿色化工系统集成的基本理论和方法"具有重要的意义，这样的结合将使化工系统集成达到更高的层次水平。研究离散的、逻辑的、混合非线性的、定量与定性表达的优化方法是实现这一目标的关键。

20世纪80年代以来，许多商业化的化工软件如Aspen plus、Pro Ⅱ等在化工过程模拟优化与设计，特别是传统工艺改造或扩大工业生产规模中，获得了广泛的应用。其中最为成功的是对石油加工和石油化工过程的模拟与优化，包括常规反应器和精馏分离过程等。然而，对于精细化工、生物医药工程、环境工程以及一些特殊的反应-分离过程等，至今没有很好的模拟优化与设计软件。如蛋白质或生物医学大分子的结晶过程，大型燃料电站烟气脱硫脱硝过程。研究新的、特殊的反应-分离过程的模型化方法与合成方法具有重要意义，基础理论、基础数据和基础信息的积累是实现这一目标的关键步骤。

正如前面所讨论的，绿色化工系统集成涉及的是从分子水平到大尺度系统的整个"化学供应链"的问题，建立从分子水平到过程工程的联系需要处理简单代数模型、复杂偏微分模型以及逻辑表达的离散或连续优化的问题，是一个极具挑战性的课题。化工过程/产品绿色度的定量分析和评价以及生命周期分析也已成为绿色化工系统集成的重要研究内容。然而，上万种化学物质的毒性及其交互作用的定量估算尚未有普遍接受的方法，这恰恰是绿色度和生命周期定量分析的关键。

不管是化工过程的设计还是新产品的设计，物理化学性质都是必不可少的，尤其重要的是预测模型和方法的研究。随着产业结构的调整和环境保护立法的加强，物性的研究应该从分子-分子相互作用的研究向分子结构与相互作用的研究转变，从流体或溶液的研究向固体和界面复杂体系的研究转变，从无机和有机体系的研究向生物活性体系的研究转变，从单纯的物理化学性质研究向生物环境性质的研究转变。物理化学性质和环境性质的理论预测方法及其预测功能的强弱是新产品设计成败的关键。

6.1.3　工业实践中的应用[47]

化工系统集成永远应该与工业实践相结合，与工艺或工程的研究开发相结合。化工系统集成方法的应用从概念设计阶段开始，指导或引导工艺过程的强化与创新的方向，提供潜在的改进空间，避免或减少不必要的实验工作。建立基于模型的新一代化学工艺研究开发的新模式是必然趋势。

化工系统集成在工业实践中有很多成功的应用。

（1）反应-分离过程的模型化与集成

建立基于真实粒子微观反应动力学的分子热力学模型是对反应和分离过程合成和优化设计的关键。如：混合胺(甲胺、二甲胺和三甲胺)共沸精馏生产纯甲胺的工艺，应用系统集成方法对原工艺进行重大改进。

（2）有机中间体绿色新工艺过程的研究

许多有机化工反应过程的原子经济性差，产生大量废物，消耗大量的能量，使用剧毒的化学试剂，对环境造成严重的污染和破坏。如：生产尼龙6的单体环己内酰胺的生产过程产生大量硫酸铵废弃物。再如：具有广泛用途的丙烯酸及甲基丙烯酸系列衍生物，现行的生产工艺使用剧毒的氢氰酸。应用系统工程方法合成与设计清洁的工艺过程，并与工艺和工程的研究开发相结合，建立有机化工清洁生产的基本理论与核心技术软件包。

（3）尿素生产工艺过程的热力学与环境效益分析

尿素生产工艺过程包括高压和低压区两部分，反应动力学和热力学模型的建立比较复杂。应用系统工程的方法，进行热力学分析以改进热、能利用网络系统；分析氮的气体和液体排放损失和处理系统，以提高和改善整个工艺过程的环境友好指标和绿色度。

（4）绿色缓释肥料的研究开发

该工艺过程的关键是大颗粒尿素的包覆技术，在尿素的表面形成均匀的包覆膜。根据成膜的微观机理和环境参数，设定所需溶剂的物理化学性质和环境性质指标；根据反向思维方法，应用基团贡献和分子模拟的方法系统地筛选溶剂，设计新的绿色溶剂和混合溶剂。然后，建立工艺过程模型，设计封闭的绿色缓释肥料制造系统。

（5）绿色工艺过程向生态工业过程新模式的集成与解析

单一工业过程内反应的经济性、分离的强化以及物质和能量循环利用是建立绿色工业过程的基础。然而，多个工业过程间物质流和能量流的循环利用是构筑生态工业过程新模式的重要组成部分。如：铬盐清洁生产新工艺的生态化生产模式，将铬盐厂与煤化工厂、新法制碱厂、废渣资源化厂等有机地联系起来，构成铬盐清洁生产生态工业的物质-能量交换网络；再如：高聚物的合成、使用、回收、解聚或裂解为单体或小分子原料，然后再合成高分子材料的过程。需要建立生命周期和绿色度的定量评价方法，还要考虑工业过程和社会大环境之间的关系，这也是绿色化工系统集成研究的内容。

6.1.4　绿色化工过程集成的发展[47]

化工系统集成也已为化学工业的发展做出了许多重要的贡献，成为现代化工设计过程中必不可少的工具。展望21世纪，绿色化和可持续发展将是人类社会发展的主题。作为与工业实践永远紧密相结合的化工系统集成，应该将绿色化的思想贯穿始终。

化工系统集成是一门相对年轻的学科，它的发展与计算机技术和化学工业紧密相联。未来，化工系统集成的研究内容将涵盖"化学供应链"所涉及的全过程，主要研究与过程工程和产品工程相关的系统规律。化工系统集成将不断向精细化工、生物医药工程、资源与环境工程等新领域扩展，在应用中获得新的发展。化工系统集成需要工业过程的新模型和新优化方法，研究"基于模糊信息和理论模型相结合的绿色化工系统集成的基本理论和方法"具有重要的意义，将使化工系统集成达到更高的层次水平。

要设计真正的绿色化工过程和绿色产品，物理化学性质的预测是保证其功能作用的手段，而安全性则有赖于环境性质和毒性预测的精确度，研究基于分子或基因水平的物质毒性预测方法具有深远的意义。将各种不同的信息综合后设计环境友好的工艺和产品是绿色化工系统集成的任务与使命，建立生态化工业社会是绿色化工系统集成的目标。

6.2 超声波技术强化化工过程

6.2.1 超声波的作用原理

通常把频率为 $2×(10^4~10^9)\,Hz$ 的声波叫做超声波。它是由一系列疏密相间的纵波构成的，并通过媒质向四周传播。超声波作为一种波动形式，最早是作为探测与负载信息的载体或媒介，作为一种能量形式，当强度超过一定值时，就可以通过它与传声媒质的相互作用，去影响、改变甚至破坏后者的状态、性质及结构。

超声波广泛应用于医学、工业焊接、材料净化和器具清洗，随着声化学研究的深入，逐步在物理化学、聚合物化学、分析化学、晶体化学乃至于工业化学反应过程中得到用。

最早发现超声波化学效应的可能是 Richards 和 Loomis，他们研究了高频声波（>280kHz）对不同溶液、固体和纯溶液的影响，随后也有一些其它的零星报道[51]。近 20 年来，这方面的研究已呈蓬勃之势。但是迄今为止，对超声波所以能产生化学效应的原因却仍不十分清楚。一个普遍接受的观点是：当超声波能量足够高时，就会产生"超声空化"现象。空化气泡的寿命约 $0.1\mu s$，爆炸时释放出巨大的能量，并产生速度约 110m/s、具有强烈冲击力的微射流，使碰撞密度高达 0.15MPa。空化气泡在爆炸的瞬间产生约 4000K 和 100MPa 的局部高温高压环境，冷却速度可达 $10^9℃/s$。这些条件足以使有机物在空化气泡内发生化学键断裂、水相燃烧或热分解，促进非均相界面间的扰动和相界面更新，加速界面间的传质和传热过程。化学反应和物理过程的超声强化作用主要是由于液体超声空化产生的能量效应和机械效应引起的。空化现象可能是化学效应的关键，即在液体介质中微泡的形成和破裂及伴随能量的释放。这些能量可以用来打开化学键，促使反应的进行。突出的例子是金属参与的反应，通常有金属参加的反应有两种情况：一是金属作为反应物在反应过程中被消耗掉；二是金属作为反应催化剂。不论哪种情况，通常都会因为金属表面形成的产物和中间体得以及时"除去"，使得金属表面保持"洁净"，这比通常的机械搅拌要有效得多。在其他类型的非均相反应中均有类似的作用，在某些使用相转移催化剂（PTC）的反应中甚至可以代替 PTC。而在均相反应中的情况相对就要复杂得多，这里包括：

（1）超声波引起的微泡爆裂时所产生的机械效应；

（2）微泡爆裂时产生的高能环境(高温、高压)；

（3）微泡爆裂时从溶剂或反应试剂产生的活性物质，如离子和自由基存在竞争，则有可能产生不同的产物；

（4）超声波对溶剂本身结构的破坏，这些效应单一或共同作用的结果，使得反应体系的反应性能大大增强。

6.2.2 超声催化

超声波的空化作用，可以提高化学反应速度，改善目的产物的选择性。尤其是在催化反应领域，超声产生的空化现象及附加效应，可以改善催化剂的表面形态，提高催化活性组分在载体上的分散性，可以快速活化反应中的催化剂，大幅度提高其活化反应性，在低的环境温度下保持其基质的热敏性并增加选择性，得到在光解和普通热解情况下不易得到的高能量物种并能实现微观水平上的高温高压条件。众多研究表明，超声对引发和促进均相和多相催化反应都有极为重要的作用。

在超声均相催化反应中，研究较多的是金属羰基化合物作为催化剂的烯烃异构化反应，在超声作用下，易于形成稳态的大 π 键，烯烃异构化转化率可提高 105 倍。

在超声多相催化反应中，Suslick 等研究了镍粉作催化剂的加氢反应，在超声作用下，反应活性提高了 5 个数量级。

超声在相转移催化反应中也有很大的优势。不仅能促进化学反应速率，而且能改变化学反应历程。Ronmy 等以 PEG-400 为催化剂研究了硝基甲苯的催化氧化反应：

在通常的搅拌条件下，产物只有二聚体，未发生反应。

在超声条件下，反应速率大幅度提高，产物中有大量的硝基苯甲酸生成。

用二苯羟乙酸活化酯与单糖或双糖进行选择性酶促反应时，常规搅拌反应需 6~10d 才能完成。用超声波只需 0.5~1h 就可达到同样产率。

6.2.3 超声波在强化有机合成中的应用

（1）氧化反应

这方面的研究尽管比较多，但真正用于合成目的的应用却很少。表 6.1 列出了几种氧化反应在超声波作用下的反应结果。

在高活性铋氧化剂的制备中，用 N_2O_3、$KMnO_4$、H_2O_2 或 SeO_2 不能直接将 Ar_3Bi 氧化为 Ar_3BiO，因为 Ar_3BiO 不稳定，C-Bi 键太弱，而用超声波法却可顺利地制得 Ar_3BiO，这个氧化剂可以方便地将伯醇氧化成醛，仲醇氧化成酮，收率都很高。

表 6.1 超声波促进下的氧化反应

反　应　物	产　　物	反　应　条　件	收率/%
$CH_3(CH_2)_5$—CH—CH$_3$ 　　　　　　| 　　　　　OH	$CH_3(CH_2)_5$—CH—CH$_3$ 　　　　　　| 　　　　　O	$KMnO_4$，己烷，搅拌 5h	2
		$KMnO_4$，己烷，超声波辐射 5h	92
n-C_7H_{15}—CH_2OH	n-C_7H_{15}—CH_2ONO_2	60% H_2NO_3，室温，搅拌 12h	100
		60% H_2NO_3，室温，超声波辐射 20min	100

反　应　物	产　物	反　应　条　件	收率/%
Ph$_2$CH—Br	Ph$_2$C=O	溴代物：NaOCl(摩尔比)=1：20 超声波辐射2h	93
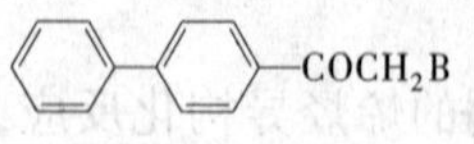 —COCH$_2$B	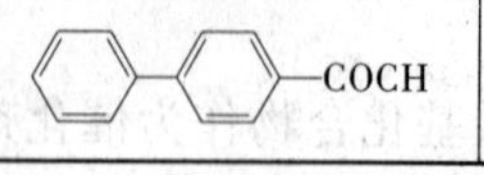 —COCH	NaCO$_3$·3H$_2$O$_2$，搅拌7h Na$_2$CO$_3$·3H$_2$O$_2$，超声波辐射5h	48 88

（2）还原反应

有机还原反应中很多都采用金属或其他固体催化剂，超声波对这类反应的促进作用是明显的，尤其是对某些大规模工业生产中的还原反应（如黄豆油和葵花油的催化氢化）优点更加明显。表6.2列出了几种还原反应在超声波作用下的反应结果。

表6.2　超声波促进下的还原反应

反　应　物	产　物	反　应　条　件	收率/%
	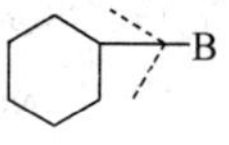	H$_3$B，SMe$_2$，THF，25℃，24h H$_3$B，SMe$_2$，THF，25℃，超声波辐射1h	98 98
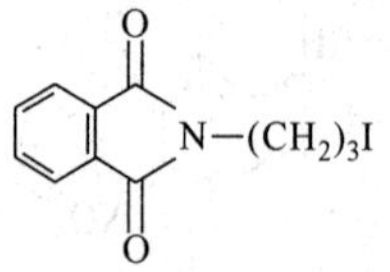	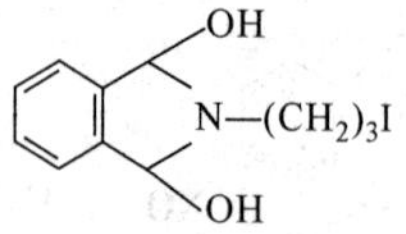	Al-Ag，THF-H$_2$O 超声波辐射	69
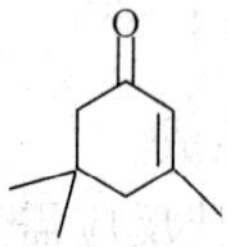	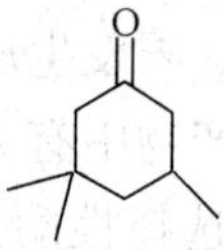	Zn-NiCl$_2$(9：1)，EtOH-H$_2$O(1：1) 室温，超声波辐射2.5h	97
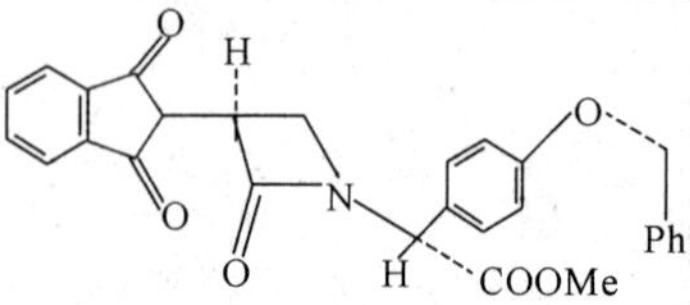	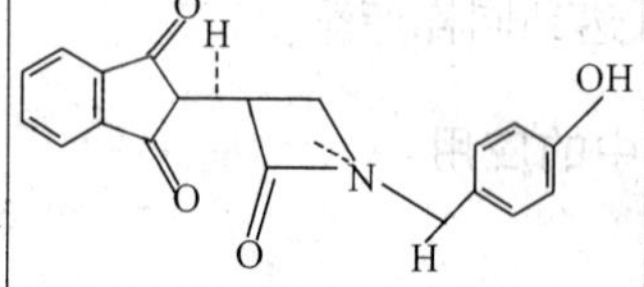	H$_2$，Pd/C，MeOH/AcOH 超声波辐射	43
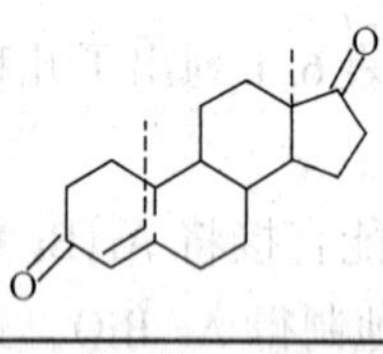	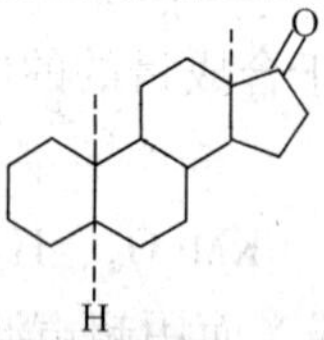	Zn/HOAc，15℃，5α：5β=0.8：1 超声波辐射15min	100

又如6-溴青霉素酯与锌在超声波作用下脱溴可得到很高产率的青霉素酯。

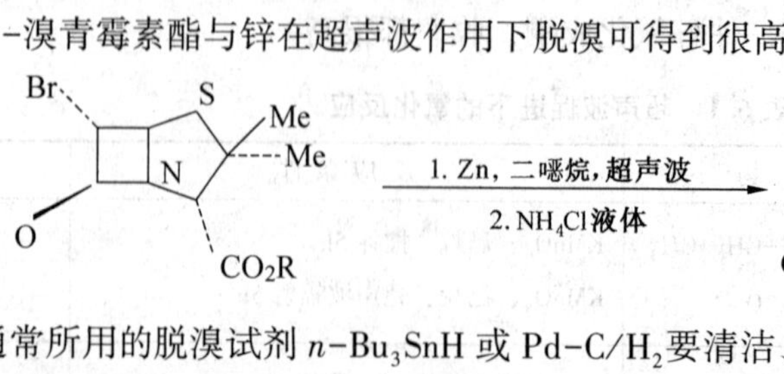

这比通常所用的脱溴试剂 n-Bu$_3$SnH 或 Pd-C/H$_2$ 要清洁、有效得多，而且更便宜。

（3）加成反应及有关的反应

超声波在加成反应及相关反应中的应用研究也十分广泛，表6.3列出了部分反应的例子。在苯乙烯与四乙酸铅的反应中，反应条件对产物有很大的影响，该反应是离子和自由基的竞争反应，P_1 由自由基机理产生，P_3 由离子机理产生，而 P_2 则是这两种机理共同作用的结果。超声波有利于按自由基机理进行，在 50℃ 下用超声波辐射 1h，P_1 的收率为 38.7%；而搅拌 15h，只能得到 33.1% 的 P_3。

$$HCPh=CH_2 \xrightarrow{Pd(OAc)_4/AcOH} \underset{\underset{P_1}{OAc}}{Ph-CHCH_2CH_3} + \underset{\underset{P_2}{OAc}}{Ph-CHCH_2OAc} + \underset{P_3}{PhCH_2CH(OAc)_2}$$

表 6.3　超声波在加成反应中的应用

反　应　物	产　物	反 应 条 件	收率/%
$\underset{Ph}{\overset{H}{>}}C=C\underset{h}{\overset{Ph}{<}}$ + Br_2	$\underset{\underset{Br}{\|}}{\overset{\overset{Br}{\|}}{HCPh-PhCH}}$	四丁基溴化铵，50kHz 超声波辐射 2h	98
		四丁基溴化铵，搅拌 11.7h	78
（含 Br 的环戊烯砜）+Me_2CO	（含 OH 的环戊烷砜）	THF，Zn-Ag，室温，超声波辐射	88.9
		THF，Zn-Ag，回流	33.4
$PhCHO+BrCH_2COOB$	$PhCH(OH)CH_2COOB$	25~30℃，活化盈粉、I_2，超声波辐射 5min	98
		传统方法 12h	61
$H_2C=CH-CN + CH_3(CH_2)_{13}OH$	$CH_3(CH_2)_{13}(CH_2)_2CN$	超声波辐射 2h	91.4
		搅拌 2h	0
（含 OPh 和 CHO 的苯环）	（含 OPh、OSO_3Ph、CN 的苯环）	$NaCN/PhSO_2Cl$，甲苯/H_2O 超声波辐射	94
		$NaCN/PhSO_2Cl$，甲苯/H_2O 搅拌 7h	40

在烯烃上直接引入 F 原子的报道很少，这一反应通常要用到一些危险品，如 F_2、HF、HF-吡啶络合物、乙酰次氟酸盐等，操作需要特别小心。但在下面的反应中，采用超声波辐射的方法则可很方便地在双键上引入 F 原子。

$$\underset{R_2}{\overset{R_1}{>}}C=C\underset{R_3}{\overset{H}{<}} \xrightarrow[\substack{CH_2Cl_2,\textbf{超声波},1h \\ 5\sim10℃,N_2}]{PhSeBr,AgF} \underset{\underset{SePh}{R_2}}{\overset{\overset{F}{R_1}}{\cdots}}\underset{R_3}{\overset{H}{\cdots}} + \underset{\underset{F}{R_2}}{\overset{\overset{SePh}{R_1}}{\cdots}}\underset{R_3}{\overset{H}{\cdots}}$$

在 Simmons-Smith 反应中，如没有活化的锌，反应是很难进行的，经典的方法是用碘或锂作活性试剂，使锌和二碘甲烷与烯烃反应，由于反应突然放热，很难控制。

$$CH_2X_2 + \underset{}{>}C=C\underset{}{<} \xrightarrow[\text{乙醚}]{Zn(Cu)} C-C（环丙烷） + ZnX_2(X = I \text{ 或 } Br)$$

1982 年，Repic 首先对该反应进行了成功改进，他使用超声波避免了活化过程，不仅避免了突然的放热，而且提高了产率。例如：

$$(H_2C)_7Me\text{———}(CH_2)_2CO_2Me \xrightarrow[\textbf{超声波}]{Zn,CH_2I_2} (H_2C)_3Me\text{——}\triangle\text{——}(CH_2)_7CO_2Me$$

产率可达 91%，而通常的方法则只有 51%。这一方法已成功应用于工业化生产。结果表明，即使用锌箔，甚至锌棒，也能得到同样好的结果。类似的方法还可用于二磷环丙烷环的建立。

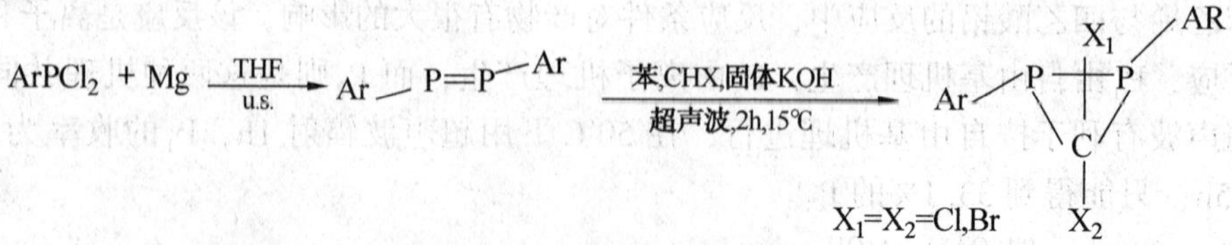

在第一步反应中，超声波可使产物的收率从 22%提高到 94%；在第二步反应中，卡宾的产生需要正丁基锂或新制备的叔丁醇钾。而使用超声波时，只需在己烷中使用过量的 KOH 和氯仿，就可得到定量的产物。

超声波能促进 Diels-Aider 反应的进行，并且能够改进其区域选择性。例如：

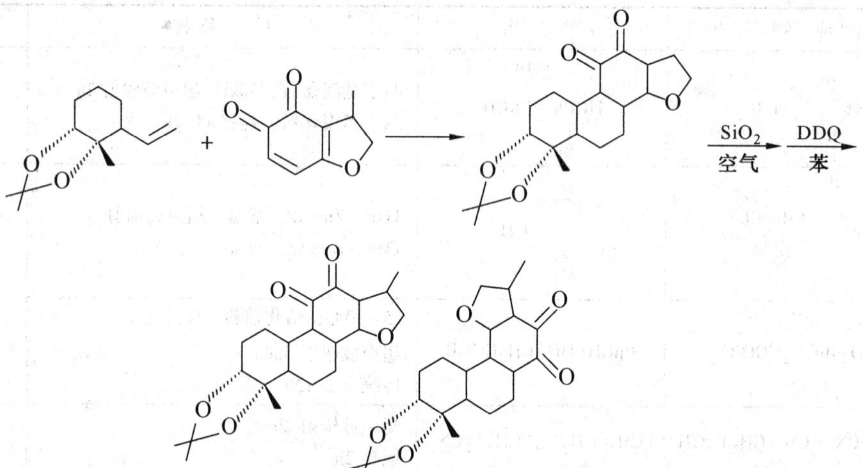

在苯中回流 8h 总收率为 15%(a：b=1：1)，而用超声波辐射 1h 收率为 76%(a：b=5：1)。Thibaud 等也报道了超声波可以大大加速环戊二烯与甲基乙烯基酮的 Diels-Alder 反应。同样，超声波对 1，3-偶极环加成反应也有类似的作用。例如：

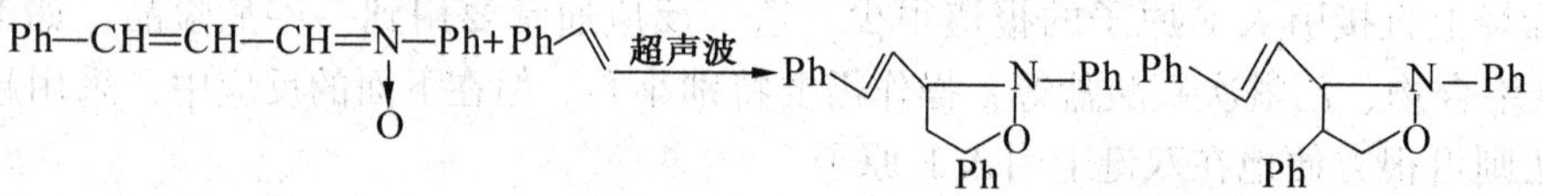

在传统的加热反应条件下反应 34h，收率为 80%，而用超声波辐射只需 1h 收率即可达 81%。在脱卤-环加成反应中，由于常常有固体金属的参与，超声波的使用往往对反应有很大的促进作用，这一方法已成功应用于糖化学中，例如：

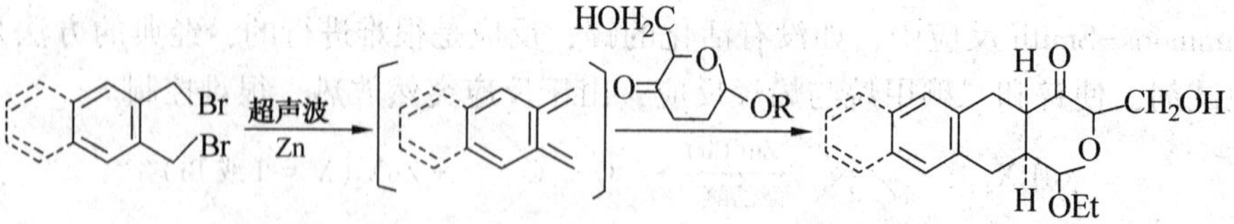

在超声波及 Zn-Cu 偶的存在下，卤代烃与 α、β-不饱和混合物作用通常得到的是加成产物：

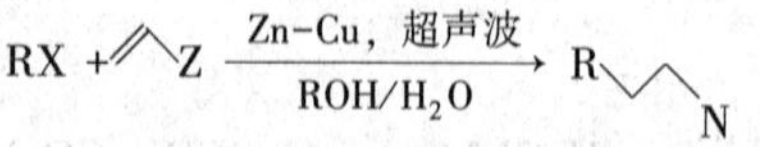

$(Z=HO, COR', COOR', CONR'_2, CN)$

但下面的化合物得到的是环丙烷化产物，而与 α、β-不饱和混合物没有任何作用。

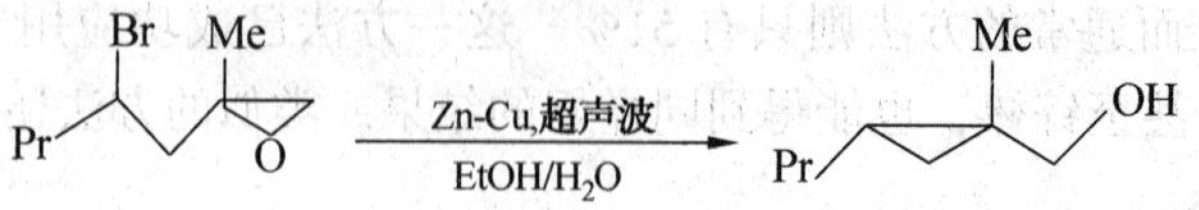

76

(4) 取代反应

在下面的反应中，如果使用常规方法，需要 18-冠-6 存在，反应 3 天以上，收率只有 35%~70%；而用超声波方法，不需要使用冠醚，反应 2~4h，收率可达 80%以上。

一个有趣的反应是苄溴与甲苯和 KCN 在 Al_2O_3 作用下的反应，如用机械搅拌得到的是 83%的付-克取代产物，而用超声波辐射则得到 76%的氰基取代产物，这里似乎存在着一个"化学开关"（表 6.4）。

表 6.4　超声波促进下的取代反应

反应物	产物	反应条件	收率/%
$PhCh_2Br$+KCN	$PhCh_2CN$	H_2O/KCN=0.61，甲苯，搅拌 24h H_2O/KCN=0.6，甲苯超声波辐射 6h	55 68
RCOCl+KCN	RCOCN	乙腈，50℃，超声波辐射 四丁基溴化铵，放置 6h	70~85 29
n-$CH_3(CH_2)_3Br$　KSCN	$CH_3(CH_2)_3SCN$	四丁基溴化铵，搅拌 6h 四丁基溴化铵，超声波辐射 6h	43 62
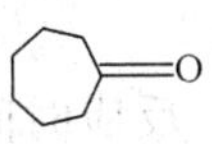　$Br(CH_2)_4Br$	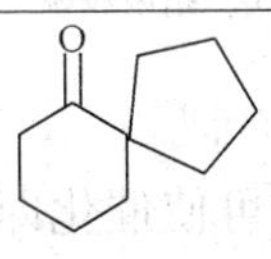 CPh≡SON_2Ph	t-BuOK，苯，40℃，搅拌 6h t-BuOK，苯，40℃，超声波辐射 6h	28 90
Ph≡CCl + $PhSO_2H$ + $CuCO_3$	PhC≡SON_2Ph	超声波辐射	73
p-$NO_2C_6H_4Cl$+PhOH	p-$NO_2C_6H_4Ph$	Bu_4NBr，K_2CO_3 超声波辐射	53.7
CH_3 Ph—CCl CH_3	CH_3 Ph—CCl—OAc CH_3	$Zn(OAc)_2$，$(n\text{-}C_8H_{17})_4NBr$，25℃， 超声波辐射 常规方法	65

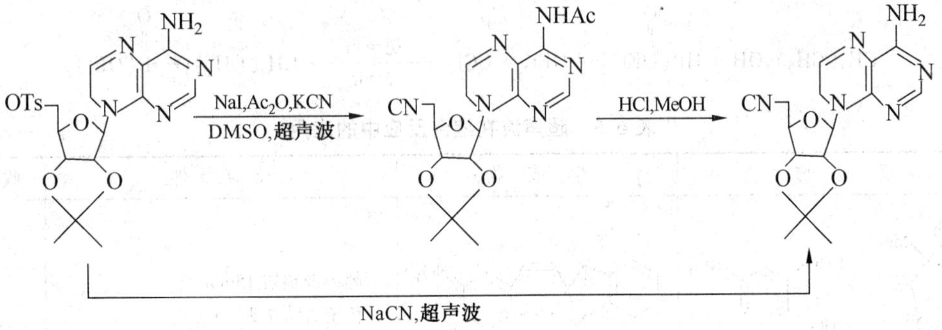

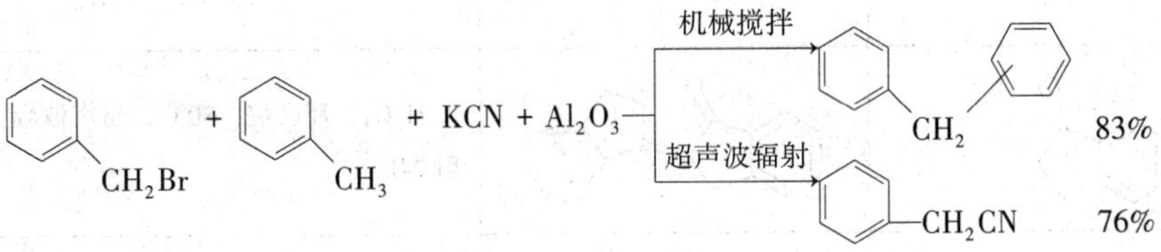

(5) 偶合反应

超声波在偶合反应中的应用研究也比较普遍，尤其是在 U1lann 型偶合中，如在没有超声波的情况下，很少或根本就没有反应发生。

$$\text{Ph—Br} \xrightarrow[\text{超声波}]{\text{Li, THF}} \text{Ph—Ph}$$

超声波也能大大促进碘对活泼亚甲基化合物在业 Al_2O_3-KF 催化下的氧化偶合，如：

$$2COOEt—CH_2—COOEt \xrightarrow[I_2]{Al_2O_3-KF} C(COOEt)_2 = (EtOOC)_2C$$

收率可从 65% 提高到 86%。

另外，如氯硅烷的偶合

$$2Mes_2SiCl_2 \xrightarrow[\text{Li, THF}]{\text{超声波，20min}} 2Mes_2Si = Mes_2Si \sim 90\% \quad Mes = 2，4，6-三甲基苯基$$

在没有超声波的情况下反应是不能发生的。

α-不饱和酮偶合通常得到是混合物，但在超声波的作用下用 Zn 和三甲基氯硅烷反应，然后与 Bu_4NF 一起水解可得到 50% 产率的片呐醇。

$$Ph + \ >=O \xrightarrow[\text{2.Bu_4NF，室温，2h，超声波幅}]{\text{1.Zn/Me_3SiCl/二噁烷}} \begin{array}{c} OH\ OH \\ | \quad | \\ C \\ | \quad | \\ Ph\ Ph \end{array}$$

（6）缩合反应

在 Claisen-Schmidt 缩合反应中，采用超声波可使催化即 C-200 的用量减少．反应时间缩短，转化率高达 87%。如表 6.5 所示。

$$\begin{array}{c} R_1 \\ R_2 \end{array}—CHO + CH_3COAr \xrightarrow[\text{超声波，室温}]{C-200} \begin{array}{c} R_2 \\ R_1 \end{array}—CH=CH—\overset{O}{\overset{||}{C}}—Ar$$

在典型的 Atherton-Todd 反应中，胺、亚胺及肟都易被磷酰化，而醇不能。但在超声波作用下，醇也能很顺利地磷酰化，且收率高达 92%，见表 6.5。

$$CH_3(CH_2)_3OH + H\overset{O}{\overset{||}{P}}(OEt)_2 + NEt_3 + CCl_4 \xrightarrow[\text{2.5h}]{\text{超声波}} CH_3(CH_2)O—\overset{O}{\overset{||}{P}}(OEt)_2$$

表 6.5 超声波在缩合反应中的应用

反 应 物	生 成 物	反 应 条 件	收率/%
		超声波辐射 15min 传统方法 7 天	91 60
		Al_2O_3，环己烷，80℃，超声波辐射 24h	90
EtCOOH+PhX	EtCOOPh	KOH，聚乙二醇超声波辐射 6h 机械搅拌 6h	80 44

78

反 应 物	生 成 物	反 应 条 件	收率/%
(结构式)	(结构式)	N-甲基吡咯烷酮, 65℃, 超声波辐射 60min	79
		N-甲基吡咯烷酮, 65℃, 105min	48
(结构式) + 环己酮	(结构式)	超声波辐射 0.75h	75
		搅拌 12h	43
PhCHO+$(NH_4)_2CO_3$+NaCN	(结构式)	45℃, 超声波辐射 3h	73.6
		25℃, 4~10d	20

（7）歧化反应

歧化（Cannizzaro）反应，在没有超声波时，同样条件下反应不能发生。采用超声波，转化率为 100%。

$$\text{PhCHO} \xrightarrow[\text{超声波, 10min}]{\text{Ba(OH)}_2, \text{EtOH}} \text{PhCH}_2\text{OH} + \text{PhCOOH}$$

（8）水解反应

① 酯的水解。超声波能促进羧酸酯的水解。如有超声波作用时，转化率可达到 94%；而传统法回流 1.5h，产率只有 15%。

$$\text{(结构式)COOMe} \xrightarrow[\text{超声波, 1h}]{20\%\text{NaOH}} \text{(结构式)COOMe} + \text{MeOH}$$

在工业上一些很重要的物质，如甘油酯、菜油和羊毛蜡的皂化反应都能被超声波显著加速，这些多相反应可在比通常所使用的温度低得多的温度下进行，这样可以避免高温反应中出现的变色。

② 酚羟基的脱保护。叔丁基二甲硅基是酚羟基的一个最有用的保护基，但现在的几种脱保护体系均存在这样或那样的缺点，如在超声波作用下 KF-Al_2O_3 体系可得到很好的效果。例如

$$\text{(结构式)OSi(Me)}_2t\text{-Bu} \xrightarrow[\text{H}_2\text{O}]{\text{KF-Al}_2\text{O}_3 \text{超声波}} \text{(结构式)OH}$$

使用 3 倍重量的 KF-酸性 Al_2O_3，以乙腈作溶剂室温反应 48h，收率为 82%，而将 Al_2O_3 改变为碱性后同样条件下用超声波辐射 45min 收率即可达到 81%。

③ 腈的水解。在下列腈的水解中，超声波的使用不仅可以提高收率，而且可以避免使用相转移催化剂。

$$\text{ArCN} \xrightarrow{\text{OH}^-/\text{H}_2\text{O}} \text{ArCOOH}$$

如 Ar 为萘基时，回流搅拌 6h 收率为 63%，而将搅拌改为超声波辐射后收率可提高到 98%。

(9) 其他

① 难制备的金属有机化合物的制备。对于难制备的格氏试剂，超声波能大大缩短制备所需时间，增强其活性。超声波也能用于有机 Al、Sn 等化合物的制备，例如

$$HCMe = CHCH_2Br + 2Al \xrightarrow[\text{二噁英}]{\text{超声波}} (CH_2 = CHCHMe)_3Al_2Br_3$$

$$\xrightarrow[\text{THF，超声波 1h}]{Mg，BrCH_3CH_2Br，(Bu_3Sn)_2O} \quad 94\%$$

② Wittin-Homer 反应

$$R_1R_2C = O + H_2CP(OEt)_2 - R_3 \xrightarrow[\text{超声波}]{\text{碱}} \quad R = CO_2R_4，CN，SO_2R_5$$

使用常规方法虽也可得到比较高的收率，但反应时间一般很长。使用超声波时，不仅可以大大缩短反应时间，而且可减少催化剂的用量，另外反应于室温下进行即可。

③ 胶粒钾的制备。许多有价值的有机合成都要用到碱金属，使用中常常选用不同的介质将其分散为如沙粒大小的颗粒，或者将其吸附在 Al_2O_3、SiO_2、木炭或石墨上，需要时间长且不安全。Luche 等用超声波技术取得了胶粒钾，并用于 Diceckman 缩合。具体方法：在氩气保护下于100℃左右用超声波辐射置于甲苯或二甲苯中的钾，银蓝色迅速出现，几分钟后碎钾片即消失，便可得到精细的悬浮于溶剂中的钾，当把胶粒钾在室温下加到含有辛二酸二乙酯的甲苯溶液中时，几分钟内蓝色消失，得到的 2-氧代环戊烷羧酸乙酯，收率为83%。

$$\xrightarrow[\text{甲苯，室温，5min}]{UDP}$$

④ 烯烃构型的转化。R-Br 的蒸气压对反应有较大的影响，较大的蒸气压对反应有利。

$$R \text{—} Br \xrightarrow{\text{超声波}} R \cdot + Br \cdot$$

⑤ 重排反应。在下面的脱硫反应中，即使是在易挥发的溶剂如乙醇中，并使用低能量的超声波清洗器作为超声源，反应也能充分地进行，重排转化率为85%。

$$\xrightarrow[\text{30℃，超声波}]{\text{EtOH，8h}}$$

在下面的 Amdt-Eistert 反应中，室温下使用超声波辐射2min，收率为92%，而传统方法需2h，收率为88%。

$$\xrightarrow[\text{CH_3OH，超声波}]{\text{COOAgAg/Et_3N}}$$

⑥ 金属有机络合物的制备

⑦ 杂原子-金属键的形成，如：

这样制得的盐的活性比用通常方法制得的盐要高得多。

又如在双有机膦负离子中含有一个有用的结构单元，可用于制备不同的单或双膦化合物，它可以通过用锂来断裂 P—Ph 键的方法得到，这一过程可因超声波而大大加速。

超声波在强化化工反应过程的应用研究已相当广泛和活跃，对各种类型的化学反应几乎都有促进作用，当然也有负作用（减慢反应速率），只是程度大小不同而已。正因为如此，我们可以根据其促进作用的大小确定是否需要运用超声波去强化或抑制所期望的各种反应过程。

目前，超声波在化学反应工程上的应用还缺乏理论指导，但由于其独特优点，如选择性提高、反应条件缓和、收率提高、反应时间缩短、易于操作等，人们完全可以相信在不久的将来，无论是在理论上还是应用上，超声波技术都会在绿色化工生产上发挥重要作用。

6.2.4 超声波强在纳米材料制备中的应用

超细粉体材料和纳米材料的制备是近年来材料科学的一个研究热点，它们在分子催化剂、高技术陶瓷、医药、感光材料、半导体材料、日化产品等方面都有重要用途。超细粉体材料的制备方法有气相法和液相法（如水热法、共沉淀法、乳浊液法、溶胶-凝胶法等），其中液相化学法具有更强的技术竞争优势。为了得到窄分布的超细沉淀颗粒，就要求强化传质过程，使反应物系尽量实现微观或介质均匀混合，沉淀反应几乎同时完成，晶体的生长和颗粒的团聚得到有效控制。为此，可以采用微波、激光、爆轰、超重力、超声等技术来部分实现上述要求。功率超声的空化作用和传统搅拌技术相比更容易实现介质均匀混合，消除局部浓度不匀，提高反应速度，刺激新相形成，对团聚体还可以起到剪切作用。超声波的这些特点决定了它在超细粉体材料制备中的独特作用。

功率超声波的频率范围为 20～100kHz，声化学研究使用的超声波频率范围为 200kHz～2MHz。其中功率超声主要利用了超声波的能量特性，而声化学则同时利用了超声波的频率特性。在纳米材料的制备中多采用功率超声，随纳米材料的制备途径、溶剂、反应体系性质的不同，有的利用了空化过程的高温分解作用，有的利用了超声波的分散作用（如超声雾化），有的利用了超声波的机械扰动对沉淀形成过程的动力学影响，以及超声波的剪切破碎机理对颗粒尺寸的控制作用。

超声雾化利用了超声波的高能分散机制。将超细粉末目标物的前驱体溶解于特定溶剂中配成一定浓度的母液，然后经过超声雾化器产生微米级的雾滴并被载气带入高温反应器中发生热分解，得到均匀粒径的超细粉体材料，材料颗粒的大小可以通过母液浓度的调整得到方便地控制。Moe 等将硝酸镧和硝酸铝的混合水溶液进行超声雾化，并在 YSZ 基体材料表面热分解制得了固体燃料电池的阳极 $La_{1.8}Al_{0.2}O_3$。在几种可能的制备方法中，该法制备的阳极催化活性最好。

金属有机物热分解是指利用超声空化作用产生的局部高温环境对金属有机物或络合物进行热分解，用于制备金属单质或金属合金。Koltypin 等将纯的 $Ni(CO)_4$、$Fe(CO)_5$ 或其癸烷溶液声解分别制得了粒径 10nm 的无定型 Ni 和无定型 Fe 纳米颗粒，颗粒大小在很大程度上依赖于溶液的浓度。需要说明的是超声空化产生的是微观或介观范围内的高温"热点"，而溶液的宏观温度并无多大变化。

利用超声空化提供的极端条件，Suslick 等开发了一种合成具有高比表面积、高活性和多孔结构的二价金属合金纳米材料的新技术。当用功率超声辐照被氢气饱和的含低挥发性溶剂的有机金属化合物溶液时，挥发性有机金属前体将会产生由纳米级微团组成的高比表面多孔固体。例如用超声波辐照含 $Fe(CO)_5$ 和 $Co(CO)_3(NO)$ 的烃类溶液，制出了比表面积为 $10\sim30\ m^2/g$ 的 Fe-Co 合金，合金颗粒是由直径 lO~20nm 微团组成的多孔团聚体，合金的组成可以通过改变溶液中前驱体浓度进行方便的控制。在氢气存在下，Suslick 等采用功率超声辐照 90℃的六羰基钼-十六烷溶液得到了面心立方的 Mo_2C 颗粒，其表面呈多孔结构，比表面积高达 $188m^2/g$，固体颗粒是由直径 2nm 的小微团组成的聚集体。这些纳米颗粒是烃重整和 CO 加氢反应优良的非均相催化剂。例如 Fe、Co、Fe-Co 和 Mo_2C 微粒对环己烷的脱氢和氢解具有很高的活性，对环己烷转化为苯具有很高的选择性，其中 Mo_2C 催化剂对于环己烷脱氢制苯具有 100%的选择性，但对乙烷脱氢活性差。在上述催化剂制备过程中，聚合物配位体(例如聚乙烯吡咯烷酮)可以起到捕捉剂的作用，将刚形成的纳米级微团笼络到一起形成团聚体；若采用活性炭或氧化物载体(如氧化铝或硅胶)可以制备负载型纳米级催化剂。

利用化学沉淀反应制备纳米材料，关键是要通过控制反应条件，使新的沉淀相易于生成，难于长大。Perez-Maqueda 等在低温且无表面活性剂的情况下用超声波辐照无机锆盐制得了一种窄分布的纳米级水合氧化锆。Oshima 等将氢气饱和的 $NaAuCl_4$ 和 $PdCl_2$ 溶液还原的同时，采用超声波进行辐照制备出了呈金核-钯壳结构，单分散性，粒径 8nm 的 Au-Pd 合金。

超声波除了在沉淀生成阶段影响沉淀颗粒的形貌外，在沉淀的陈化阶段仍然发挥影响力，Paryjecz 将硝酸铝溶液加入 24%的氨水，加热后用频率 20~2100kHz 的超声波进行陈化处理，制得了直径在 7~13nm 之间的催化剂颗粒，而且超声波的频率对沉淀的比表面积有明显的影响。

超声波-电化学法是将超声波与电化学相结合的一种方法，其中超声波对电化学过程起促进和物理强化作用。

直径在 $20\sim50\mu m$ 之间的金属粉末目前普遍采用在高电流密度下电解相应的电解质水溶液制备。为了在电解过程中获得高成核速率和小成核直径可以采用两种方法：一是对电解质溶液强烈搅拌；二是采用脉冲电流以达到较高的电流密度。如果电解的速率或成核的速率很高而晶体长大的速率相对较小，则有利于产生超细粉体；若电解的速率小于晶体长大的速率则可能在电极上生成致密的电镀层。因此根据过程条件控制的不同，一个电化学过程可以是典型的电镀过程也可以是超细粉体的制备过程。例如 Richardson 等在超声波作用下采用脉冲高电压电解金属硝酸盐的二甲亚砜溶液，结果在抛光银电极的表面制得了超导体前驱体 T1–Pb–Sr–Ca–Cu 的纳米薄膜。在超声波存在下，由于超声空化对传质的强化作用使镀件电流增加了 4 倍，镀层更为紧密，形貌更为均匀。Delplancke 等在同一电极上同时采用脉冲超声和脉冲电流，得到了收率在 80% ~ 95%，粒径为 100nm 分布很窄的结晶金属粉末。这是由于在该过程中超声波的空化作用加快电解速度，促进新相的生成，而且对晶体的定向长大产生干扰作用。

6.2.5 水体中有机污染物的超声降解技术

超声降解水体中有机污染物，尤其是难降解有机污染物，是近年来兴起的一项新型水处理技术。它是指利用超声辐射所产生的空化效应，将溶解于水的有机大分子化合物分解为环境可以接受的小分子化合物。水体中有机污染物系在超声辐射下产生空化气泡，吸收声场能量并在极短时间内崩溃释能。空化气泡可被看作具有极端物化条件和含有高能量的微反应器。在空化气泡崩溃的极短时间内，会在其周围极小的空间范围内产生 1900 ~ 5200K 的高温和超过 50MPa 的高压，并伴有强烈的冲击波和微射流。在这些极端条件下，进入空化气泡的水分子可发生如下热分解反应：

$$H_2O \longrightarrow H \cdot + HO \cdot$$

进入气泡内的有机污染物蒸气可发生类似燃烧的热分解反应，在空化气泡表面层的水分子则可形成超临界水，超临界水具有低介电常数、高扩散性及高传输能力等特性，是一种理想的反应介质，有利于大多数化学反应速率的增加。因此，有机污染物可经 HO·氧化、气泡内燃烧分解、超临界水氧化等多种途径进行降解。降解途径与污染物的物化性质有关，反应区域主要在空化气泡及其表面层。一般而言，非极性、憎水性、易挥发有机物多通过在空化气泡内的热分解进行降解，而极性、亲水性、难挥发有机物则多通过在空化气泡表面层或液相主体的 HO·氧化进行降解。

目前，有关超声波降解水体中化学污染物的研究多集中在技术可行性上，反应方式停留于间歇式操作，所用设备也多局限于超声清洗槽、探头式或杯式等小型声化学反应器。由于声化学反应过程固有的复杂性及降解中间产物难以鉴定，故在降解机理、物料平衡、反应动力学等方面的研究开展得很不充分，这势必制约着反应器设计及过程放大等进一步的深入性工作。为了使该技术尽快走出实验室，最近一些学者在对某些特定体系深入研究基础上，开展了一些放大性研究工作。Hua 等和 Thoma 等分别研究了平行板近场式声化学反应器（NAP）处理水体中有机污染物，该反应器具有较高的声能输出和较大的辐射面积，采用连续操作方式，处理能力大，可望用于大规模生产。Gondrexon 等设计了实验室规模的三级串联连续式声化学反应器，其中每一级可看成一个高频的杯式声化学反应器，用于处理水体中五氯苯酚，取得了良好的效果，并从传统化工角度建立了数学模型，该模型能够较好地描述此反应过程，为进一步工业放大提供了理论依据。

超声辐射降解水体中有机污染物的研究，尚处于探索阶段，要使其发展成为一项成熟的水处理技术，还有许多问题亟待解决。相信在声学、化学化工及水处理等各方面学者的共同努力下，这一集高级氧化、燃烧、超临界水氧化等多种水处理技术特点为一身，且使用条件温和、操作简单方便，可单独或与其他水处理技术联合使用的新型水处理技术，必将发挥出巨大的潜力。

6.2.6 超声波在化学工程中的其他应用[52]

(1) 超声波法干燥

超声波法干燥的特点，是不必升温就可以将水从固体中除去，因此可用于热敏物质的干燥，它还具有加快干燥速度和降低固体中残留水含量的作用。如用转鼓式超声波干燥器干燥葡萄糖酸钙仅用 200min，而在目前的工业生产条件下该干燥过程长达 8h 以上。L. Rasero 等用超声波干燥器处理含水 8% 的抗坏血酸，15min 即达到基本无水状态，比常规干燥快得多。而且处理后的样品没有任何形式的变质，如采用一般的干燥箱进行烘干，则会对样品造成较大程度的损坏。Gallego-Juarez J. A. 等进行了超声波和常规气流对食品干燥效果的对比研究，发现在很短的时间内采用高频超声波可以很容易使样品中的含水量达到 1% 以下，能量的消耗也少得多，并且所得干燥产品质量较好且稳定，因此认为超声波干燥在工业领域应用前景广阔。

(2) 超声波法萃取

M. Salisova 等采用超声波法萃取鼠尾草中的药用活性成分，试验结果表明，20℃下，采用超声波法清洗器 12h 后即可完成萃取过程，而采用通常的静态浸渍方法则需要 1~2 周；若采用声哨装置进行萃取则效果更为显著，声振 2h 后即可将 60% 活性成分萃取出来，从而进一步缩短这一萃取过程的时间。M. Vinatoru 等对一些植物内(包括种子、叶子及花等)的生物活性物质进行了超声波法萃取和普通萃取的比较研究，认为在溶剂萃取过程中施加超声波法能够提高活性物质的萃取量，并且要比普通采用石油醚或乙醇进行萃取安全得多，此外还能降低萃取液中油脂的含量。超声波法萃取的效率也相当高，Pal Nimpam 等采用超声波法作用下的逆流萃取，结果将工业废木料中 99% 以上的致癌物五氯苯酚除去，该研究成果具有相当的工业意义，仅美国每年至少就有 45 亿 m^3 含五氯苯酚的废木料需要处理。Doloms Hemanz Via 等采用超声波法辅助溶剂萃取白酒中的芳香化合物，与其他方法相比，采用超声波法萃取的重复性高得多，萃取时间大大缩短，并且可同时处理许多样品。

(3) 超声波均化

与机械搅拌、胶体磨、均化器相比较，超声波均化具有如下优越性：

① 可在水溶液及粘性液体中实现分子级别的微混合，效果优于普通方法。

② 能够产生微米至纳米级的乳化分散粒子并且比较均匀，可广泛应用于制备性能优良的纳米微粒。

③ 均化液极其稳定，乳化液长时间不会分层。

④ 产生稳定乳化，达到相同尺寸的分散微粒，需要的表面活性剂少，甚至不需要。

⑤ 所消耗的能量比普通的均化过程要少。

⑥ 普通均化方法所消耗的能量最终以热量的形式消散，超声波法的能量不仅实现了均化，另一个重要的方面是能够加速化学反应的进行。

H. Monnie 等初步研究了在水溶液及粘性液体中采用超声波实现分子级别的混合，得出超声波的频率及功率对微混合的影响结果，认为低频率下超声波的作用显著，在一定范围内，微混合所需的时间随超声波功率增大而显著减少，超过一定功率则不会出现显著效果。

在食品工业中，超声波可广泛应用于各种配料的均化过程，从而可以减少或不用乳化添加剂。在聚合物、涂料、纺织、医药、造纸、橡胶生产中，超声波的应用前景更为广泛。此外，还可用于高质量浮选剂、润滑油、燃油的制备，超声乳化燃油具有燃烧性能好、燃烧值高的特点，张光元等采用超声乳化的方式制备陶瓷灌注铸型，省去了水解工艺中30%酒精和6%硅酸乙酯，并且制得的水解液性能优于普通方法的制备产品。超生乳化还可以制备用一般方法根本不能得到的乳浊液，如普通搅拌只能得到5%石蜡在水中的乳浊液，而在声场中，可以得到20%的石蜡乳浊液。

（4）超声波在微泡制备中的应用

利用超声波的空化效应可以很容易制备出微米级超分子材料体——微泡。微泡是一种十分有效的声波反射材料，可以大大增强超声设备的反射信号，这一特性可用作超声造影剂，进行医学超声造影，从而取得清晰准确的超声检测图像。无毒、直径在$2 \sim 5 \mu m$的微泡由于能够通过毛细血管，实现心肌及微小血管的造影，现已被广泛用于医学临床的超声检测中。目前已上市的超声波造影剂价格昂贵，一支仅能用于一次检测的造影剂价格就在100美元以上。我国还没有正式生产造影剂的厂家，应该尽快开发具有优良性能的微泡造影剂。超声空化法制备微泡的基本原理是对某些低浓度有一定黏度的成膜溶液，施加超过其空化阈值强度的超声辐射，即可在液体中形成无数瞬时负压核，从而产生微气泡。国外已有的微泡造影剂，其中许多均采用超声空化法进行生产，采用的微泡成膜材料有多种，包括表面活性剂如司盘类、吐温类、氨基酸类等，聚合物如聚乙二醇4000、聚丁基-2-氰基丙烯酸酯等，蛋白质类如明胶、血清白蛋白等以及其他一些材料如脂类等。我国多采用声空化血清白蛋白进行造影剂微泡制备。

（5）超声波结晶

超声波应用于化工领域的结晶过程，除了能显著加快结晶过程，还可以得到较细小的粒子并能有效阻止晶体的结壳现象；应用于膜分离中有明显加速传质和去浓差极化作用，可以提高膜分离的分离效率；应用于污水处理，可以有效地将其中的有机物质分离出来，并能将废水中的有害物质分解；在发酵过程中，超声波能够促使细胞中的生物酶很快释放到胞外，从而较大程度地提高发酵液的总体酶活性，相应提高了底物转化率。

超声波的引入，给化学工程注入了新的活力，可以有效地优化许多化工工程，并能产生许多常规方法不能产生的结果。

6.3 微波技术强化化工过程

微波作为一种高效、节能、方便、节时的特殊加热能源广泛应用于食品、材料、化工等领域。在食品加热、灭酶、焙烤、解冻、膨化和杀菌消毒等加工过程都有应用。应用在化学反应、化学分析和环境保护等领域，表现出节省能源和时间、简化操作程序、减少有机溶剂使用、提高反应速率和显著降低化学反应产生的废弃物对环境造成的危害等优点。

6.3.1 微波加热原理与特点

微波在电磁波谱中介于红外和无线电波之间，波长在$1 \sim 100 cm$（频率30GHz～300MHz）的区域内，其中用于加热技术的微波波长一般固定在12.2cm（2.45GHz）处。微波作用到物质上，可能产生电子极化、原子极化、界面极化及偶极转向极化，其中偶极转向极化对物质的加热起主要作用。微波对物质的加热是从物质分子出发的，物质分子吸收电磁能以每秒数十亿次的高速摆动而产生热能，因此称为"快速内加热"。

极性电介质分子在无外电场作用时，偶极矩在各个方向的几率相等，宏观偶极矩为零。在微波场中，物质的偶极子与电场作用产生转矩，宏观偶极矩不再为零，产生了偶极转向极化。由于微波产生的交变电场以每秒高达数亿次的高速变向，偶极转向极化不具备迅速跟上交变电场的能力而滞后于电场，从而导致材料内部功率耗散，一部分微波能转化为热能，使物质本身加热升温。

微波场对物质热效应的作用可由 Maxwell 方程导出。

物质吸收的微波能：

$$P = 2\pi f\varepsilon''E^2$$

微波在不同材料中的穿透深度：

$$D = c\varepsilon°/(2\pi f\varepsilon'')$$

物质在微波加热下升温速率：

$$dT/dt = KfE^2\varepsilon\tan\delta(T)/(\rho c_v)$$

式中　　π——圆周率；

　　　　f——微波频率；

　　　　E——电场强度；

　　　　ε''——物质的介电损耗，它表示物质将电磁能转换为热能的效率；

　　　　c——常数；

　　　　$\varepsilon°$——无外电场时物质的介电常数；

$\tan\delta(T)$——介质损耗因子角正切，表示物质在特定频率和温度下将电磁能转化为热能的能力；

　　　　ε——物质的介电常数；

　　　　K——常数；

　　　　ρ——物质的密度；

　　　　c_v——物质的质量定容热容。

可见，在一定的微波场中，物质的介电特性决定着微波场对其作用的大小。极性分子的介电常数较大，同微波有较强的耦合作用，非极性分子同微波不产生或只产生较弱耦合作用。在常见物质中，金属导体反射微波而极少吸收微波能，所以可用金属屏蔽微波辐射，以减少对人体的危害；玻璃、陶瓷等能透过微波，本身产生的热效应极小，可用作反应器材料；大多数有机化合物、极性无机盐及含水物质能很好吸收微波，温度升高，这为微波介入化学反应提供了可能性。

传统加热方式是通过辐射、对流、传导由表及里进行加热，为避免温度梯度过大，加热速度不能太快，也不能对反应装置内混合物料的各组分进行选择性加热。与传统加热方式相比，微波加热是物质在电磁场中因本身介质损耗而引起的体积加热，可实现分子水平上的搅拌，加热均匀，温度梯度小；物质吸收微波能的能力取决于自身的介电特性，因此可对混合物料中的各个组分进行选择性加热，提高反应的选择性；微波加热无滞后效应；微波加热能量利用效率很高，升温非常迅速。微波加热除具有以上特点之外，还具有不是由温度引起的非热效应，如可以引起化学反应动力学的改变、加速化学反应速度的催化效应、引起分子链断裂的生化效应和磁效应等。

6.3.2　微波场中的化学反应

微波技术可以极大地提高化学反应速度，最大的可促进 1240 倍。微波为何能有如此巨大的功效呢？学术界对此一直存在两种不同的看法。一种看法认为微波技术仅仅是一种加热手段，无论微波加热还是普通加热方法，反应的动力学不变。另一种看法认为微波技术除具有热效应外，还存在微波的特殊效应，微波催化了反应的进行，降低了反应的活化能，也就是说改变了反应动力学。Bose 等人利用微波合成了一系列氮杂环化合物。在其研究中发现，采用 DMF、DCE、二噁烷、乙醇和酯类等溶剂，在接近室温或较低温度下，微波能较传统加热技术更快地完成反应。据此认为微波在这些反应中并不只是具有加热效应，而是有微波特殊效应存在，类似的研究报道还有很多。最近，日本学者 Shibata 等人利用自己设计的反应装置，对 H_2O_2、$NaHCO_3$ 的分解以及乙酸甲酯的水解反应进行动力学研究。结果表明，在相同浓度、温度、压力情况下，采用微波加热技术可以降低反应的活化能，Shibata 还对脉冲微波加热方式和连续微波加热方式进行对比研究，发现脉冲较连续微波加热方式能更大地降低反应活化能。

然而，更多学者以及愈来愈多的实验结果赞同第一种说法。Raner 等对莱酮酸与 2-丙醇酸催化酯化及香芹酮异构为香芹酚进行研究发现，在误差范围内反应速度与加热方式无关。在对萘与马来酸二乙酯的 Diels-Alder 反应动力学进行研究，绘制 Arrhenius 曲线后，发现油浴加热与微波加热具有相同的动力学曲线。他们认为微波加热是它的介电加热，辐射并不能使分子激发到更高的旋转或振动能级。物质吸收微波能量使内能增加，但不论何种加热方式，内能都将在平动、转动、振动能级之间分配，所以微波辐射与传统加热并无动力学上的不同。

应当看到的是，化学反应动力学的研究中，温度检测的准确性及反应体系的均匀状态等都是关键点，往往会因检测方法的不同而得到完全相反的结论。

目前，学术界多以第一种观点来解释实验中出现的各种现象。

6.3.3　微波技术在液相反应中的应用

利用微波技术进行的液相反应(也称为"湿"反应)中，选择合适的溶剂作为反应介质是反应成功与否的关键因素之一。在微波作用下，溶剂的过热现象经常出现，选择适当高沸点的溶剂，可以防止溶剂的大量挥发，这对于敞口反应器进行的反应尤为重要。N, N-二甲基甲酰胺(DMF)、甲酰胺、低碳醇类、水等都是常用的溶剂。有的反应物本身就是一种良好的溶剂。

（1）Diels-Alder 反应及其他成环反应[53]

自从 1986 年 Giguere 等人首次报道了微波技术在 Diels-Alder 反应中的成功应用以来，微波技术在 Diels-Alder 反应及其他成环反应中，有了大量成功的应用。Illescas 及其研究小组最近报道了利用微波炉进行 C_{60} 上的 Diels-Alder 反应。4，5-苯并 3，6 二氢-1，2-氧硫杂环-2-氧化物(4，5-benzo-3，6-dihydro-1，2-oxathiin-2-oxide)(1)同 C_{60} 以 2：1 的比例在甲苯溶液中，800W 微波加热回流 20min 得到 39% 的加成产物(3)，而用传统方法回流 1h，(3)的产率仅为 22%。

Banik 及其研究小组利用微波辐射技术制备了纯的不对称化合物 β-内酰胺，利用甘露糖醇二丙酮化合物为原料，在一天内能够合成 25g 具有光学活性的 β-内酰胺。

(1) ⟶ (2) $\xrightarrow[\text{MWI}]{C_{60}}$ (3)

$\xrightarrow[\substack{\text{NEt}_3\\ \text{MWI, 3min}\\ \text{转化率75\%}}]{\text{BnOCH}_2\text{COO}}$

$\xrightarrow[\substack{\text{MWI, 2min}\\ \text{转化率90\%}}]{\text{HCO}_2\text{NH}_4\text{Pd/C}}$

（2）缩合反应[53]

在微波条件下的 Knoevenage 缩合反应已有大量成功的应用，如 α-萘甲醛同丙二酸二乙酯，5min 可以生成产物，产率达 78%；而传统方法加热 24h，产率仅为 44.7%。

CH_3 + H_2C...OC_2H_5 $\xrightarrow[\text{哌啶，氯苯，P}_2\text{O}_5]{\text{MWI, 5min}}$

Dayal 等利用微波炉，由胆汁酸与牛磺酸合成了胆汁酸共轭物，整个过程在 10min 内就可以完成，而传统方需要 30～40h。Dayal 试图用油浴或蒸气浴在与微波相似温度下，加热 10min 未得到产物，据此认为微波特殊效应在这里起作用。

$\xrightarrow[\text{CH}_2\text{OH,MWI,5min,70\%}]{\text{H}_2\text{NCH}_2\text{CH}_2\text{SO}_3\text{H,EEDQ,Et}_3\text{N}}$

$\text{R}_1 = \text{b-OH}$ $\text{R}_2 = \text{H}$ $\text{R} = -\text{HNCH}_2\text{CH}_2\text{SO}_3^-$

（3）重排反应[53]

微波技术已成功应用在 Claiser 重排、Fries 重排、频那醇重排等许多重排反应中。反应物在 DMF 溶剂中，6min 辐照后可得到 92% 收率的重排产物，而传统方法反应 6h，收率只有 85%。

$\xrightarrow[\text{MWI}]{\text{DMF}}$

（4）氧化反应[53]

在密闭反应器中，利用高锰酸盐作为氧化剂，微波加热 5min 可以将甲苯氧化为苯甲酸，转换率 40%。

（5）催化氢化[53]

在催化剂存在的反应中，微波仍不失为一种良好的加热技术，用 Raney Ni 作为催化剂，

88

可以将反应物在数分钟内完成反应，而不致使内酰胺开环和苄基脱离。

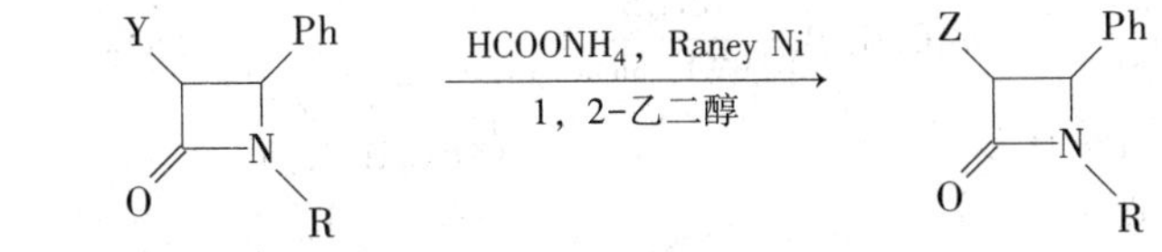

$$Y = CH_3CH{=}CH_2 \qquad R = {-}C_6H_4OMe(4-) \qquad Z = i\text{-}Pr$$

（6）自由基反应[53]

Bose 及其研究小组利用微波技术将 6，6-二溴青霉烷酸（6，6-dibormo-penieillanie acid）主要转换为目标化合物 cis-6β-溴青霉烷酸及副产 trans-异构体（量很少）。该反应为自由基反应。

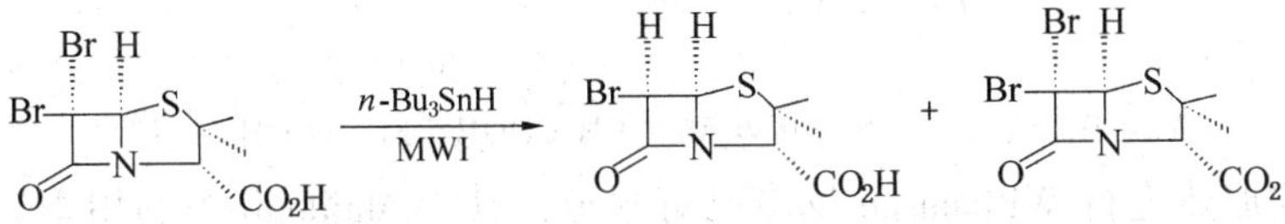

（7）其他[53]

微波技术用于液相有机反应的事例还有很多，如酰基化反应（见下面化学反应式，其中第一个产物收率为 92%，第二个副产物产率小于 1%）、烯键的形成反应、肟的制备、芳基的取代反应、酯化和皂化反应、脱羧反应和 Bisehler-Napieralski 反应等。

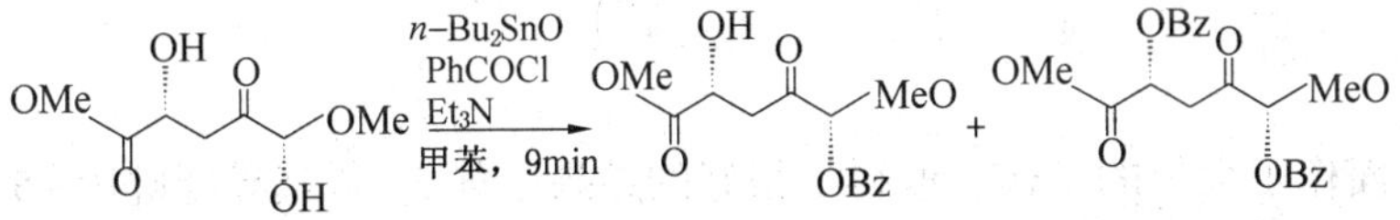

6.3.4　微波技术在非溶剂反应中的应用

溶剂介质中的反应，往往受到有机溶剂的挥发、易燃等因素的限制。虽然人们设计出许多性能优良的反应装置，但安全性仍然是困扰液相反应的一个问题。非溶剂反应也称为"干"反应，正好缓解了这个问题。同时"干"反应避免了大量有机溶剂的使用，对解决环境污染具有现实意义。因此，"干"反应成为微波促进有机化学反应研究的热点。

微波干反应通常将反应物分散担载在无机载体上进行。无机载体如蒙脱土、氧化铝、硅胶等本身同微波耦合作用较弱，而且可以透过微波，因而可以作为良好载体，有时还可以起到催化剂作用。许多干反应如果不采用载体，则收率明显降低或根本不发生反应。但有些干反应不需要载体时却可以得到较好的结果。

（1）酯化反应[53]

醇与酸催化脱水制成酯，在微波干反应中较为方便，它不需要分水器来除去生成的水，水分可以直接蒸发排至微波炉腔外。如苯甲酸同正辛醇在对甲苯磺酸催化下，不用无机载体，直接辐射可以得到 97% 的酯化产物，该反应如果采用 KSF、沸石、硅胶或氧化铝作载体，产率反而下降。

$$\text{PhCOOH} + n\text{-}C_8H_{17}OH \xrightarrow[\text{MWI，3min}]{\text{PTSA}} \text{PhCOO}(n\text{-}C_8H_{17})$$

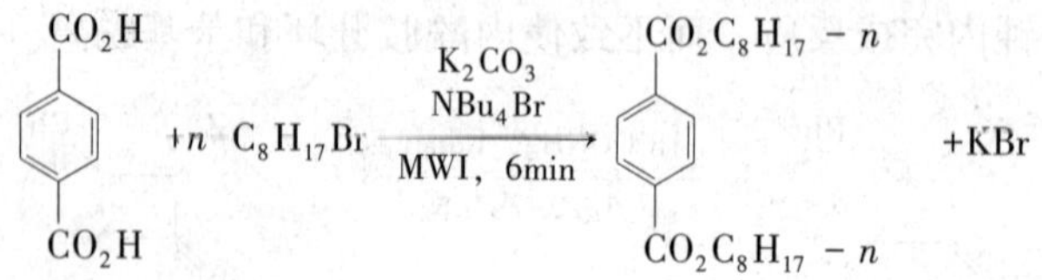

（2）烷基化反应[53]

苯并噁嗪类化合物，同卤代烃 RX 在乙醇钠、TEBA 相转移催化剂条件下，在硅胶载体上 8~10min 获得高产率（72%~90%）的 N-烷基衍生物，反应速率较传统方法（6~8h）提高了 30~80 倍。

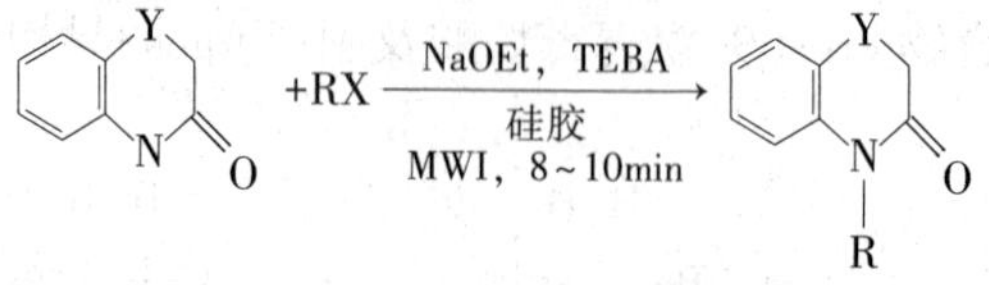

$$Y = O, S; 2 \qquad R = Me, CH_2COOH, Et, PhOH_2$$

最近，利用微波加热进行 Williamson 反应已有报道，其中 Majdoub 等利用季铵盐（aliquat）及 KOH 作为催化剂，2-呋喃甲醇同二溴十二烷反应生成高产率（96%）的双醚。产物后处理容易，不污染环境。

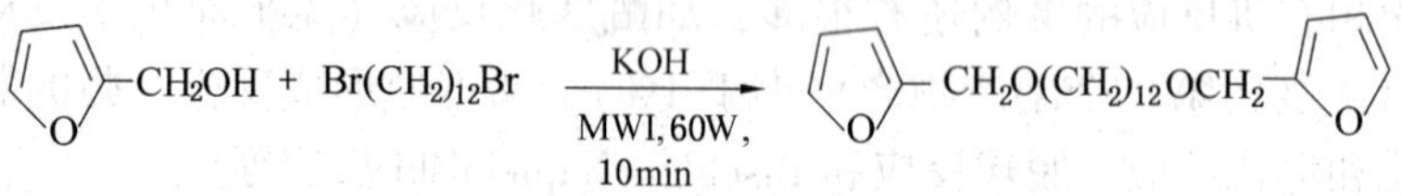

（3）烯化反应[53]

Villemin 在此方面作了大量的工作，取得了很好的结果。如 3-苯基异噁唑啉-5-酮与噻吩甲醛在 Al_2O_3-KF 载体催化下，350W 微波加热 15min，可获得 92% 的 E 式构型产物。

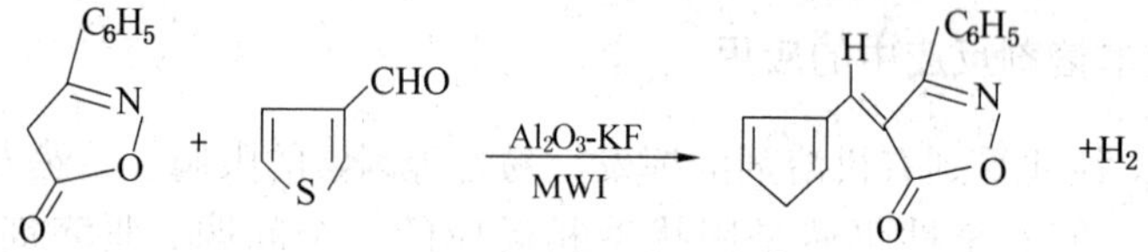

（4）重排反应[53]

将 4-甲基-4（对甲苯基）-5 己烯-2 酮担栽在蒙脱土 K-10 上。微波辐照 8min 可得到重排产物，而采用传统加热方法 250℃，48h 反应方可完成。前者反应速度高 360 倍。

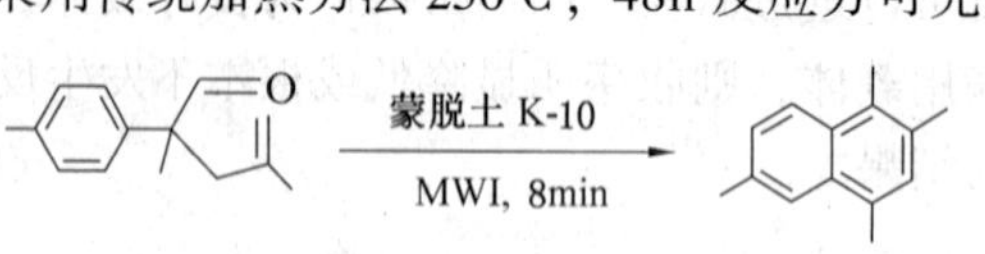

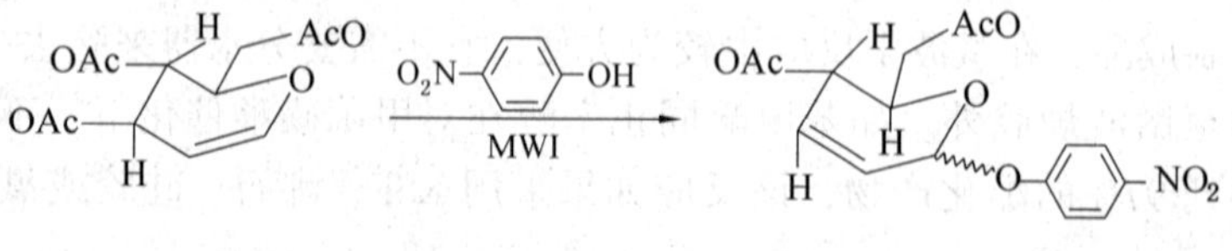

2，3-位不饱和糖苷类化合物，可以在微波条件下由 1，2-位不饱和-D-葡萄糖同对硝基苯酚反应 1min 制得，较传统方法反应 3h，速度提高 180 倍。

90

（5）环化反应[53]

取代的噻二唑双环化合物，可由三唑化合物与4-二甲氨基苯甲醛在微波辐照3min条件下制得，收率90%；而传统方法9h，收率才有77%。

Petit等尝试利用微波技术合成四苯基卟啉大环化合物，经优化反应条件后产率达到9.5%。虽然这个产率不是很高，但利用微波加热方法后处理容易，对于制备少量高纯度产物来说，不失为一种好选择。最近，刘沫文等又利用"湿"反应方法，用对硝基苯甲酸催化，二甲苯作溶剂，微波辐照3min产率可达到30%。

（6）开环反应

具有苯硫基取代基的二氯环丙烷类化合物是一个非常稳定的化合物。要想将其开环制成2-苯硫基-3-氯-1,3-环庚二烯，传统方法是用$AgBF_4$催化，在水和乙醇混合溶剂中回流24h，产率仅为20%。利用微波技术，将反应化合物吸附在$AgBF_4$及业Al_2O_3上，650W辐照10min就可得到75%的开环产物。

（7）氧化反应

Delgado等研究发现，在微波作用下，1,4-二氢吡啶类化合物经MnO_2氧化后除得到了传统方法只能生成的"正常"产物（第一个产物）60%外，还发现了38%的"非正常"产物（第二个产物）。

（8）去保护基

传统实验方法脱去保护基有时具有一定的困难，如保护酚羟基的乙酰基的脱去（在Al_2O_3载体上3天方可完成）。微波技术的应用大大改善了该类乙酰保护基的脱去反应，如6

-位乙酰基保护的羟基苯并二氢呋喃-3-酮 38，同苯甲醛在 Al_2O_3 上辐照 10min，即可在缩合反应的同时脱去乙酰保护基，转化率达到 91%。

6.3.5 微波技术在其他化学化工领域中的应用

微波技术除了在前面提到的诸多反应方面的应用外，还广泛应用在高分子、生物化学、金属有机、同位素取代及低碳烃的研究中，表现出了一定的优越性。

微波技术应用于高分子化学领域的研究较多，许多研究报告及专利相继在这一领域出现。一些成功的技术，如用于木材粘接的树脂固化或粘结剂的聚合技术等，在实际生产中已开始应用。

微波技术在聚合物的合成、固化、交联等各个方面都有成功的应用。如聚氨酯的合成、聚烯烃的交联等。一些利用微波技术合成或改性的高聚物，除了可以显著缩短反应时间外，某些性能还优越于传统加热方法的产物。如丙烯酸类树脂在微波辐照下 3~8min 就可以固化出物理性能优于传统方法的树脂固化物，可以临床应用。有的聚合物如聚氨酯经微波辐射后形成膜的硬度较传统方法有明显增强。关于微波促进聚合反应的动力学研究也有报道。大量的研究表明，微波技术在高分子化学反应中具有许多传统加热技术无法比拟的优越性。

微波技术很早就用于生物化学的研究。早在 1987 年我国台湾大学的王光灿等就报道了利用微波技术进行多肽及蛋白质的快速水解方法。他们发现利用微波技术可以快速对蛋白质及肽进行水解，同时可以控制裂解部位。他们还发现利用微波技术可以快速进行肽的固相合成，而且还可以极大地提高酶催化反应的效率。

利用微波炉加热进行金属有机化学反应也有明显的效果，如一些金属配合物的合成，传统方法需要几小时甚至上百小时的反应，在微波条件下数十分钟即可完成。最近，伦敦皇家学院化学系 Mingos 等利用微波炉实现了"一锅法"制备自组装的有机金属络合物，这是用"一锅法"通过配位键和氢键结合实现自组装的第一例。

利用短寿命的示踪原子快速、高产率的合成同位素标记药物，对药物化学工作者来说一直是一种挑战。如 ^{122}I（$t_{1/2}$，3.6min）、^{11}C（$t_{1/2}$，20min）、^{18}F（$t_{1/2}$，110min）等半衰期都较短，微波技术以其反应快速的特点已跻身于这一领域。Hwang 等利用微波技术在封管中对 ^{18}F 取代活性硝基或氟代苯类化合物以及活性与非活性的卤代烃同 ^{131}I-碘化物的交换反应进行研究，发现 5min 内 ^{18}F 取代反应可以获得较高产率；在 Cu_2Cl_2 催化下，$P-IC_6H_4NO_2$ 和 $P-IC_6H_4Ome$ 在 60s 内可以得到 80% 以上的 ^{131}I 取代物。这些研究表明，微波技术在半衰期短的示踪原子取代反应中具有良好的应用前景。

另外，微波技术在低碳烃化学研究中也有报道。如甲烷氧化偶联，甲烷、丙烷、丙烯同水催化氧化制醇或酮等。

6.3.6 微波反应器

用于促进化学反应的微波装置，概括起来可分为两个部分，即微波炉装置和反应容器。

(1) 微波炉装置

目前，适合于各种实验室应用微波技术强化化学反应的均是家用微波炉。由于炉小，只有在反应物料小的情况下，微波能显著促进化学反应，而当反应物料大时，则效果明显降低。基于这种原因，人们又设计出连续微波反应器（CMR）。设计原理如图6.1所示，反应物经压力泵导入反应管5，达到所需反应时间后流出微波腔4，经热交换器7降温后流入产物贮存罐10。

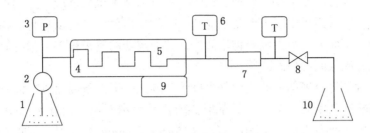

图 6.1　CSIRO 设计的连续微波反应器

1—待压入的反应物；2—泵流量计；3—压力转换器；4—微波腔；5—反应管；
6—温度检测器；7—热交换器；8—压力调节器；9—微波程序控制器；10—产物贮存罐

连续微波反应器可以大大改善实验规模，它的出现使得微波反应技术最终应用于工业生产成为可能，有的连续反应器还可以进行高压反应。只是这种反应器目前还只能应用于低黏度体系的液相反应，对固相干反应及固液混合体系不能适用。另外，这种反应器所测量的温度不能体现反应管温度梯度的变化情况，不能进行反应动力学的准确研究。

(2) 反应容器

一般来讲，只要对微波无吸收、微波可以穿透的材料都可以制成反应容器，如玻璃、聚四氟乙烯、聚苯乙烯等。由于微波对物质的加热作用是"内加热"，升温速度十分迅速，在密闭体系进行的反应往往容易发生爆裂现象。因此，对于密闭容器要求其能够承受特定的压力。耐压反应器较多，如美国 Parr 仪器公司及 CEM 公司为矿石、生物等样品的酸消化而设计的酸消化系统，可分别耐压 8.1MPa 和 1.4~1.5MPa；还有 CSIRO 设计的微波间歇式反应器（microwave batch reactor），可以在 260℃、10.1MPa 状态下进行反应。

对于非封闭体系的反应，相当于敞口干反应，对容器的要求不是很严格，一般采用玻璃材料反应器，如烧杯、烧瓶、锥形瓶等。

另外，根据反应动力学研究的需要，反应器还要安装一些检测温度和压力的辅助系统。总之，用于化学化工反应的微波装置，逐渐朝着自动化程度高、安全、检测手段更完善的方向发展。

6.4　其他强化化工过程方法

除组合分离外，反应与分离两种过程也可以耦合，这方面的有：反应-精馏，如 MTBE 的合成、酯分解等；反应吹脱，如双酚 A 的新合成工艺等；反应-吸附，如气相、液相制备色谱等。

除上面介绍的新方法外，还有许多其他各种优势的新技术，都可以用来强化化工过程。

例如非定态操作技术、反应分离、反应吹脱、反应吸附、膜反应器、膜分离、变压吸附、分子蒸馏、离子液体化、反胶束技术等[45~46,54~60]。

在膜分离出现前，已经有许多分离技术在化工生产中得到广泛应用，如蒸馏、吸收、吸附、萃取、蒸发、干燥、结晶、深冷分离等。与这些传统的分离技术相比，膜分离具有许多优点，如膜分离过程高效；分离效率高；分离功耗低；精馏>蒸发>吸收-解吸>吸附-脱附>萃取-反萃>膜扩散分离。可以在室温情况下分离，特别适合对热过敏物质的处理；膜分离设备为静设备，运行简便可靠；处理负荷大。膜分离技术也象反应—蒸馏等进行组合，形成膜分离反应器，对可逆反应既可改变反应的热力学平衡值，又可及早将产物分离出来，避免产物的副反应，从而大大减少废弃物排放。这方面成功的例子很多，如脱氢反应、乙苯脱氢制苯乙烯、乙醇脱氢制乙酸乙酯等。

组合分离就是将原来单独的几种分离操作集成在一个设备内完成，以简化操作，降低成本。例如，用萃取蒸馏集成在一起的萃取蒸馏代替恒沸蒸馏，由含水 15% 的乙醇回收无水乙醇，对一个生产能力为 $94.64 \times 10^{-5} \, \mathrm{m^3/s}$（15US gal/min）的过程，萃取蒸馏可比恒沸蒸馏节约 450 万美元/a，并且废水排放量显著减小，对环境无污染。将膜技术和蒸馏技术相结合的膜蒸馏也许是目前研究得最多的组合分离操作，被认为是最有可能取代现在的反渗透和蒸发操作的技术。

采用反胶束技术来增加高分子化合物和亲水性分子在液体和超临界二氧化碳中的溶解度，从而以二氧化碳取代有机溶剂，可以显著地减少废物排放和能量消耗，尤其是对生物化学品的下游处理和聚合反应，可以极大地削减后续处理步骤和单元操作设备。Ikushima 等报道，在超临界乙烷中使用双 2-乙基己基磺化琥珀酸钠胶束，可以使结晶紫的碱性褪色速率加快 100 倍以上[45]。

离子液体是许多无机物、有机物和聚合物的良好溶剂，具有 BrΦsted、Lewis、Franklin 酸性和超强酸性，没有明显的蒸气压，在 200℃ 以内热稳定，廉价易得。在室温下的离子液体中可以进行叠合、聚合、烷基化和酰化等反应。使用离子液体作为溶剂，可显著减少溶剂的用量和废水的排放。

非定态操作技术也开始获得应用，如交替流反应器就是一种典型的非定态操作技术。非定态操作技术一般比定态操作复杂和昂贵，应根据反应平衡、传质、传热等情况进行考虑，通过提高平衡转化率、传质和传热速率、改善产物分布来克服上述缺点，发挥优势。

6.5　强化绿色化工过程的设备

正如电子工业中由电子管→晶体管→集成电路的发展史一样，随着化工过程集成的发展，近年来开发了许多新型的、高效的单元化工设备，大幅度减少了工厂体积，节省投资，简化操作，降低能耗和减少环境污染。

6.5.1　新型反应器

由于采用新的流体混合设备、特殊结构的催化剂、特殊的反应器结构和替代能源等技术，有很多新型反应器已经被开发出来。他们各具特点，运用在合适的化工过程中，可以显著地减少设备体积或增加生产能力，强化生产过程[45~46,54~60]。

（1）静态混合反应器

静态混合反应器（SMR）与传统搅拌反应器相比，采用 SMR 来进行硝化反应，可以极大地减小反应器的体积，节省投资；对因气液混合不好而影响催化剂寿命的填料塔反应器，改用 SMR 不但可以极大地延长催化剂的寿命，而且可以显著提高生产能力，见表 6.6、表 6.7。

表 6.6 传统硝化反应器与 SMR 的技术经济比较

反 应 器	搅 拌 器	SMR
生产能力/（t/a）	15	50
反应器体积/L	13000	0.2
投资/万美元	10（新反应器）	4（整个工厂）
反应时间	>18h	0.25s

表 6.7 传统气液接触填料塔反应器与 SMR 的技术经济比较

反 应 器	新 建 装 置	改 为 SMR
增加生产能力/%	100	42
可操作性	气体流量受限制	无气体流量受限制
投资/万美元	500	2
催化剂寿命	14~21d	>3a

因此，对受传热、传质控制的快速反应，采用 SMR 可以显著地提高设备生产能力，或者显著地减小设备体积，强化化工生产过程，带来显著的经济和环境效益。SMR 的不足是容易被固体堵塞，不能用在有淤浆催化剂的过程中。

（2）整块蜂窝结构的催化反应器

这类反应器中使用具有许多相互隔离的、平行的直孔或弯曲孔道的整块蜂窝结构催化剂，催化活性组分以薄膜的形式均匀地分布在孔道的内表面，如图 6.2 所示。它的突出优点是流动阻力小，比固定床反应器低 2~3 个数量级；比表面积大，是颗粒状催化剂的 1.5~4 倍；反应物与催化剂接触的距离短，反应速度快；催化剂上的孔道结构相同且分布均匀，反应物流体在整个反应器内易分布均匀，不会产生局部过热。据报道，在整块蜂窝结构催化反应器中，苯乙烯的加氢反应速率和丙烷的脱氢反应速率可比填充床反应器中高一个数量级；而 3-羟基丙醛的氢化反应速率，是搅拌淤浆反应器中的几倍到几十倍。因此，在生产能力相同的情况下，与传统的反应器相比，整块蜂窝结构催化反应器的体积可以减小许多倍。目前，整块蜂窝结构催化反应器已经在汽车、火力发电厂和工业尾气净化等压降要求严格的场合，以及过氧化氢的生产中获得了工业应用。在不远的将来，可望获得更加广泛的应用。这类反应器的缺点是造价高，反应器内的取热不容易。

（3）规整结构的催化反应器

在这类反应器中，催化剂采用笼式和串珠式结构（如图 6.3 所示），或者采用开式错流结构，可方便气体和液体反应物与催化剂接触，在各个催化反应器具有比传统固定床小得多的传质阻力，而在整个反应器内又具有很好的传热和传质能力，可以克服整块蜂窝结构催化反应器取热不便的缺点。目前，笼式结构催化反应器的工业应用为烟气脱硫和烟气脱氮；开式错流结构催化反应器则在工业醚化和酯化反应中获得了应用。串珠结构的催化反应器具有

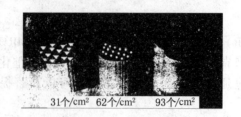

31个/cm²   62个/cm²   93个/cm²

图 6.2 整块蜂窝结构催化剂

压降低、抗尘、空隙率在 10%～100% 范围内可调节、径向混合均匀等特点，可望用于对压降要求严格的火力发电厂尾气的脱氮氧化物。由于气体和液体在催化剂构件内部移动比较慢，这类反应器比较适合慢速反应。

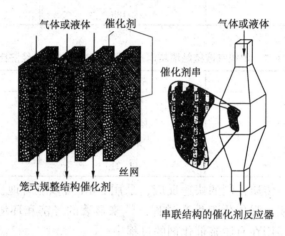

图 6.3 规整结构的催化剂与反应器

（4）微型反应器

微型反应器是指体积特别小的反应器，它一般具有夹心面包式的结构，由带有 10～100μm 通道的几块薄片组成能够将混合、换热、催化反应和分离集成在一个反应器中。据报道，德国的 Mikrotechnik Mainz 研究院开发了一种降膜微型反应器用于甲苯氟化反应，液体以 25μm 左右的薄膜流过微通道，反应器的比表面积高达 20000m²/m³，比传统接触设备高一个数量级。在该反应器中，可以获得收率为 20% 的单氟甲苯，是鼓泡塔反应器中的 4 倍，且副产物少。

（5）旋转盘反应器

利用圆盘的快速旋转，使厚度仅为 50～200μm 的液体能在 1～5s 的时间内流过反应器；利用集成在旋转圆盘上的换热器，旋转盘反应器可以获得高达 100kW/m² 的换热速率。因此，这种反应器特别适合快速、强放热反应。

（6）超重力反应器

超重力反应器也是利用旋转产生的离心力来加快反应速度。在高速旋转的设备中，由旋转产生的离心力可高达重力的 1000 倍以上。在强大的离心力驱动下，物料混合、传递得到有力的强化，从而显著地加快受物料混合、传递速度限制的化学反应。Dow 化学公司利用旋转填充床反应器开发了一种经济的、低氯化物含量的次氯酸生产新技术，在进气量降低

50%的情况下，还能增加10%的产量，而采用传统的方法不能生产这种产品；所生产的低氯化物含量次氯酸是一种更好的自来水消毒剂，而采用传统方法无法获得这种低氯化物含量的产品。北京化工大学开发成功超重力反应沉淀法合成纳米材料，实现分子尺度上控制化学反应和成核结晶过程，得到粒度分布均匀的纳米材料。首条3000t/a15～30nm的碳酸钙工业生产线已在广东广平化工有限公司、内蒙古蒙西高新技术材料公司建成。纳米氢氧化铝、纳米碳酸钡、纳米碳酸锂、纳米碳酸锶的超重力反应合成技术亦已研究成功。还开发成功油田水脱气的旋转填充床，使原来30m高的真空脱气塔缩小成直径约1m的旋转填充床。

（7）超声波反应器

超声波在液体中可以产生微小的空穴。空穴在迸裂的瞬间产生高温和高压而形成特殊的环境，并由此引起的流体剧烈湍动，使超声波反应器可以显著地加快某些化学反应，反应速率的提高可达几倍到几百倍。Trabelsi等利用超声波电解反应器处理含苯酚的废水，取得可令人惊奇的结果。若不使用超声波，反应不能进行；只用超声波而不电解，反应3h，苯酚的转化率只有5%；同时使用540kHz超声波的电解，在45min内苯酚即100%被转化，且分解产物中不含有毒的对苯醌。

6.5.2 多功能反应器

多功能反应器的特点是将反应与分离或换热集成在一个反应器内进行，以增加反应速度和节省投资[45~46,54~60]。

（1）膜催化反应器

膜催化反应器利用多孔膜的选择透过特性，在一个反应器内同时实现催化反应和分离操作，是一种典型的反应与分离的集成。针对具体的反应体系，采用膜催化反应器可以显著提高生产能力。Casanasve等利用沸石膜对氢气的透过性，将填充床催化反应器与沸石膜集成在一起，进行异丁烷脱氢制异丁烯的反应，异丁烯的收率可以提高近1.3倍。Gobina等利用Pd膜对氢气的高透过能力和Ag膜对氧气的高透过能力，在Pd/Ag膜催化反应器中进行正丁烷的气相脱氢反应，用含氧为21%的氮气吹扫并生成水，正丁烷的转化率可达固定床反应器的8.2倍，这是一个典型的反应耦合集成。但是，膜催化反应器还处在研究、开发阶段，还未见有大规模工业应用的报道。美国能源部从20世纪90年代初开始就一直支持用膜催化反应器进行天然气的转化，目前也还处于工业试验性阶段。膜催化反应器的主要缺点是造价高、膜的透过量小，易碎等。

（2）交替流反应器

交替流反应器是另一种多功能反应器，它通过控制定时逆转进出反应器的物流方向，利用反应放出的热量来加热冷的原料，充分利用反应热，降低能量消耗，减少操作费用。工业上应用交替流反应器的场合有：氧化挥发性有机化合物以净化工业废气，用氨还原工业废气中的氮氧化物和二氧化硫氧化生产硫酸。在处理气体的流量和浓度波动的情况下，采用周期交替流催化燃烧反应器，与传统的管壳式催化燃烧反应器相比，操作费用可降低80%。目前，在世界上已有几十套这类工业装置在运行。对于使用交替流催化反应器进行氨选择性还原氮氧化物，俄罗斯建有一套处理量约11200m³/h的装置，反应器出口的氮氧化物浓度可低于30～70mg/m³。对SO₂氧化生产硫酸，采用交替流催化反应器可减少5%～20%的操作费用，并节省 20%~80% 的设备投资。据 Xiao 等报道，我国已在河南省建造可一套使用带段间换热器的交替流催化反应器，反应器的直径达 6.5m，处理量为 33500m³/h，二氧化硫含量在 1%~5% 范围内波动时，二氧化硫的转化率可大于 90%。

（3）反应蒸馏塔

反应蒸馏是将反应和蒸馏集成在一个蒸馏塔内完成，当有催化剂存在时，又被称为催化蒸馏。它的优点是：可以及时地将一个或几个产物移走，提高反应选择性，减少副反应；对受化学平衡限制的反应，可以打破平衡的限制，提高原料的利用率；对放热反应，将反应放出的热量用于蒸馏分离，既可使反应器内的温度分布均匀，又可以节约能量；由于将反应器和蒸馏塔集成在一起，减少了设备个数，可以节约设备投资。温郎友等采用悬浮床催化蒸馏技术进行苯与丙烯合成异丙苯的研究表明，不但反应条件温和，而且可以获得高转化率和高选择性。反应蒸馏技术已经在甲基叔丁基醚等的工业生产中得到广泛应用。

（4）磁稳定床反应器

① 磁稳定床简介[55]。20 世纪 60 年代，Filippov 提出了一种新型的流化床体系，它不同与传统的流化床，是以磁性颗粒为固相，在外加磁场作用下的磁流化床。床层中的固体颗粒在操作过程中不是作无序的自由运动，而是呈有序排列状态。在此基础上，20 世纪 70 年代，Rosensweig 等人提出了磁稳定床的概念。磁稳定床是磁场流化床的特殊形式，是在轴向、不随时间变化的均匀外加磁场下形成的只有微弱运动的稳定床层。磁稳定床兼有固定床和流化床的许多优点，可以像流化床那样使用小颗粒固体而不致于造成过高的压力降，外加磁场的作用有效地控制了相间返混，均匀的空隙度又使床层内部不易出现沟流。细小颗粒的可流动性使得装卸固体非常便利。使用磁稳定床不仅可以避免流化床操作中经常出现的固体颗粒流失现象，也可以避免固定床中可能出现的局部热点。同时磁稳定床可以在较宽范围内稳定操作，还可以破碎气泡改善相间传质。总之，磁稳定床是由不同领域知识（磁体流体力学与反应工程）结合形成的新思想的典范，是一种新型的、具有创造性的床层形式。

然而，由于磁稳定床要求有空间均匀的磁场，流化颗粒具有良好的磁性，同时系统必须在较低温度下操作。虽经过多年努力，但磁稳定床反应器还未在化学工业和石油加工领域实现工业化。为了使磁稳定床反应器得到工业应用，开发性能优良的磁性催化剂是非常必要的。

② 磁稳定床的应用[45-46]。以己内酰胺加氢精制过程为例对磁稳定床的应用进行了探索研究。在己内酰胺生产过程中，粗己内酰胺水溶液中含有少量物性与己内酰胺相近的不饱和物质，用常规分离方法无法除去这些物质，但这些物质的存在会严重影响成品己内酰胺的质量，工业上一般采用加氢精制的方法除去这些杂质。目前工业上己内酰胺加氢精制多采用连续搅拌釜式反应器，该工艺存在着流程复杂、催化剂耗量大、效率低以及催化剂需过滤分离等缺点，因此开发一种新型加氢精制工艺是必要的。

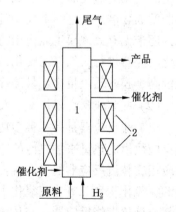

图 6.4　采用磁稳定床的己内酰胺
加氢精制工艺流程示意图
1—磁稳定床反应器；2—线圈

磁稳定床己内酰胺加氢精制工艺流程如图6.4所示。在小型试验装置上研究了各种因素对己内酰胺加氢精制效果的影响，并考察SRNA-4催化剂的稳定性。结果表明，SRNA-4催化剂连续使用1350h后仍有较高的加氢活性，与现有的釜式工艺相比，加氢效果提高3~5倍，催化剂耗量降低一半以上。适宜的反应条件为：温度60~90℃，压力0.4~0.8MPa，空速30~50h^{-1}，氢/液进料体积比1.5~3.0，磁场强度15~25kA/m。

对年处理量70kt的己内酰胺加氢精制过程而言，采用目前工业上常用的连续搅拌釜反应器，反应器体积为10m^3，若采用磁稳定床反应器，预计反应器体积仅为1.8m^3。由此可见磁稳僵化定床反应器可以使设备小型化。

(5) 悬浮床催化蒸馏[45~46]

过程密集化的重要方法之一是将反应和分离过程进行偶合，如膜催化反应与膜分离的偶合、反应与蒸馏分离的偶合、反应与抽提的偶合、反应与结晶的偶合等。催化蒸馏（CD）将多相催化反应过程和蒸馏分离过程偶合在同一塔内同时进行，使得反应和分离相互促进、相互强化，具有提高反应转化率和选择性、降低能耗和节省投资等优点，在化学工业中越来越获得广泛的应用。但已有的研究表明，在常规的催化蒸馏过程中，以"催化剂构件"（如"催化剂捆包"、结构型催化剂构件等）方式固定在反应塔中的催化剂利用率较低，原因是制作"催化剂构件"要求催化剂颗粒较大（一般直径应大于1mm），而在蒸馏的操作条件下，扩散的影响难以克服，因而催化剂的效率难以得到充分发挥。此外，常规固定床形式的催化蒸馏，还存在"催化剂构件"的制作复杂、装卸和再生不便等缺陷。

为了克服常规催化蒸馏所存在的缺陷，石油化工科学研究院对一种悬浮床催化反应与蒸馏分离过程偶合而成的新型催化蒸馏过程进行了探索研究。这一新型的催化蒸馏与普通催化蒸馏的区别在于，催化剂不是固定在反应塔中，而是悬浮分散状态，因此被称之为悬浮床催化蒸馏（Suspension Catalytic Distillation，SCD）。SCD的特点是：直接采用粉状催化剂，不必制作"催化剂构件"，催化剂的效率高，催化剂易于取出再生，且悬浮催化剂颗粒的存在还有利于蒸馏过程中气液相间传质的加强。

SCD工艺的设想，首先是由CR & L（Chemical Research&Licensing）公司在发表的专利中提出的，但无试验证实。至今为止，也未见到关于这一新工艺的试验研究报道。本课题以丙烯与苯的烷基化合成异丙苯、长链烯烃与苯烷基化合成直链烷基苯为模型反应，对SCD工艺进行了探索研究。

① 悬浮床催化蒸馏用于异丙苯的合成。异丙苯是制备苯酚和丙酮的重要原料，目前工业上主要采用分子筛催化剂的固定床工艺生产。SCD新工艺合成异丙苯的试验流程如图6.5所示。所采用的反应塔为直径34mm的玻璃塔。塔内装有φ4mm狄克松填料，反应段高1m，提馏段高0.5m。由于烷基化产物异丙苯和多异丙苯均为重组分，由塔釜采出，塔顶没有产物，故反应塔不需设精馏段，塔顶采用全回流操作。试验时，催化剂与苯经均质器制成悬浮液，经计量泵打入反应段上部。丙烯经减压、稳流和计量后由反应段下部进入反应塔。在反应段中，催化剂受上升蒸气的搅动作用而在液相中保持悬浮分散状态，并在随液体沿填料表面而下的同时催化苯与丙烯进行烷基化反应。产物异丙苯、少量多异丙苯以及未反应的苯携带催化剂离开反应段后进入提馏段，并经过提馏段（其中大部分苯被提馏回反应段）进入塔釜。塔釜采出液进入分离器进行液固分离，分离得到的催化剂再与苯制成悬浮液循环使用。

对于SCD工艺的研究，首先要回答的问题是将催化剂浆液打入反应蒸馏塔中，过程能

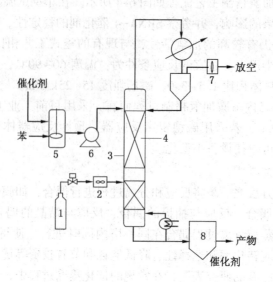

图 6.5 SCD 合成异丙苯试验装置示意图

1—丙烯罐；2—质量流量计；3—反应塔；4—蒸馏填料；5—均质器；6—浆料泵；7—气体流量计；8—分离器

否稳定运转。研究表明，对于采用填料塔作为反应塔，要实现过程的稳定运转，必须选择合适的填料，且催化剂粒度、密度和悬浮液的粘度等物化性质需满足一定的要求。通过试验探索，采用狄克松填料和粒径小于 5μm 负载型磷钨酸（PW/SiO$_2$）催化剂，实现了过程的稳定运转，并考察了工艺条件对反应的影响，试验结果见表 6.8。

表 6.8　SCD 合成异丙苯工艺条件的考察结果

催化剂浓度/ （g/mL）	苯/烯摩尔比	回流苯/ 进料苯	反应段 温度/℃	丙烯转 化率/%	单异丙苯 选择性/%
0.01	1.75	6	84	90.2	90.0
0.015	1.75	6	85	99.2	89.3
0.02	1.75	6	85	100	88.5
0.02	1.5	6	83	100	81.3
0.02	2	6	81	100	89.6
0.02	2	6	81	100	90.7
0.02	1.75	3.5	82	100	77.1
0.02	1.75	10	82	100	93.1
0.02	1.75	15	82	100	95.2

试验结果表明，采用悬浮床催化蒸馏工艺合成异丙苯，可在常压、低温（80~100℃）、低苯烯摩尔比（1.75~2）的条件下，丙烯转化率接近 100%，异丙苯的选择性大于 90%。产物经普通蒸馏就可得到纯度大于 99.9%、杂质正丙苯和 C$_8$ 芳烃含量小于 100μg/g 的异丙苯产品。

②悬浮床催化蒸馏用于直链烷基苯的合成。直链烷基苯（LAB）是另一重要的烷基苯产品，广泛应用于制造合成洗涤剂。目前工业上仍主要采用 HF 为催化剂进行生产，腐蚀和污染问题严重。UOP 公司以固体酸为催化剂的固定床工艺（Detal）已工业化，但催化剂的单程寿命较短，反应 24h 就要用苯冲洗再生，如此频繁的再生对于固定床反应器来说显然较

为麻烦。为研究开发更为先进的 LAB 生产工艺，在 SCD 合成异丙苯研究的基础上，建立起了一套新的悬浮床催化蒸馏试验装置，并对 SCD 合成 LAB 的过程进行了探索研究。试验流程如图 6.6 所示。

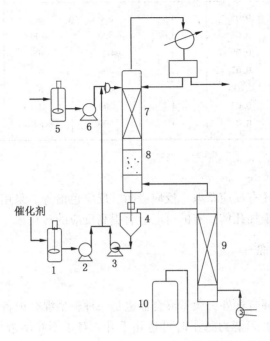

图 6.6　SCD 合成 LAB 试验装置示意图
1—苯罐；2、3—浆料泵；4—液固分离器；5—烯烃罐；
6—计量泵；7—蒸馏段；8—反应段；9—提馏段；10—产品罐

从图 6.6 可见，新建装置在工艺流程上作了较大的改进。反应塔由原来的玻璃填料塔改为了不锈钢筛板塔，且在反应段和提馏段之间串联一催化剂沉降分离器，催化剂离开反应段后进入分离器分离后循环使用，从而避免了催化剂进入塔釜而引起副反应的发生。采用不同粒度催化剂运转的结果表明，采用筛板塔作为反应塔，可以选用较大颗粒的催化剂，催化剂颗粒不大于 50μm 就可以稳定运转，而这一粒度的催化剂很容易通过喷雾干燥成型的方法制备得到，而且催化剂的分离采用普通重力沉偃降的方法就能满足要求。因此筛板塔是一种用作悬浮床催化蒸馏的更为理想的塔型。

采用新建悬浮床催化蒸馏装置，以 10~50μm 的 PW/SiO$_2$ 为催化剂，工业烯烃和苯为原料，对 SCD 合成 LAB 的工艺条件进行了考察。试验结果见表 6.9。从表 6.9 试验结果可知，采用 SCD 工艺合成 LAB，可在接近常压（0.06MPa）、低温（≤100℃）、低苯/烯摩尔比的条件下，转化率和选择性接近 100%。进一步的分析表明，SCD 工艺制备 LAB 产品，LAB 含量高达 35%，茚满和萘满等杂质少，可用作制备高档洗涤剂的原料。

综合 SCD 工艺合成异丙苯和直链烷基苯研究结果，SCD 采用细颗粒催化剂，在悬浮状态下反应，有效地强化了传质，提高了催化剂效率，从而使反应能在更为缓和的条件下进行，有效抑制副反应的发生，降低进料苯/烯摩尔比。上述结果充分说明，SCD 是一种比常规 CD 更为有效的反应和蒸馏分离的偶合手段，作为一种新的化工过程密集化技术具有进一步研究开发前景。

表 6.9　SCD 合成 LAB 工艺条件的考察结果

压力/ MPa	温度/ ℃	催化剂浓度/ （g/mL）	苯/烯摩 尔比	处理量/ [kg/ （m³·h）]	烯烃转 化率/%	LAB 选 择性/%	LAB 含量/%
常压	85	0.05	1	400	60	~100	36
0.03	92	0.05	1	400	100	~100	35
0.05	100	0.05	1	4130	100	~100	35
0.05	102	0.02	1	400	68	~100	36.4
0.05	101	0.035	1	400	82	~100	35.3
0.05	100	0.05	1	200	100	~100	34.7
0.05	102	0.05	1	600	84	~100	35.2

（6）其他多功能反应器

其他多功能反应器还有反应萃取、反应吸附、反应色谱等。采用这些多功能反应器，有的可使设备的生产能力增加几倍，有的可以显著提高反应的转化率，减少废物排放。

6.5.3　新型单元设备

（1）新型混合设备

除前面提到的静态混合器外，微型混合器也是一种新型混合设备，它能够在几毫秒内产生微米级的均匀混合，处理能力每小时可达几千升。对于不互溶液体的混合，与搅拌釜相比，不但混合时间短，而且温度易于控制。

（2）紧凑式换热器

紧凑式换热器是另一类新型单元操作设备。普通的管壳式换热器每立方米的换热面积才几十平方米，而紧凑式换热器的换热面积可达到每立方米几百至上千平方米。在相同的换热条件下，换热能力可以提高许多倍，因而可以显著减少换热器的体积或者个数，节省投资。Chart Marston 公司制造的 Marbond 紧凑式换热器的换热面积就高达 $1000m^2/m^3$。

（3）旋转填充床分离器

旋转填充床分离器也是一类高重力设备。30m 高的真空塔缩小成直径约 1m 旋转填充床；间比传统的搅拌釜可缩短 4~10 倍。采用旋转填充床进行油田水脱气，可将原来采用旋转结晶设备生产纳米碳酸钙，生产时间比传统的搅拌釜可缩短 4~10 倍。

7 环境友好安全化工品的应用

7.1 以产品为中心的绿色设计方法

工业化的发展为人类提供了许多新材料，在改善人类物质生活的同时，所消费的产物不能被生态环境兼容，同时在制造新材料的过程中，产生许多有害废弃物，这些都使人类的生存环境迅速恶化。为了既不降低人类的物质文明程度，又不破坏环境，解决化学产品的污染问题，人们正致力于开发对环境无害的绿色化学品和绿色工艺方法。其中以产品为中心的绿色设计方法是重要的一步，它既有效防止生产过程产生污染，又有效避免消费过程中化工产品残留的污染[4,49]。

以产品为中心的绿色设计方法，首先要做的就是对化学产品进行设计，使其对人类和环境更安全。设计更安全的化学产品，就要认识分子结构对其功能的贡献以及对人类健康和环境的危害，通过对结构的修饰使其有用的功效最大化，同时使其固有的危害最小化，这样一个更安全的化学产品的设计才算成功。

什么是我们想得到的功能呢？如果想要造出一种红色染料，那么就应创造出一种物质，它的分子结构能产生红色作用。如果想要生产一种有效的杀虫剂，那么另一种物质的分子结构就必须合成出来，并能起这个服务功能的作用。从过去到现在，我们都能生产这种染料和杀虫剂，但问题是我们的染料可能会致人生癌，可能在杀虫过程中，也杀害了其他野生动、植物，甚至使人中毒。正是通过对这种试图要得到服务功能的扩展考虑和定义延伸，以产品为中心的绿色设计方法自然就成为对人类健康和环境无害的一个重要任务。

一旦期望的功能和与之关联的分子结构被选定，化学家就必须努力地调整和修饰这个分子结构，以减轻任何潜在的毒性或危害。为了达到这个目的，闵恩泽院士等人总结出以下5种基本方法[4]。

7.1.1 物质作用机理分析

在生物系统中，尽管有完全惰性的化学物质的存在，但大量的化学物质都具有一定的生物活性。当然，这些物质包括所有的食物、营养素、维生素和其他有益的化学物质的过剩，它们使生命本身成为可能。也还存在着另一类型的化学物质，当被引入到生态系统中时，它们能够引起毒性。每一种物质都有一个产生有害终点的机理，对这个机理懂得越多，对避开或最小化这个机理来设计化学产品的方法知道得就越多。

一种化学物质既可以通过直接毒性也可以通过间接毒性导致有害终点。在直接毒性的情况下，正在起反应的化学物质本身引起了所担心的有害效果，然而，在间接毒性的情况下，起始物质的代谢物或衍生物导致了有害作用。正是由于药理学方面的进展，使导致有毒终点的特殊步骤得到了证明，从而使导致毒性的反应途径变得明白并能够被避开。

一旦机理被证明，化学家就会有几种可能的选择使化学产品具有更小的内在危险，通过分子结构的改变使有害作用机理不再可能发生。众所周知，多数腈类化合物由于会释放氰化物而对生物系统产生毒性，已经证明一种氰化物的作用机理是：首先，在氰基的 α 位形成自由基，随后腈化物分解，形成毒性终点。如果采用一个取代基（例如甲基）来阻止 α 位形成自由基，那么毒性机理就不能发挥作用了，这样的腈化物就是非毒性的了。

这个例子说明可通过分子结构改变减轻毒性的能力，结构变化削减了毒性作用机理而没有牺牲分子功能基团的功效。

7.1.2　物质的结构与活性的关系

结构与活性的关系是指一种化合物的分子结构与其活性的相互关系。为了讨论这个问题，可以把焦点放在本体活性或环境活性上。通过结构与活性的关系，可以观察到分子结构的微小变化是如何能引起效力的变化，甚至导致在一类化合物中一种毒效的存在与否。即使在对一个分子的作用机理是未知的情况下，这种相应关系也可以获得。因此，尽管对为什么毒性和结构修饰之间有对应关系的原因不清楚，"它们确实有相应关系"这个事实就足够帮助化学家在设计一个分子时使与这个分子相关的毒害降至最小。

7.1.3　避免采用毒性功能基团

设计更安全化学产品的另一有效方法就是避免采用毒性功能基团。换句话说，当知道了一个分子中与功能对应的毒性基团时，就可以采用其他的无毒功能基团代替它。但经常发生的情况是，作用机理或可依赖的结构活性关系都不存在。在这种情况下，辨认出引发毒效的功能基团并避免使用这个毒性基团仍然是可能的。当然，所采用的替代基团必须与原来分子的功能相匹配。

例如，许多挡风玻璃粘接剂一直都是由异氰酸酯交联形成胶粘作用的聚亚胺酯制备得到，然而异氰酸酯强毒物学特征引起了人们的关注。因此，人们对如何避免使用这个基团进行了研究。一个研究组开发了一种粘接剂，这种粘接剂是基于乙酰醋酸酯作为粘性的交联剂，避免了使用所担心的功能基团异氰酸酯。

处理毒性功能基团的另一种方法是掩蔽这个功能基团。掩蔽是为了某种特殊目的而暂时地将一种官能团转化，当需要时再将原始的功能团释放出来。采用这种策略，当人们或环境暴露于这种物质时，再将其具有反应活性的基团释放出来。

例如，在染料工业中，对于含有乙烯基砜基团的分子常采用这种方法进行修饰。乙烯基砜基团往往被安插到具有反应性能染料的分子中，其目的是允许染料等价地结合到纤维上而不被洗掉。然而当人们知道乙烯基砜基团具有毒害作用后，染料生产者就将乙烯基砜基团掩蔽成为乙烯基砜硫酸盐。硫酸盐大幅度地降低了危害，因为它能够在原位再生而不暴露于人类和环境之中。

虽然掩蔽的方法可以降低功能基团的毒害作用，但是这个过程制造出了化学衍生物，当衍生物被破坏时就会产生垃圾，所以这项技术在绿色化学技术中估价不会很高。然而，如果在处理和使用一种物质时，一种主要功能基团不能被其他基团所代替，那么，掩蔽就成为最可行的选择。

7.1.4　使生物利用度最小化

不管一种物质是如何有毒，它必须能够进入生物体内才能起破坏作用。这种进入各种生物系统和器官的能力称作生物利用度。在对一种物质是如何引起毒性或者这个分子具有什么官能团缺乏了解的情况下，使这种分子具有更小的生物利用度是一种经常采用的最小化危害的一种技术。我们知道，分子可以通过多种途径（例如呼吸、皮肤或膜传送）进入生物体内。利用这些知识，化学家就能够设计出这样的分子，当进入生物系统后，它是无害的或其危害是可消除的。

例如，当一个聚合物进入呼吸系统后，它就成为所担心的事情。然而，它必须是大约 $10\mu m$ 或更小才是可呼吸的。为此，化学家必须将聚合物颗粒设计得足够大（例如大于 $10\mu m$），使它们成为不可呼吸的。由于这种物质缺乏生物利用度，它就不会导致所担心的毒性终点。

对于皮肤进入，化合物必须具有一定的溶解性特征。通过处理或操纵这些物理/化学性质，化学家能够制造出使它不能通过皮肤膜传送，因而具有更小生物利用度的物质。此外，因为它不能进入生物系统，因而，这种物质将不能展现其固有的毒性。

7.1.5 使辅助的物质最小化

某种物质本身具有很小或不具有毒性，但是，它往往需要采用相应的毒性物质来实现它的功能。例如，油漆和涂料，它们需要有机溶剂来实现其功能。这些挥发的有机溶剂是人们所担心的，因为它们能够引起空气污染（例如破坏大气层臭氧）。为此，化学家一直在设计新的具有相同性质但能够被用于水体系或别的以非挥发性有机溶剂为基体的涂料。

要实现以上五种基本方法，必须依赖如下三个因素：

① 人们对于这种物质作为毒物的作用方式知道多少；

② 这种物质的哪些参数是已知的，例如物理/化学性质；

③ 对相同或类似的化学物质，有哪些信息是已知的。

对一种化学物质展示毒性方面的细节知道越多，在设计一种更安全的化学品时可利用的选择就越多。而当这种信息不甚详细和不甚明确时，为了保证化学产品性能具有最小的危害，这就要求分子设计者知道"不要做什么"，而不是知道"要做什么"。

主要用作发泡剂、制冷剂、喷雾剂、溶剂的氟里昂，其用量颇大，对臭氧层破坏很大，受非议较多。它的发展史就充分说明了以产品为中心的绿色设计方法的意义。制造氟里昂以甲烷为原料，由于直接氟化，反应异常剧烈，常采用卤烷与无机氟化物进行置换反应而得；也可以用醇卤法而得。反应产物各式各样，我们需要哪一种最为理想呢？

由图 7.1 分析，在过去未认识臭氧层之前，选择 AB 线下方，EF 线与 MN 线夹住的氟氯烃最为理想，这就是过去人们长期大量使用 CCl_2F_2、CCl_3F 的缘故。尽管 CCl_2F_2、CCl_3F 的化学性质极为稳定，在大气中长期不发生化学反应，也不与酸和氧化剂作用，在有水存在时也只与碱缓慢起作用。但在大气高空积聚后，可通过一系列光化学降解反应，产生氯自由基而破坏高空的臭氧层。高空臭氧层具有保护地球免受宇宙强烈紫外光侵害的作用。臭氧层如破坏而产生所谓"空洞"（目前南极已出现臭氧"空洞"），将丧失原来的保护作用，而使地球气候以及整个环境发生巨大变化。因此，包括我国在内的许多国家都正在研究 CCl_2F_2、CCl_3F 等的氟、氯代烃的代用品。通过对物质的作用机理分析，找出物质的结构与活性的关系，发现破坏臭氧层的只是氯自由基而非氟基。CF_3H 虽有微毒，但化学性质稳定，不燃，不产生破坏臭氧层的氯自由基。事实上，目前市面上销售的许多无氟制冷剂、发泡剂、溶剂，严格讲应是无氯而含氟[4,48,50]。

在设计新的绿色化学反应时，既要考虑产品性能好，又要经济，还要产生最小的废物和

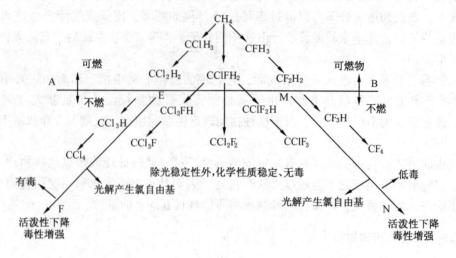

图 7.1 各种氟氯的甲烷衍生物性质图

副产品，而且要求对环境无害，其难度之大可想而知。因此化学家们在设计绿色化学反应时，要打开思路去考虑。20 多年前，化学家们就开始探索用计算机来辅助设计有机合成，现在这个领域已经越来越成熟。它的做法是首先建立一个已知的有机合成反应尽可能全的资料库，然后在确定目标产物后，第一步找出一切可产生目标产物的反应；第二步又把这些反应的原料作为中间目标产物找出一切可产生它的反应，依次类推下去，直到得出一些反应路线，正好使用之前预定的原料。在搜索过程中，计算机按照制定的评估方法自动比较所有可能的反应途径，随时排出不适合的，以便最终找出价廉物美、不浪费资源、不污染环境的最佳途径。美国在这方面开展工作较早，香港学者吴基铭教授以及国内金涌院士在这方面也取得了显著成果。

　　随着人们环境意识的不断提高，合乎环境要求的绿色产品在现代市场竞争中越来越显示出其明显的优势，不少国家的各项政策、立法以及社会消费都尽力保证工业朝着"绿色"生产和"绿色"产品的方向发展。2001 年中国消费者协会开展主题为"绿色消费"年活动，其含义有三层：一是倡导消费未被污染或者有助于公众健康的绿色产品；二是在消费过程中注重对垃圾的处置，不造成环境污染；三是引导消费者转变消费观念，注重环保，节约资源和能源。可见，绿色消费活动已深入民心。

7.2　绿色精细化工品

7.2.1　水处理剂

　　当今世界水处理技术领域中水处理化学品是应用最广泛、用量最大的专用产品。2000 年全球水处理化学品市场总值为 50 亿美元（包括有机絮凝剂、缓蚀剂、阻垢剂、杀菌剂等）。我国水处理产品主要有缓蚀剂、阻垢分散剂、杀菌灭藻剂、絮凝剂四大类百种以上，年产值 8 亿元左右[61~62]。

　　现代社会与工业达到快速发展、水资源匮乏及污染加剧的严峻形势，都会极大地促进水处理化学品新品种、新技术的不断出现和产业化规模的扩大，特别是新型水处理化学品的研究开发正向高效、低毒、无公害方面发展。

（1）缓蚀阻垢剂

在缓蚀阻垢剂方面，有机膦酸和聚合物分散剂仍是目前广泛应用的品种，但随着工业冷却水循环利用率的提高，污水资源化及反渗透膜广泛用于海水淡化方面的迫切要求，对缓蚀阻垢剂提出了更高的要求。人们不但需要其在高含盐水质中能对多类金属起到缓蚀作用，而且要具有更高的耐碳酸钙、磷酸钙、硅酸镁、氢氧化铁、氢氧化锌性能和分散作用，同时对化学稳定性也提出了更高的要求。在有机膦酸中，PBTC（2-膦酸基-1，2，4-三羧酸丁烷）、HPA（2-羟基膦基乙酸）是继续重点发展的品种。同时，应加快对碳酸钙特别是有效的新型 PAPEMP 产业化过程。聚合物方面，除提高性能，另一动向是开发环境友好型产品，如聚天冬氨酸、聚环氧琥珀酸等。据报道，国外某公司开发的烷基环氧羧酸盐（AEC）属新型无磷阻垢剂，无毒、化学稳定性强，具有特别优良的阻碳酸钙垢性能，可用于高 pH 值、高碱度、高硬度、高浓缩倍数的冷却水系统。另外，为实现加药的准确化、科学化管理，实施在线分析或快速分析，带有示踪基团的聚合物分散剂的研究及应用已成为水处理界的热点。

（2）杀菌灭藻剂

在杀菌灭藻剂方面，由于对氯气的限制使用使得溴类化合物及 C102 等氯化性杀菌剂有了更大的发展空间。同时对环境友好型的高效低毒非氯化性杀菌剂也会受到市场的欢迎，如癸硫代乙胺盐酸盐、癸硫代异壬二甲基氯化铵、四羟甲基硫酸磷都是近来国外公司开发使用的新品种。另外，随着污水资源化及回用于工业冷却水需求的增加，针对回用水 COD、BOD 值较高的特点，开发高效杀菌灭藻剂、粘泥抑制剂、微生物分散剂也将成为热点。

在工业冷却循环系统、油田和其他一些过程中，用于控制细菌、藻类和真菌类生长的常规杀菌物剂对人类和水生生物非常有毒，并经常在环境中持续存在，导致长期性伤害。为了解决这个问题，Albright&Wilson 公司发明一种新的和相对友好的杀菌物剂——四羟甲苯磷鳞硫酸酯（THPS）。THPS 杀菌物剂是一种全新的抗菌剂，它将优良的抗菌活性与一个相对友好的毒物学特征结合在一起。THPS 的优点是低毒、低推荐处理标准、在环境中快速分解、没有生物累积等。

THPS 已经用于工业废水处理系统，对微生物进行了成功的控制。由于出色的环境特征，THPS 已经得到允许可以在世界上环境敏感区域使用。该产品获得了 1997 年美国"总统绿色化学挑战奖"的设计更安全化学品奖。

（3）絮凝剂

在絮凝剂方面，高效低毒或无毒的无机和有机高分子絮凝剂正逐步替代传统絮凝剂。近年来，随着水质污染状况加剧，用水质量标准提高，要求絮凝剂不仅有高效除垢功能，同时还应具有去除 COD、磷、氮以及杀菌灭藻、氧化还原多种功能。因此，无毒、高电荷、高相对分子质量阳离子有机絮凝剂、天然高分子絮凝剂和微生物絮凝剂将是今后产业发展的重点和趋势。

（4）生物合成多功能剂

采用生物化工高新技术可合成无污染的"绿色"水处理剂，如壳聚糖的甲壳胺，是一种用途较多的生物多糖，除可广泛应用于医药、食品、化妆品、胶黏剂等行业外，在环保领域，也可作为工业废水和生活污水用的废水絮凝剂、重金属离子的脱除剂等，有极好的应用前景。其处理方法一般都是用虾壳、蟹壳通过强碱处理后获得，制备过程较复杂，受地域和时间的影响，且容易造成对环境的污染。北京化工大学利用生物发酵法生产的壳聚糖，对环境无污染，已用于工业废水中重金属离子的吸附分离，是高效率的生物环保型水处理剂。同时，采用独特的模板印记法，制得具有模板空穴的球形交联壳聚糖树脂，该树脂对特定金属离子具有"记忆性"，能选择吸附与模板中金属离子结构类似的离子，达到使饮用水、工业废水、生活污水净化的目的。

7.2.2 胶黏剂

胶黏剂用途广泛，种类繁多。其中人造板用胶粘剂和鞋用胶黏剂产量增幅、性能改进、毒性降低、品种增加的发展步伐最大。

（1）脲醛树脂（UF）

脲醛树脂成本低，用途范围广，传统的合成工艺为碱-酸-碱法。现采用强碱-弱酸-碱中性的脲醛树脂合成新工艺，可制备低甲醛含量的树脂。

（2）三聚氰胺-甲醛（MF）改性树脂

三聚氰胺-甲醛（MF）树脂具有优良的耐水性、耐热性。与酚醛树脂相比，硬度高，固化快，当然价格也较贵，毒性也偏大。现在采用部分尿素替代三聚氰胺，构成三聚氰胺-尿素-甲醛树脂（MUF）

（3）苯酚-甲醛）改性树脂

苯酚-甲醛（PF）改性树脂有着良好的耐候性，但存在着成本较高、苯酚有毒等缺点。经研究证明，向 PF 树脂中引入 10% 左右的尿素不但不会影响树脂的胶合性和耐老化性，而且还可以降低树脂的游离酚和游离甲醛。

（4）热熔胶

制鞋用热熔胶主要为聚酰胺和聚酯胶，其中酰氯对人有害。现研制出以改性聚烯烃为主的热熔胶，熔点高，固化快，安全无毒无污染。

（5）水基胶

制鞋用水基胶包括天然乳胶、合成乳胶以及各种聚合物的水分散体。水基胶作为污染最少的胶种，随着社会经济的发展和人们对生态环境的要求日趋严格而倍受关注。水基胶发展很快的是各种高聚物改性的水分散体，如乙烯醇、羧甲基纤维素等。

（6）无溶剂胶

无溶剂胶又称反应型胶，是将可进行化学反应的两个组分分别涂刷在需黏合的物料表面，然后在热活化或其他条件下，组分紧密接触进行化学反应，达到交联黏合的目的。如聚酯多元醇与异氰酸酯，通过热活化生成聚氨基甲酸酯，从而形成牢固的黏合。反应型胶黏剂省去了聚合、溶解、挥发干燥等诸多工序，特别是省去挥发性有机溶剂，因而具有广阔的发展前景。

7.2.3 绿色表面活性剂

表面活性剂绿色化与人体健康及生态环境有着密切的关系[65]。如传统含磷洗衣粉的洗涤助剂三聚磷酸钠，严重污染环境，国家环保局 2000 年将其列为禁止使用的产品。作为磷酸盐的主要替代品是 4A 沸石，以它为洗涤助剂的无磷洗涤剂对人体与环境无害，成为人们喜爱的清洁产品。

绿色表面活性剂是由天然再生资源加工而成的对人体刺激小、易生物降解的表面活性剂。三大绿色表面活性剂为烷基多苷（APG）及葡萄糖酰胺（AGA）、醇醚羧酸盐（AEC）及酰胺醚羧酸盐（AAEC）、单烷基磷酸酯（MAP）及单烷基醚磷酸酯（MAEP）。

烷基多苷（APG）是由可再生资源（天然淀粉和天然植物油的脂肪醇）合成的一种新型非离子表面活性剂，泡沫细腻、稳定，去污力强，配伍性好，对皮肤和眼睛的刺激性低，生物降解迅速完全，是一种符合现代人体安全要求和环境保护要求的新型绿色表面活性剂。APG 除了特别适用于与人体相关的餐洗、香波、护肤等日化用品外，还可用于工业清洗剂、纺织助剂以及塑料、建材、造纸、石油等行业的助剂。意大利的 Cesalpinia Chemical 公司目前有三种 APG 衍生物问世，分别是 APG 柠檬酸酯、APG 碳酸酯和 APG 磺基琥珀酸酯钠盐。在这里值得一提的是，也是用葡萄糖为原料制得的葡萄糖酰胺 AGA 与 APG 同步快速发展，由于其性能在某些方面胜过 APG，发展势头甚好。吉林化学工业公司研究院承担的吉化公司重点攻关项目 100t/a 烷基苷质量提高项目于 2001 年 1 月 20 日通过吉化公司组织的专家验收。该院于 1997~1998 年开发成功了烷基苷小试，并建成 100t/a 烷基苷中试装置，1999 年采用先进的后处理工艺，提高了烷基苷的质量。该项目技术可靠，产品质量国内领先，性能指标接近德国 Henkel 公司同类产品水平。

醇醚羧酸盐（AEC）是国外 20 世纪 80 年代大力研究开发的性能优良的阴离子表面活性剂。AEC 具有优良的乳化、分散、润湿及增溶性能，低温溶解性好，具有优良的油溶性，易生物降解。应用领域很广，可用作浴液、香波和温和型化妆品的活性基料，在纤维工业上，可用作洗涤剂、柔软剂；在塑料工业上，用作单体聚合用乳化剂、抗静电剂；在石油工业上，用作原油运输、破乳和驱油等助剂。

单烷基磷酸酯（MAP）及其盐最突出的应用在个人护理品和合成油剂。磷酸同醇直接酯化合成磷酸酯，此工艺以合成单酯为主，催化剂大多采用甲苯磺酸、无机金属化合物。磷酸原料易得，污染小，是一条既经济又有社会效益的路线，此工艺尚处于研究完善阶段，值得重视。

7.2.4　聚合物添加剂

聚合物添加剂可提高聚合物材料品质，改善材料的加工性、耐用性和阻燃性等功能，在聚合物材料行业中得到广泛应用。聚合物添加剂种类很多，主要分为增塑剂、稳定剂、阻燃剂、抗菌剂、抗氧剂等。

（1）增塑剂

随着 PVC 等聚合物材料的发展，增塑剂的需要量也在逐步增加。邻苯二甲酸酯类是增塑剂中的大品种，其中又尤以邻苯二甲酸二异壬酯（DINP）发展最快。原因是 DINP 在挥发性、耐热性、耐低温性等方面都优于邻苯二甲酸二辛酯（DOP）。

（2）稳定剂

除一些特定品种外，PVC 稳定剂的需要量因硬 PVC 这一主要产品用量减少而持续下降，但环境友好的 Ca/In 类稳定剂在稳定增长。由于饮用水标准提高及环保要求，铅类稳定剂不再用于塑料饮用水管、农用塑料膜及其他塑料制品。因此，Ca/In 类稳定剂正取代铅类稳定剂，成为稳定剂各品类中的畅销品。

（3）阻燃剂

由于环保问题，溴类阻燃剂受到限制，磷酸酯类阻燃剂比溴类将占有更大的优势。在美国磷类阻燃剂得到广泛应用，其销售量已超过溴类阻燃剂。磷酸酯类阻燃剂，产品相对分子质量大，有很好的水解性，能防止加工污染金属模具。

（4）防霉剂/抗菌剂

目前的防霉/抗菌剂，已有丁基 BIT、OIT、TBZ 和 ZPT 等有机产品用于墙纸、涂料、粘合剂和密封剂等许多领域。这些防霉/抗菌剂若能做到广谱更宽、更持久有效和更加安全，则还可用在食品、药物的包装方面上。

（5）抗氧剂

抗氧剂广泛用于 PE、PP、ABS、聚缩醛等塑料行业和各种橡胶、纤维行业，起防空气中氧的老化作用。这些抗氧剂多为苯酚基型或磷基型两种。由于抗氧剂用量大，酚或磷水解污染环境，一些厂家正在大力开发功能更好的复配抗氧剂。

7.2.5 燃料添加剂

随着机械加工技术的提高，各种高压缩比、大功率的发动机相继推出，而发动机的排放标准又越来越苛刻，对燃料（汽油、柴油）的质量要求自然也越来越高。炼油技术的进步可部分满足急需解决的汽油、柴油质量指标要求，另一些指标要求就得采用各种相关的添加剂才能满足[67]。采用加入添加剂来提高油品的使用性能，是既经济又有效的办法。添加剂赋予油品新的特性，或使之提高所希望的特性。

（1）燃料添加剂分组

石油添加剂分为润滑剂添加剂、燃料添加剂、复合添加剂三类，共分为 70 组。其中燃料添加剂分为 15 组，即依序为第 11 组到 25 组：分别是 11-抗燃剂；12-金属钝化剂；13-防冰剂；14-抗氧防胶剂；15-抗静电剂；16-抗磨剂；17-抗烧蚀剂；18-流动改进剂；19-抗腐蚀剂；20-清烟剂；21-助燃剂；22-CN 改进剂；23-清净分散剂；24-热安定剂；25-染色剂。

（2）燃料添加剂及其主要性能、构成

① 抗爆剂。辛烷值是车用汽油最重要的质量指标，它是一个国家炼油工业水平和车辆设计水平的综合反映。采用抗爆剂是提高车用汽油辛烷值的重要手段。国内外石油炼制行业陆续开发了许多替代四乙基铅的抗爆辛烷值添加剂。主要有金属抗爆剂和非金属有机物抗爆剂或其混合剂。多数是混合剂，由金属剂与非金属剂及部分助剂组成。十六烷值改进剂是改善柴油着火性能的添加剂。随着柴油机的广泛应用，柴油需求量日益增多，需大量利用二次加工柴油，尤其是催化裂化柴油。而催化裂化柴油的十六烷值普遍偏低，即使与直馏柴油调合往往也不能达到规定的十六烷值指标。除用加氢、溶剂抽提等方法精制外，添加十六烷值改进剂是一种经济、简便易行的途径。可以作为十六烷值改进剂的化合物种类很多，例如，脂肪族烃（如乙炔、甲基乙炔、二乙烯基乙炔、丁二烯等），含氧的有机化合物（酸、醛、酮、醚和酯以及糠醛、丙酮、二甲乙醚、乙酸乙酯、硝化甘油和甲醇等），金属化合物（如硝酸钡、油酸铜、二氧化锰、氯酸钾和五氮化二钒等），硝酸烷基酯、亚硝酸烷基酯和硝基化合物（如硝酸戊酯、硝酸正己酯和 2，2-二硝基丙烷等），芳香族硝基化合物（如硝基苯和硝基萘等），肟和亚硝基化合物（如甲醛肟和亚硝基甲基氨基甲酸乙酯等）。氧化生成物

110

（如臭氧），过氧化物（丙酮过氧化物），多硫化物（二乙基四硫化物等）以及其他化合物。然而在这些类型化合物中，只有很少几种化合物得到实际应用，这是由于除了要求能够提高燃料的十六烷值外，添加剂还应满足其他的要求，如易溶于燃料而不溶于水、无毒，在贮存时安定，价钱便宜等。已经得到实际应用的有硝酸异辛酯、硝酸戊酯和 2，2-二硝基丙烷。

② 流动性改进剂

柴油低温流动改进剂又称降凝剂，它们是一类能够降低石油及油品凝固点、改善其低温流动性的物质。对柴油来说，只需向油中添加微量的流动改进剂便能够有效降低柴油冷滤点。这对增产柴油、节能、提高生产灵活性和经济效益来说，是一种既简便而又有效的办法，因而国内外都十分重视新型高效廉价的柴油流动改进剂的研究和产品开发。柴油低温流动改进剂种类大致分为乙烯醋酸乙烯系共聚物为代表的聚合物型与长链二羧酸酰胺系的油溶性分散剂型两类。乙烯-醋酸乙烯酯共聚物是目前使用最广、效果最好的柴油低温流动改进剂。如埃克森公司的 paradyne20、paradyne25、ECA5920，我国的 T1804 等均属此类。

③ 抗氧防胶剂。为了防止汽油、喷气燃料、柴油等在贮存过程中氧化生成胶质沉淀，以及在使用过程中原来溶解在燃料中的胶质因燃料汽化、雾化而沉积于吸入系统、汽化器、喷嘴等而影响发动机的正常运转，一般燃料中多添加入各种抗氧化剂。通常应用的抗氧化剂为各种屏蔽酚类和芳胺类化含物。常用的抗氧剂可分为酚型抗氧剂、芳胺型抗氧剂和胺酚型抗氧剂三大类。

④ 金属钝化剂。金属钝化剂用途。汽油、喷气燃料等在生产，输送和贮存过程中，由于和金属容器、管线和机器接触而混入微量的金属。这些金属，特别是铜具有促进油品氧化和生成胶质的催化作用，金属铜或铜离子与氧化生成的过氧化物反应生成二价铜离子和氢离子，它们参与氧化的链反应，降低添加剂的效能；铜离子与硫醇或苯酚反应，变为油溶性化合物，促进胶状物质析出；铜离子促进硫醇和过氧化物的反应，生成二硫化物和复杂的氧化物等。因此，在有金属存在时，为了防止油品氧化生胶，必须成倍地增加抗氧防胶剂的加入量。为了抑制金属，特别是铜对油品氧化的催化作用，可以在燃料中加入金属钝化剂。可以作为金属钝化剂的化合物种类很多。其中大部分为胺的碳基缩合物。已得到实际应用的有 N，N′-二亚水杨-1，2-丙二胺。为了充分发挥抗氧剂的作用，减少抗氧剂用量，常常是同时使用抗氧剂和金属钝化剂。金属钝化剂在燃料中的含量比抗氧剂要小得多，大约为 0.0003% ~ 0.001%。

⑤ 清净分散剂。清净分散剂为有机化合物，其非极性基团延伸到燃料油中，增加燃料油的油溶性，防止沉积。其极性基团整齐排列在金属表面上，增加其表面活性。因此，清净分散剂能减少油中沉积物，保持燃料系统清洁，分散燃料油中已形成的沉渣，使微小颗粒保持悬浮状态。燃油清净分散剂中应用最广的是汽油清净剂。汽油清净剂中的最关键的有效组分为清净分散剂，它具有四方面的作用：中和作用；洗涤作用；分散作用；增溶作用。汽油清净剂一般由清净分散剂、防锈剂、抗氧剂、减摩剂、稀释剂组成。汽油清净剂中典型的清净分散剂组分是氨基酰、聚乙醚及聚丁烯胺、烷基及聚丁烯丁二酸酰胺以及羟基聚氨基甲酸酯。它们都是表面活性剂，由可溶于碳的聚合物以及可溶于极性基的合适的链接基团组成。聚异丁烯基苯酚的曼尼希加合物清净分散性能优越，与其他添加剂的相容性较好，降低发动机燃烧室里沉积物的能力较强，并且具有良好的抗氧、防锈功能。

⑥ 抗静电剂。在燃料用泵输送、过滤、混合、喷雾时，储罐、油槽车装油和抽油时，以及给车辆加油时都会发生静电电荷聚积，以致发生火灾的危险。甚至在静止状态时，由于

水或硫酸等与油不混溶的液体、泥浆、锅垢锈片等固体沉降以及空气和二氧化碳等气体上升都会产生静电。抗静电剂多为表面活性剂，得到实际应用的有油酸的盐类（钙、铬）、一烷基和二烷基水杨酸的铬盐混合物（烷基含有14~18个碳原子）、四异戊基苦味酸胺、丁二醇和辛醇（2-乙基己醇）、磺化脂肪酸的钙盐等。我国目前常用的抗静电剂由三个组分复合组成，即烷基水杨酸铬、丁二酸双异辛酯磺酸钙及含氮的甲基丙烯酸酯共聚物。

⑦ 防冰剂。燃料中存在的少量水分除了引起金属表面腐蚀生锈外，还能影响发动机的正常运转。对于汽油发动机，在低温高湿时，燃料中的水分和吸入空气中的水分由于轻质汽油组分汽化吸热凝聚成水滴，进而由于温度降低而结冰。生成的冰结晶堵塞气化器的空气管路，破坏燃料的正常输送，造成发动机停止工作。对于喷气发动机，燃料中的水分结冰更是严重的问题。飞机在万米以上高空飞行时，周围温度可降至-60℃，燃料系统温度也可达-30℃。在这种情况下，燃料中溶解的水析出结冰，造成滤网结冰堵塞。常用的防冰剂有乙二醇单甲醚（或与甘油的混合物）、乙二醇单乙醚、乙二醇醇醚和二甲基甲酰胺等。

⑧ 抗磨防锈剂。由于喷气燃料本身同时还要对燃料油泵起润滑作用，所以往往还需要加入抗磨防锈剂。燃料的抗磨防锈剂主要由二聚亚油酸、酸性磷酸酯及酚型抗氧剂三者组成。

⑨ 助燃剂。使用燃料助燃剂的目的是改善并提高燃料油的燃烧性能。国外20世纪四五十年代就使用助燃剂，目前国内使用的助燃剂大都由国外进口。助燃剂的使用，不仅使设备清洁，减少油泥积炭，减少设备损坏，而且能提高燃烧效率，减少能耗，减少对大气的污染。

（3）新旧燃料添加剂情况

以汽油、柴油添加剂为例，新旧燃料添加剂应用情况见表7.1。

表7.1 新旧燃料添加剂情况

添 加 剂	原料种类或名称	缺 点	新剂种类或名称	优 点
汽油类				
抗爆剂	四乙基铅	有毒，致癌	二茂铁等	无毒，能降解
抗沉积			磷酸三甲基酯，聚丁烯等	
抗氧剂	2.6-二叔丁基对甲苯酚		2.6-二叔丁基对（间.邻）甲苯酚	来源扩大
清净剂	酰胺.氨基酰胺		磷酸酰胺，链烷醇胺	可降解
金属钝化剂	N，N′-二亚水杨-1，2-丙二胺		N，N′-二亚水杨-1，2-丙二胺	
腐蚀抑制剂			脂肪酸酯	可降解
防冰剂	乙二醇甲（乙）醚	有毒	脂肪酸铵盐	可降解
柴油类 十六烷值改进剂	原不加剂		硝酸酯	改善抗暴效果
清净分散剂	酰胺.氨基酰胺.咪唑啉		链烷醇胺	易降解
降凝剂				
流动改进剂	烯基丁二酰胺	低毒	乙烯-乙酸乙烯酯共聚物	无害，能降解

（4）燃料添加剂的发展

汽油、柴油添加剂的一个发展趋向是广泛研制开发、使用复合型添加剂，既加强相互配伍作用，又大大降低添加剂的绝对加入量。

112

汽油柴油添加剂的另一发展趋向是使用绿色添加剂。如碳酸二甲酯（Dimethyl Carbonate 简称 DMC）就是近年来发展起来的一种具有发展前景的绿色产品。DMC 的分子式为 $(CH_3O)_2CO$，具有类似于水的物性，但却难溶于水，可与酸、碱以及醇、酮、醚、酯等几乎所有有机溶剂混合，也具有相似于低级脂肪酸酯的性质。1992 年在欧洲登记为"非毒性化学品"，在日本、美国等已进入大规模应用阶段。碳酸二甲酯可作汽油的提高辛烷值添加剂。只要在汽油中加入少量的 DMC，即可提高汽油的氧含量，降低排放污染。在柴油中加入 1% 的 DMC，也能明显降低污染排放。

关于减少颗粒物质排放的柴油添加剂主要有有机物添加剂、含氧物添加剂等。

英国 Triple-E 公司生产的 D-2000 柴油添加剂是液体烃类化学品，灰分低于 0.25%。加入量 0.05%（体）。该添加剂可减少胶质和颗粒的排放，节约燃料消耗 5%~6%，并可快速点火，改善燃烧状况，减少发动机沉积物，不完全燃烧排放物可减少 30%，可用于有尾气捕集器或催化转化器的车辆上。

日本 Akasaka 和 Sakurai 研究了柴油中加含氧化合物对单缸直喷式和间喷式柴油机 PM 排放的影响。结果表明，PM 减少与燃料中的含氧化合物含量几乎成正比，当氧/碳比大于 0.2 时，排烟大大减少，用醇和醚都能使排烟减少 1/2，柴油中加二乙二醇二甲醚 1%，可使 CO 减少 75%，PM 减少 70%，醛和多环芳烃也明显减少。

Liotta 和 Montaluo 在另一种研究中用甲醇、乙二醇醚、大豆脂肪酸甲酯、二甘醇二甲醚等作柴油调合物，使柴油含氧量在 0.37%。2.05%，试验用直喷式增压发动机。结果表明。含氧量 2.05% 时最多减少 PM 18%，醚中含氧比醇中含氧更有效地减少 PM 排放，但在添加剂用量多时，NO_x 排放量也略有增加。

新加坡 DC-2 工业公司生产的 EC-2 柴油节能和环保添加剂，其理化性质如下：颜色透明，红棕色，45℃黏度 $3.15×10^{-6}\ mm^2/s$，15℃密度 $0.85g/cm^3$，闪点大于 66℃，铁含量大于 70 mg/kg，铝含量大于 12 mg/kg，锌和磷含量大于 5 mg/kg；此外还有微量镍、铜和钙。其作用机理是改善燃烧性能，使其在进入柴油机喷嘴后能优化燃料的雾化，在火焰区引入催化剂可保证燃料最充分的燃烧，从而减少排气污染，并带来维修效益。添加剂的用量为 0.1%，可节约柴油 6% 以上，使 SO_2 排放减少约 50%，还可减少烃类、CO 和 NO_x 排放，同时使发动机内件完全清洁，延长发动机的使用周期，还具有降低凝点和提高十六烷值的作用。

7.3　可降解塑料的应用

环境可降解塑料可分为光降解、生物破坏性和完全生物可降解塑料[68~70]。

7.3.1　光降解塑料

对于光降解塑料，国内外已开发出一些产品，其制造技术可分为两种：共聚型和添加型。前者是聚合时将光致敏基团（主要是羰基）引入主链，此类制造法成本高，而且应用也存在一定的困难（见光就立即发生光降解反应）；后者是聚合物中添加含过渡金属化合物的光敏基团，如羰基化合物和多芳香族化合物等组分，其特点是用调节加入组分的量来控制聚合物的分解速度。国外已有完全降解的聚合型光降解塑料出现，如美国的陶氏化学、杜邦以及联合碳化物公司等生产的乙烯/一氧化碳共聚物，乙烯/乙烯基酮共聚物等。但光降解塑料的应用也存在一定的问题，例如使用条件受光照限制，大量光降解添加剂是否会有不良影响等也有待进一步考证，故还没有彻底解决问题。

7.3.2　生物破坏性塑料

目前使高分子材料降解的方法主要是在非生物降解的高分子中添加可被微生物破坏的淀粉、纤维素等天然高分子材料。利用这些添加物的生物降解而使整个材料强度下降，以致破碎。但由于这种破坏只能使材料的外观形态发生变化，性能下降，而不能使体系内非降解组分降解，因此这样的高分子共混物并不是真正的生物降解高分子材料，而只是生物崩解高分子材料。真正的生物可降解高分子材料是能在较短时间内，有水存在的环境下，能被酶或微生物促进水解、降解，使高分子主链断裂，以致最终成为单体或代谢成 CO_2 和 H_2O。

7.3.3　生物可降解塑料

国内外正在大力开发生物可降解塑料。生物可降解塑料可以在细菌、酶和微生物的侵入、吸收及破坏下产生分子链的断裂而降解。一种生物降解主要是由微生物的作用使塑料分子链断裂，该种降解是连续性的微量渐变过程，如聚 3-羟基丁酸酯及其衍生物、醋酸纤维素等。另一种称为生物崩坏，虽然也是微生物或细菌的作用，但塑料的降解过程表现为整体的崩溃，是一种突变过程，如淀粉/PE、PP、PVC、PS 等共混物，淀粉/PVA 混合物、脂肪族聚酯类化合物等。生物可降解塑料一般分为四类。

（1）天然高分子可降解塑料

天然高分子主要是纤维素、木质素、淀粉、甲壳素等天然多糖类化合物，也包括在合成高分子材料上接枝这些天然物质的塑料。美国 D. Tijunelis 等用无毒价廉的 N—甲基氧化吗啉作溶剂，制备可生物降解纤维素薄膜，其性能与聚丙烯薄膜相当。

（2）共混物可降解塑料

在通用塑料中加入天然可生物降解材料和降解添加剂，可形成共混物。据 R. Narayan 称，共混时需要 30%~50%的天然高聚物。荷兰 Van Tuil R. 等在淀粉中添加适量的增疤剂和可生物降解的聚合物，制备可完全生物降解的材料。德国 T. Seidenstvcker 等采用双螺杆挤出技术从丙交酯制备聚丙交酯，再将淀粉与其共混，并用天然纤维增强，得到力学性能与聚丙烯相当，可完全降解的复合材料。

（3）生物合成可降解塑料

利用微生物在代谢过程中生产的一种特殊的生物质聚合物——聚酯，作为可生物降解塑料。英国 ICI 公司以葡萄糖为碳源，进行大规模细菌培养，在培养器内加入丙酸，获得了 3-羟基丁酸和 3-羟基戊酸共聚酯。中国科学院上海有机化学研究所也用生物发酵法制备聚 3-羟基丁酸酯，成都有机化学所也已研制成功高分子量的聚乳酸。如果改变菌种和碳源的种类，还能制备不同性能和构造的可生物降解聚合物。

（4）化学合成可降解塑料

通过化学合成的方法制备一些分子结构与天然可降解高分子化合物相近的高聚物，如聚乙烯醇、聚氨酯。

目前可降解环保塑料由武汉绿华降解公司研制成功。荷叶、芦苇、果皮、油菜籽、虾壳等植物纤维和动物骨壳，都可以变成一种可降解的环保塑料。这种塑料在生产过程中，可以通过增减动植物纤维和骨壳的比例，控制其降解速度，降解最长时间两年，而最短仅需15天。

环保型多层共挤聚烯烃（POF）热收缩薄膜，是近两年欧美国家最新研制成功，并广泛推广使用的环保型包装材料。POF膜无毒无味，使用和加工过程中不会产生有毒有害气体，符合国际食品和医药卫生标准，不会改变被包装物的味道和质量。POF膜本身可以回收循环使用，是国际上公认的环保型产品，被欧美国家和世界发达国家规定为允许使用和进口的产品。

生物降解材料可替代聚乙烯、聚丙烯等难降解的聚合物材料，减少白色污染。生物降解聚酯，如聚丙交酯、聚乙交酯及其共聚物，因其易被自然界中的多种微生物或动植物体内酶分解代谢，最终形成二氧化碳和水，而成为近来生物降解材料的热点。聚乙丙交酯（PLGA）是由羟乙酸和乳酸聚合而成，它兼有二种聚酯材料的优势，被广泛应用于生物医学领域，如手术缝合线、骨科固定、组织修复材料及药物控制释放体系等。PLGA生物降解材料目前尚处于开发研究推广阶段，实际的商品还较少。

聚乳酸纤维是一种性能较好的可生物降解的合成纤维，采用天然材料制得的乳酸为原料，使用后的废弃物借助土壤和海水中的微生物的作用，分解成二氧化碳和水，不会对环境产生污染。德国Danone公司和Cargill Dow聚合物公司合作，成功地开发出具有快速自动降解的酸奶杯子，这种杯子是由聚乳酸材料制成，可以从甜菜发酵的糖液中提取乳酸，然后进行开环聚合反应生产聚乳酸。聚乳酸在常温下性能稳定，但在温度高于55℃，或在富氧和微生物的高温下会自动分解，废弃的聚乳酸酸奶杯只需60天就完全分解。

7.4 绿色涂料的应用

中国众邦环保涂料有限责任公司研制生产的新型绿色环保型涂料，不同于传统的有机溶剂型涂料，能直接溶解于水，无毒，没有油漆刺鼻的气味，并能经受高达600℃的高温。绿色新型涂料的有机物含量为零，对人体无任何危害性，是一种真正的无污染绿色环保涂料。它在美国市场上一经问世，立即引起很大轰动。

世界范围内水溶性涂料的百分比越来越高，见表7.2。

表7.2 世界各地区各类涂料的比例

地　　区	水性涂料/%	粉末涂料/%	辐射固化涂料/%	溶剂型涂料/%
北美	43	5	1	51
拉丁美洲	25	3.5	0.5	71
西欧	34	10	4	52
日本	17	2	1	80
中国	15	4	0.5	80.5

在过去，几乎所有的涂料都是溶剂型的。由于溶剂的昂贵价格，特别是降低VOC（挥发性有机物）排放量的要求日益苛刻，必须大力发展、应用有机溶剂含量低和不含有机溶剂的涂料。其中主要包括粉末涂料、高固含量溶剂型涂料、辐射固化涂料、液体无溶剂涂料，当然还有水基涂料。其中粉末涂料发展最快[71~75]。

7.4.1 固含量溶剂型涂料

高固含量溶剂型涂料（high-solids solvent-bome coating，HSSC）是为适应日益严格的环

境保护要求而直接基于普通溶剂型涂料基础上发展起来的。其主要特点是在可利用原有的生产方法、涂装工艺的前提下，降低有机溶剂用量，从而提高固体组分。这类涂料是 20 世纪 80 年代以美国为中心开发的。

通常的低固含量溶剂型涂料（conventional solvent—bome coatings，CSC）固含量为 30% ~ 50%，而 HSSC 要求固含量达到 65% ~ 5%，从而满足日益严格的 VOC 限制。目前采用的一般方法为降低树脂分子量、极性及玻璃化转变温度（T_g）使树脂更易溶于有机溶剂。这类树脂的分子量分布要窄，以防止低分子量部分降低漆膜性能。另外，需使用催化剂来提高反应活性，使用流变调节剂减少黏度引起的流挂现象。降低分子量导致了涂料使用时干燥前的流挂和干燥后的低硬度，尽管可以通过选择一些官能团单体和增加适量交联剂来弥补这一缺陷，但同时带来的不足是涂料的长期贮藏稳定性明显差于 CSC。HSSC 的黏度 η 与其相对分子质量以及非挥发性体积含量（non-volatile volume，NVV）有如下关系：$\eta \propto M_w / NVV$。

考虑到 VOC 的限制日益严格，HSSC 有可能最终被水基涂料所取代，但目前 HSSC 仍在工业原设备制造（OEM，original equipment manufacture）及许多有特殊要求（例如战斗机身涂料）的应用领域里大量使用。现在广泛使用的金属办公室家具漆，以 VOC220 ~ 340g/L 的 HSSC 占据着绝大部分市场，其综合性能远远超过了粉末及水基涂料。而目前大量使用的汽车外部涂料也是溶剂型的，要保证其性能达到使用要求，VOC 仍高达 420 ~ 500g/L。不断降低 VOC 将是 HSSC 以后发展的主要目标。

对 HSSC 而言，在配方过程中，利用一些不在 VOC 之列的溶剂作为稀释剂是一种对严格的 VOC 限制的变通，如 1，1，1-三甲基乙烷、丙酮等。尤其是后者，很少量的丙酮即能显著地降低黏度，而且适于继续加水稀释以进一步降低黏度。但由于丙酮挥发太快，会造成潜在的火灾和爆炸危险，需加以控制。另外，也有利用超临界二氧化碳作为稀释剂的报道，存在的问题是许多高分子在超临界二氧化碳中的溶解性不好。适当增加高分子中的羟基含量，水也能成为一种有效的稀释剂，不但可以减少有机溶剂的使用，而且 5% ~ 15% 的水的加入可将黏度降低 50%。

7.4.2　水基涂料

水有别于绝大多数有机溶剂的特点在于其无毒无臭和不燃，将水引进到涂料中，不仅可以降低涂料的使用成本和施工时由于有机溶剂存在而导致的危险性，也大大降低了 VOC，因此水基涂料从其开始起就得到了快速的发展。事实上，现在水基涂料的使用量已占所有涂料的一半左右。当然，水也有其独特的缺点，比如水的高气化焓带来了成膜过程中水挥发所需的高能量消耗；水的挥发受相对湿度的影响很大；水的表面张力高于任何有机溶剂，需加乳化剂予以降低，而乳化剂的存在将使涂料的耐水性能下降。

尽管水基涂料存在一些不足，但水的引入可显著降低涂料中的 VOC，且在许多应用场合其性能仍能达到要求，因而水基涂料是涂料发展的一大趋势。水基涂料主要有水溶型、水分散型和乳胶型三种类型。

（1）水分散型涂料

水分散型涂料通过将高分子树脂分散在有机溶剂/水混合溶剂中而形成。最主要的水分散型涂料是聚丙烯酸酯类涂料。其中的高分子或含有被低分子量胺中和的羧酸基团，或是含有被低分子量酸中和的胺基团。例如，含有铵盐的丙烯酸酯类树脂的有机溶液可形成高分子聚集体的稳定分散体系，高分子聚集体在水和溶剂均匀溶胀，因而表观透明。除聚丙烯酸酯

116

类以外，其他的水分散型涂料品种还有醇酸树脂、聚酯、环氧树脂和聚氨酯等。

（2）乳胶型涂料

高分子乳胶广泛地应用于建筑材料。其优点首先是 VOC 很低，符合日益严格的 VOC 排放限制；其次，一般来说乳胶涂料无毒，没有溶剂的刺激性气味，没有火灾的危险等。此外，由于乳胶的粘度与高分子的分子量没有直接的关系，这样基质高分子的分子量可达到很高，从而保证涂料成膜后的优异机械性能。

（3）水溶型高分子涂料

通常使用的水溶型高分子主要有离子型的聚丙烯酸盐，非离子型的聚乙烯醇、聚乙二醇、水溶性纤维素衍生物等。由于水溶型高分子涂料的水溶性质，水溶型高分子涂料耐水性较差，仅有酚醛树脂等少数几种可作交联树脂用。以后的发展是水缔合型高聚物（HAP），改善涂料的流变性和耐水性。

7.4.3　液体无溶剂涂料

不含有机溶剂的液体无溶剂涂料有双液型（双包装）、能量束固化型等。将来的发展方向是开发单液型（单包装），且可用于普通刷涂、喷涂工艺施工。

（1）双液型涂料

双液型涂料以涂装前低粘度树脂和硬化剂混合，涂装后固化的类型为代表，其中低黏度树脂可为羟基的聚酯树脂、丙烯酸酯树脂等，固化剂通常为异氰酸酯。此外还有由改性胺固化的环氧树脂类。贮存时低黏度树脂和固化剂分开包装，使用前混合，涂装时固化。这类涂料理论上不含低分子有机溶剂，可以把 VOC 降到几乎为零。但实际应用时树脂类型的选择范围较小，并且使用这类涂料时一定要注意其使用期；另外在厚膜涂装及用途上有一定的限制。所以，降低涂装粘度、提高双液型混合涂装效率是这类涂料面临的课题。

（2）能量束固化型涂料

这类涂料的树脂中含有不饱和基团（如双键）或其他反应性基团，在紫外线、电子束的辐射下，可在很短的时间内固化成膜。常用的树脂包括聚酯丙烯酸酯体系、环氧丙烯酸酯体系、聚氨酯丙烯酸酯体系等。一般情况下不使用有机溶剂，而代之以能溶解树脂的反应型稀释剂，固化时参与交联反应，从而可确保 VOC 释放量几乎为零。辐射固化后的膜通常在各方面都具有优异的性能。能量束固化型涂料值得注意的方面还有它可在热敏感型物质上涂布。

（3）单液型液体无溶剂涂料

相对于双液型涂料而言，单液型涂料不需固化剂，较好地克服了前两者的问题。单液型常用三聚氰胺树脂作为交联剂（代替固化剂），可得到单组分型液体无溶剂涂料。由于缺固化剂，喷涂所得的膜相对较软，粘结性也有待提高。

7.4.4　粉末涂料

粉末涂料理论上是绝对的无 VOC 涂料，有许多独特的优点，但应用较难，亟需研究。这是绿色涂料发展的最主要方向之一。

北美由于实施了 VOC 排放总量的限制，并制订了对特定的溶剂（如二甲苯、甲苯、甲基异丁酮、甲乙酮）停止使用的削减计划，粉末涂料及水性涂料等环保型涂料发展迅速。欧洲作为粉末涂料的发源地，其粉末涂料的用量约占全球的 46%。国内涂料行业从溶剂型涂料向粉末涂料转化的意识逐渐增强，行业内广泛的交流活动，为粉末涂料的发展带来了机遇。

当前，随着环保法规的进一步完善，粉末涂料得到更快的发展。一旦粉末涂料的超细粒子化、薄膜化、超临界流体化制造法得以工业化，则粉末涂料将是最有前景的绿色涂料。

（1）聚氨酯粉末涂料

异佛尔酮二异氰酸酯型聚氨酯粉末涂料在全球涂料工业中的出现已超过 25 年。在日本，室外主要使用聚氨酯粉末涂料；美国的聚氨酯粉末涂料占市场份额的 22%；而欧洲聚氨酯粉末涂料用量较少，仅占市场份额的 2%~3%。

用途最广泛的聚氨酯粉末涂料体系是外封闭的多异氰酸酯固化剂固化的羟基聚酯。它与羟基树脂配合时可获得优良的耐候性，优异的流平性，高表面硬度和良好的耐化学品性。但聚氨酯粉末涂料烘烤时会释放出有机化合物，这违背了粉末涂料的基本特性，即 100% 不挥发分的概念。

现在，用内封闭异氰酸酯配制的粉末涂料不需除去封闭剂。避免释放物的办法是采用二异氰酸酯的二聚物（脲二酮）制备异氰酸酯加成物。脲二酮可看作异氰酸酯的内封闭剂。它具有相对的热不稳定性，能分解成起始成分的优点。目前只有 IPDI 能制备 99% 纯度的二聚物。内封闭异氰酸酯交联剂 BF1540 商品化已达 15 年之久，由于它的官能度只有 2，存在反应性低、耐溶剂性和耐化学性差的缺点，近来开发的 BF1300 和 BF1310 克服了上述缺点。用 BF1300 和 BF1310 配制的粉末涂料体系，烘烤温度比 BF1540 体系低，机械性能高，交联性能得到进一步的改进。

内封闭异氰酸酯还可用于无光漆中。无光粉末涂料必须形成细小且高度均匀的不相容细微结构。脲二酮形成的聚氨酯体系具有上述性能。它们与聚酯相结合，挤出过程中得到可再现的无光效果，避免了混合两种不同反应速率的粉末涂料形成的无光效果再现性难以一致的问题。无光涂膜具有优异的流平性和无光效果，但与大多数消光剂一样，固化涂膜的机械性能变差。

（2）粉末涂料薄膜化

配制涂膜施工厚度在 20~30μm 的粉末涂料工艺复杂，并有许多因素影响产品的性能。用于薄涂层粉末涂料的树脂熔融黏度应低，熔融时具有低表面张力以润湿底材和颜料，形成流平及完全聚结的涂膜。由于环氧、聚氨酯及丙烯酸粉末涂料具有优异的流平性，最有可能配制薄涂层粉末涂料，而聚酯及混合型粉末涂料的熔融粘度较高，润湿性差，需使用特殊的助剂，如表面活性剂及和粘度改进剂，以改善对颜料和基材的润湿性，对于高颜料的配方更为重要。流动性取决于颜料的选择及用量，配制薄涂膜时尤为重要。颜料量应足以遮盖底材而又不影响膜的流平性。要限制高吸油量颜料和填料的使用，使用有机红、橙和黄颜料时需要大用量才能达到不透明，这样流平性可能会有问题。

制备薄涂层粉末涂料可取的方法是采用超临界流体制造法（VAMP 法），尽量减少产物过早反应，使得固化过程中能有最好的流动性。在粉碎工艺中，粒度分布的控制是影响薄涂层粉末涂料性能的最主要因素。如果涂膜最大膜厚为 30μm，那么所有颗粒理想的粒径应在 60μm 以下。这需要强烈的粉碎工艺，造成的最大弊病是小于 10μm 的细粒子太多。超细粉的比例应保持在 10% 以下，以免影响施工以及在回收过程中堵塞筛子和过滤器。

尽管薄涂层粉末涂料制造成本较高，但增加的制造费用可从为用户节省的费用中抵消。涂膜厚度从 50μm 降低到 30μm，可为用户节省 25% 的费用。

（3）用于木材的粉末涂料

开发可在 100℃低温固化的粉末涂料，使它们可以与传统油漆在工业木材领域竞争。溶剂型漆在工业木材漆市场占主导地位，但为达到合格的要求需喷涂 4~5 道。水性漆也可使用，但仍存在含助剂及水蒸发慢的缺点。粉末涂料不需使用多层底漆，只需涂一层底漆，然后涂湿面漆，木材的导电性并不成问题，基材含 6%~10%的水分就可保证有良好的导电性。

由于木材不是均匀的材料，因此在喷涂前对木材表面进行测试很重要。Sigma 涂料公司根据在涂装藤料和山榉木表面中获得的经验总结出为成功涂装这类材料的若干要点："必须有良好的边角覆盖率、流动性、表面硬度、耐划伤性、打磨性和在底漆表面上的再涂能力"。根据这一经验推出了两种粉末底漆体系。尽管这些新产品还不能完全满足家具工业在表面硬度和流动性方面的要求，但它们作为底漆体系已显示出特有的优点。这些体系用 IR和 UV 相结合固化，具有下列优点：施工简单、优异的机械性能、高效及良好的边角覆盖率。第一种产品是环氧粉末涂料，能用所有的常用的液态涂料作面漆，它具有优异的流平性和打磨性。第二种产品是环氧聚酯粉末涂料，也可作面漆。

7.4.5　有机颜料预分散体

粉末涂料生产中，大量的生产时间花费在为获得充分的着色力而对有机颜料预混合体进行反复的挤出，通常必须进行费时的母料预分散，以保证最终各批产品之间的一致性。这个问题现在由几家颜料生产商解决了，其中汽巴精化和 Sun 化学公司在这方面作了大量工作。表 7.3 列出了 Sun 化学公司颜料分散体的牌号。

表 7.3　Sun 化学公司颜料分散体牌号

颜　　料	牌　　号	浓度/%
炭黑	PB7	25
喹吖啶酮桃红	RR122	25
红	PR179	25
酞菁蓝	PB 15：3	35
酞菁蓝	PB 15：1	20
咔唑紫	PV23	20
喹吖啶酮紫	PV19	20
酞菁绿	PG7	30

有机颜料预分散体是将有机颜料配成含 40%~50%水的湿"滤饼"，再与树脂在加热型 S 捏合机中混合制成颜料分散体。通过一系列的加工工艺，将水从颜料表面挤出，分散在玻璃化转变温度约 58℃的聚酯树脂中。他们以低粉尘的粉末供给；所有颜料适用于室内及室外粉末涂料应用，具有良好的化学稳定性；颜料颗粒均匀，在薄涂层、高光泽粉末涂料中具有良好的性能。载体介质是羧基聚酯，在聚酯/TGIC 和混合型配方中能起反应，在这些体系中可代替部分基料；而在聚氨酯粉末中是不反应的。

使用有机颜料预分散体可减少批次间的非一致性，减少了称量误差，因为增加了颜料制剂的容量，用白色与少量的颜料调配各种颜色成为一件容易的事，尤其是用来分散炭黑更是如此。即使用长/径比小的单螺杆挤出机也能得到分散很好的颜色。预分散体的高着色力可减少通常为获得所需色彩而使用的颜料量，并改进了流变性。在无光漆中，用较少的颜料即可得到标准的颜色。

7.4.6　新型海运涂料

船底污物是生长在船表面上的有害动、植物，由其造成的费用在海运业每年约增加 300 万美元。这笔费用中最主要的是用于克服因水的阻力增大而增加的燃料消耗。增加的燃料消耗还会带来污染、全球变暖和酸雨等问题。在世界范围内，控制船底污物的主要化合物是三丁基锡氧化物（TBTO）等有机锡防污涂料。尽管 TBTO 对阻止船底污物形成有效，但这类防污涂料的毒性、生物累积性、降低生育发育能力和增加水生有壳类动物的壳厚、引起生物变种等环境问题，导致美国环保署对在美国使用含锡涂料进行了限制，并责成美国环保署和美国海军进行有机锡替代品的研究。

基于对新的船底防污涂料的需要，Rohm & Haas 公司开发出一种名为 4，5-二氯-2-正癸基-4-异噻唑啉-3-酮的化合物（Sea-Nine™）能够阻止各种各样海洋生物体在船底的积垢，同时又不对非目标生物体造成危害。经过大规模的环境试验表明，Sea-Nine™ 船底防污涂料降解速度非常快，在海水中需要半天，在沉积物中只需 1h。而 TBTO 降解速度相当慢，在海水中需 9 天，在沉积物中需 6~9 个月。TBTO 的锡生物累积因子高达 10000，而 Sea-Nine™ 几乎为零。TBTO 和 Sea-NineTM 对海洋生物的毒性虽然都非常大，但 TBTO 具有蔓延的长期毒性，而 Sea-Nine™ 没有长期毒性。Rohm & Haas 公司获得了使用 Sea-Nine™ 船底防污涂料在美国环保署的注册，已经在世界范围内销售。该产品获得了 1996 年美国"总统绿色化学挑战奖"的设计更安全化学品奖。

7.5　绿色润滑剂

目前全世界使用的润滑剂，除一部分机械正常消耗掉及部分回收利用外，其余都直接或间接地流入环境，仅欧共体每年就有 600kt 润滑剂流入环境中。流入环境的润滑剂严重污染着陆地、江河和湖泊，既造成自然资源的损失，又影响生态环境和生态平衡。

为解决润滑剂对环境造成的污染，国外开展了环境友好的润滑剂（也称可生物降解润滑剂）的研究。可生物降解润滑剂是指能在较低的温度及较短时间内被微生物最终分解为 H_2O 和 CO_2 的润滑剂。其研究包括润滑剂的基础油、添加剂和生物降解试验方法等。

基础油是润滑剂的主要组分，国外在基础油方面做了大量的研究工作。研究表明，矿物油的生物降解性最差；植物油的生物降解性好，可达 70% 以上；某些合成酯（多元醇酯和双酯）的生物降解性也很好。因此，植物油、合成酯是"绿色"润滑油的主要研究方向。国外主要研究高油性葵花籽油和低芥酸菜籽油这两种植物油，通过加入适当的添加剂改善其性能。

7.5.1　生物降解性和相关的生态毒性试验方法

最初对环境友好型润滑油的要求主要是生物降解性，现在对其他生态效应如生态毒性也看得非常重要，这与润滑剂配方中添加剂的存在有关。然而，生物降解性仍是一个关键要求，即使是在环境友好型润滑油的各方面要求中，生物降解性依然是最重要和最关键的。

虽然评价可生物降解性仍没有可接受的通用标准，但仍有几个试验方法决定物质的可生物降解性。最常用的有三个：CDC L-33-T82、EPA 560/6-82-003 "Shake Flask" 试验及 OECS 301 系列方法，其中 CDC 方法适用于非水溶性润滑油，OECS 301 适用于水溶性润滑油。CDC L-33-T82 试验是目前唯一被认可的评价非水溶性润滑油生物降解性的试验方法。

CDC L-33-T82 最初是用于评价二冲程舷外机油在水中的生物降解度的试验，但现在对其他润滑油也适用。在该试验方法中，活性污泥中的好氧细菌利用通过搅拌所提供的氧和菌体的酵素，对润滑油进行分解。试验后的生物降解度通过残留油分的比例求得，而这些油分的比例是通过四氯化碳抽出-红外法求出的。德国"蓝色天使"环保标志规定的润滑油通过标准为在 21 天内生物降解度不低于 80%。

值得注意的是，CDC L-33-T82(现已有了最新的 CEC L-33-A93 生物降解试验)是在液体培养基中测定润滑油的生物降解性。但大量的润滑油由于泄漏、排放或废弃，进入并污染陆地环境。因此有必要考察土壤中的细菌对润滑油的降解作用。国外开发了用于土壤的自动电解呼吸器的生物降解试验，它能长期检测吸氧情况。该试验方法是将土壤密封在有定量空气的玻璃滤管中。试管内部是盛有少量浓碱的容器和酸性 $CuSO_4$ 的电解池，试管外有与电解池容积相同的补偿容器。铜阴极浸在电解池中，铂阳极置于 $CuSO_4$ 溶液上面。降解细菌吸入 O_2，通过呼吸作用所放出的 CO_2 被碱吸收，使得样品池中的压力减少。补偿容器的压力使电解液浸过阳极而产生电流，在阳极释放出 O_2。当压力平衡时，电解液与阳极的接触断开，电流停止。依靠这个系统同时监测许多试管，并且还可研究温度对监测样品的生物降解性的影响。

毒性大小以半致死量(LD_{50})半致死浓度(LC_{50})来表示。物质对水生环境影响的毒性分类是以德国 WGK 为基础的 WEN(AFT)和 WEN(ABT)值。环境兼容的润滑剂是易生物降解的和生物毒性累集很低的。

7.5.2 基础油

尽管动物油也被认作可生物降解，但绝大多数矿物油的代用品仍为植物油和合成油。

润滑油的生物降解性主要由其基础油的生物降解性决定。表 7.4 为几种常用润滑油基础油的生物降解性，所用的测定方法为 CDC L-33-T82。

表 7.4　基础油的生物降解性

基础油	生物降解度/%	基础油	生物降解度/%
聚酯	80~100	聚异丁烯	≤30
二元酸双酯多元醇酯	60~100	聚丙二醇	≤10
多元醇酯	60~100	烷基苯	≤10
苯二甲酸二酯	60~70	矿物油	20~60
聚烯烃	≤20		

由表 7.4 结果可见，植物油和合成酯具有较佳的生物降解性，而矿物油和合成烃油则不易被生物降解。据报道，PAO 合成烃油的生物降解性与其黏度有关；PAO-2 和 PAO-4 易生物降解，PAO-6 生物降解性则较差，采用 CDC L-33-T82 方法测定仅有不大于 20% 的 PAO 被消耗掉。因此，植物油和合成酯(尤其是双酯和多元醇酯)是可生物降解润滑油的主要研究方向。

(1) 植物油

植物油做润滑油基础油有以下优势：具有良好的润滑性和可生物降解性，资源可再生及无毒等，价格仅为矿物油的 1.5~3 倍。但主要缺点是热氧化安定性差和水解安定性均较差，从而使其应用受限(如一般来说使用温度不大于 120℃)。尽管如此，目前该类油在一些方面仍能与价格更加昂贵、可生物降解的合成酯竞争，其性能的不足可通过改进种植技术和添加适当的添加剂加以改进。表7.5为几种植物油的组成。

表7.5 几种植物油的组成

植物油	十六烷酸/%	十八烷酸/%	油酸/%	亚油酸/%	亚麻/%
酸菜籽油	2~4	1~2	60	20	8
橄榄油	7~16	1~3	64~86	4~15	0.5~1
葵花籽油	4~19	3~6	14~35	50~75	0.1
玉米油	9~19	1~3	26~40	40~55	1
南瓜籽油	7~13	6~7	24~41	46~57	—
亚麻籽油	6~7	3~5	20~26	14~20	51~54
豆油	7~10	3~5	22~31	49~55	6~11
棕榈油	40	4~6	38~41	8~12	—

由表7.5可见，植物油的主要成分为脂肪酸，而脂肪酸的结构对其性能起决定性作用。如过多的饱和脂肪酸导致油品的低温流动性变差，而过多的多元不饱和脂肪酸导致油品的氧化安定性变差，且在高温下生成胶质；尤其是含2~3个双键的脂肪酸，在氧化初期就迅速被氧化，同时对以后的氧化起引发作用。因此以植物油做基础油，应选择一元不饱和脂肪酸含量较高，而多元不饱和脂肪酸含量较低，且饱和与不饱和达到最佳平衡的植物油。

表7.6列出了几种植物油和作为参比油的石蜡基矿物油的性能评定结果。结果表明，菜籽油和葵花籽油的抗磨减摩性及生物降解性均优于矿物油。

表7.6 植物油的性能评定

性　　能	菜籽油	豆油	葵花籽油	矿物油
运动黏度(40℃)/(mm²/s)	29.88	27.66	28.26	28.26
黏度指数	171	175	174	143
平均摩擦系数	0.057	0.07	0.063	0.078
四球试验				
PWI/(kg/mm²)	4.15	3.95	4	1.28
磨斑/mm	0.45	0.6	0.6	1.5
环境性能				
CEC L-33-T829(21d)/%	100	88	97.5	52.2
改进 CEC L-33-T829(40d)/%	100	97.5	100	75.1
CECS oil(40d)/%	91	87	97	21

目前国外主要研究菜籽油和葵花籽油两种植物油。通过选择繁殖或化学反应改性改变油中的各种酸(油酸、亚油酸和亚麻酸)的浓度，以便获得更好的润滑性和氧化安定性。水解安定性可通过使用更长链的一元不饱和脂肪酸来提高，但这些性能的提高以高成本为代价。

绝大多数植物油的黏度均较低，在配制高黏度的环境友好型润滑油时(如齿轮油和润滑脂等)蓖麻油不失为较佳选择。当然其他植物油也可通过加入增黏剂来提高油品黏度，然而这将降低油品的生物降解性，同时带来剪切问题。蓖麻油是植物油中唯一具有高羟基脂肪酸含量的油品，其在环境温度下的黏度(40℃黏度为252mm²/s)为大多数植物油的5倍多，且具有较满意的黏度指数(黏度指数为90)，在225℃时沉积物生成趋势低于高油酸葵花籽油，润滑性与其他植物油相当。

(2) 合成酯

酯类合成油具有优良的生物降解性、热稳定性、低挥发性、水害级为0及黏度指数高等优点，非常适用于研制环境友好型润滑油。但酯类油由于其结构中含有极性较强的亲水基团——酯基,所以水解安定性较差,另外其价格相对较高。

用于环境友好型润滑油的合成酯主要有双酯、多元醇酯、复合酯及混合酯,通常是由醇和脂肪酸直接酯化而成。支链醇和纯油酸反应制得的合成酯具有较好的性能。纯油酸的使用提高了酯类油的热氧化安定性,支链醇的使用改善了酯类油的低温流动性和水解安定性。

表7.7显示了几种酯的生物降解性试验结果。这些结果证实了支链的引入会降低酯的生物降解性。

表7.7 酯的生物降解性(CEC L-33-T82)

酶的类型	生物降解性/%	酶的类型	生物降解性/%
线型芯多元醇酯(NPE 直链)	100	复合酯(以 NPE 为基酯的)	4
支链型芯多元醇酯(NPE 支链)	2		

(3)聚 α-烯烃(PAO)

这类合成基础油是由多支链、全饱和的无环烃构成的,是通过1-癸烯齐聚,然后加氢和蒸馏分成不同的黏度等级。已工业化应用的PAO油有PAO-2、PAO-4、PAO-6、PAO-8、PAO-10、PAO-40和PAO-100。

含有PAO油的成品润滑油可做为液压油及轿车发动机油等高档润滑油品。与传统矿物油相比,PAO油具有优异的物理性质,包括高闪点、高燃点、低倾点、高黏度指数和低挥发性。不同于许多合成油和天然酯,PAO油具有优异的热氧化安定性和水解安定性。

PAO油被认为是对哺乳动物无毒性和无刺激性的,其生物降解性与自身黏度有关。CECL-33-T82试验证明PAO-2和PAO-4是易于生物降解的,他们在21d后即分解了90%;PAO-6生物降解性则较差,采用CEC L-33-T82方法测定仅有≤20%的PAO被消耗掉。可以假定,高黏度PAO油递减的生物降解性是由于其极低的水溶性和生物可达性。PAO可溶于矿物油和酯类油中,因此研制可生物降解的润滑油时,可考虑用酯类油和PAO混合使用。

(4)聚二醇

这类化合物是聚亚烷基乙二醇和聚乙二醇。其特点是:较高的黏度指数(可达280),较低的倾点(可达到-45℃),高的生物降解性和低毒性;主要缺点是不溶于矿物油。

7.5.3 添加剂

用于生物降解性润滑油的添加剂也必须是可生物降解和无毒的或至少不影响基础油的生物降解性。德国的"蓝色天使"法规对用于可生物降解润滑油中的添加剂作出了以下基本要求:无致癌、致残和诱变因素;不含氯和亚硝酸盐;不含金属;一个配方中可潜在生物降解的添加剂最多占有7%(据 OECD 302B,这些添加剂生物降解率为20%);在7%的添加剂中,最大可有2%的低毒性且难降解的添加剂。

表7.8为用于配制环保型润滑油的几种类型的添加剂的生物降解性。可以看出,硫化脂肪是天然的可生物降解的极压/抗磨添加剂、部分酯化的丁二酸酯。琥珀酸衍生物及 TMP 酯的生物降解率也均大于80%,磺酸钙的生物降解性较差。

另外利用来自植物油的脂肪酸[$CH_3(CH_2)_7—CH=CH—CH_2(CH_2)_7—COOH$]和直链酯[$(CH_3(CH_2)_7—CH=CH—CH(CH_2)_7—COOR)$]可合成各种添加剂,其主要优点是高生物降解性和环境相容性。

表 7.8   用于配制环保型润滑油的一些添加剂的生物降解性

添加剂类型	添加剂名称	水害级别	可生物降解率/%	试验方法
极压/抗磨剂	硫化脂肪类			
	10%S	0	>80%	CEC L-33-T8 2
	18%S	0		
防腐剂(铜或黄色金属)	二烷基苯磺酸钙	1	60	CEC L-33-T82
	无灰磺酸盐	1	50	CEC L-33-T82
	琥珀酸衍生物	1	>80%	CEC L-33-T82
	苯三唑	1	70	0ECD302B
抗磨/防腐剂	部分酯化的丁二酸酯		>90%	
	三羟甲基丙烷酯		>80%	CEC L-33-T82
	磺酸钙		>60%	
抗氧剂	BHT	1	28d 降解 17	MITI II
			35d 降解 24	
	酚类 AO(聚物)	1	未评价	
	烷基化的二苯酚	1	9	MITI(OECD 301D)

表 7.9 列出了添加剂对油品的生物降解有不同的影响。因此必须仔细选择添加剂,以免造成油品的生物降解性大幅度下降。

表 7.9   添加剂对酯的生物降解性的影响(CEC L-33-T82)

酯的生物降解率/%	添加剂的生物降解率/%	酯+6%~10%添加剂的生物降解率/%
54	16	32
78	59	74
88	59	95
97	试验失败	92
97	16	48

8 清洁燃料能源的生产

全球由燃烧矿物燃料产生的一氧化碳（CO）、碳氢化合物（HC）和氮氧化合物（NO_x），几乎一半是由汽油机和柴油机排放的。目前全球每年消费 10 亿吨汽油，使用中挥发物、燃烧产物中大量有毒有害物质对人类生活环境和大气层有很大影响，世界各国炼油工业都把符合绿色环保要求作为迈向 21 世纪的通行证。这就要求对燃料油的各项指标重新进行审议。

燃料组分对机动车排放污染物有直接的影响。汽油和柴油中的硫在高温燃烧时生成硫的氧化物，散溢在空气中会形成酸雨，污染环境，破坏生态平衡。此外，硫还会使催化转化器中的催化剂中毒，使催化剂活性下降，甚至失效。柴油中的硫对颗粒物（PM）的排放有很大的影响。芳烃的燃烧会导致尾气中有毒物质的排放，柴油中的芳烃会影响车辆的点火性能，容易生成 NO_x 和 HC，并促使生成 PM。烯烃的挥发性较强，容易散发排放入大气，加速对流层臭氧的生成，形成光化学烟雾。因此，对油品质量更趋苛刻的要求来自地球环境恶化的压力，不断严格的环保法规，要求降低汽油、柴油的硫含量，减少 NO_x、SO_x 和颗粒物的排放。

21 世纪世界各国都将先后进入使用超清洁/超低排放车用汽油/柴油时期。发达国家 20 世纪 90 年代后期已经开始使用清洁汽油及低硫柴油。世界燃料委员会 2000 年颁布了《世界燃料规范（World Wild Fuel Charter）》，对汽/柴油的分类、质量指标和适用范围作了严格规定，要求世界各国参照执行。1999 年我国国家环保总局公布了《车用汽油有害物质控制排放标准》，促使石化工业提高汽油质量，提供清洁燃料。21 世纪的超清洁/超低排放车用汽油、柴油的主要质量指标是进一步降低硫、烯烃和芳烃含量，把汽车尾气中的有害物质降低到最低程度。

8.1 清洁汽油

汽油按其具体用途可分为车用汽油、航空汽油、洗涤汽油（属于溶剂类）和起动汽油（属添加剂类）。目前，使用最多的为车用汽油。

8.1.1 汽油新配方的提出

车用汽油质量的发展大致可分为含铅汽油→无铅汽油→新配方汽油（清洁燃料）→世界燃料规范→欧 V（中国对应为国 V）等几个阶段。

1990 年美国国会通过的空气清洁法修正法案（Clean Air Act Amendments 简称 CAAA）要求使用新配方汽油（Reformulated Gasoline，简称 RFG），美国环保局（EPA）为此设计了使汽油组成符合尾气排放要求的模型。美国新配方汽油分简单模型和复杂模型。它限制苯、总芳烃、烯烃含量及蒸汽压，要求挥发性有机物（VOC）和有毒空气污染物（如苯、1,3-丁二烯、甲醛、多环有机物等）排放量降低 15%。更为严格的燃料规格为加州空气资源委员会（CARB）所规定的汽油规格，限制芳烃含量并控制 ASTM T_{90} 温度，美国新配方汽油及世界燃料（汽油）规格见表 8.1。

表 8.1　新配方汽油及世界燃料(汽油)规格

项　目	新配方汽油		世界燃料(汽油)规格	
	EPA 联邦级	CARB2 级	3 类	4 类
雷德蒸气压(RVP)/kPa	≤63	48.3		
苯含量/%(体)	≤0.7	≤0.8	<1.0	<1.0
芳烃总含量/%(体)	≤25	≤22	<35	<35
烯烃含量/%(体)	≤9.0	≤5.0	<10	<10
氧含量/%	≤2.1	≤2.0	≥2.7	≥2.7
硫含量/(μg/g)	≤150	≤40	≤30	无硫
铅含量/(g/L)			不可察觉	不可察觉
50%馏出温度/℃	≤98.9	≤93.3	77~100	77~100
90%馏出温度(T_{90})/℃	≤171.1	≤143.3	130~175	130~175
终馏点/℃			195	195

8.1.2　国 V 清洁汽油

对于新配方汽油中的硫,因为它能降低催化转化效率,以及引起有害排放物的增加,最终将受到非常严格的限制。美国环保局在复杂模型中限制了硫在 500μg/g 以下。1996 年生效的 CARB 汽油规格硫上限为 80μg/g,平均值为 30μg/g。在世纪之交,欧洲已把硫限制在非常低的水平,在 2005 年硫限在 50μg/g 以下。为了响应全面适应欧 V(国 V)汽油质量要求,要求降低芳烃、苯、烯烃、硫含量及 RVP、T90。为此,全球炼油者必须调整传统操作方法。表 8.2 为国家标准对国 V 车用汽油的质量要求;除以上所述的各种对车用汽油使用要求外,还对汽油提出了机械杂质及水分、苯含量、芳烃含量、烯烃含量等清洁性要求。

表 8.2　车用汽油(V)的质量要求

项　目		质量指标(GB 17930—2013)			试验方法
		89 号	92 号	95 号	
抗爆性					
研究法辛烷值(RON)	不小于	89	92	95	GB/T 5487
抗爆指数(RON+MON)/2	不小于	84	87	90	GB/T 503、GB/T 5487
铅含量/(g/L)	不大于		0.005		GB/T 8020
馏程					
10%蒸发温度/℃	不高于		70		
50%蒸发温度/℃	不高于		120		
90%蒸发温度/℃	不高于		190		
终馏点/℃	不高于		205		
残留量(体积分数)/%	不大于		2		
蒸气压/kPa					GB/T 8017
11 月 1 日至 4 月 30 日			45~85		
5 月 1 日至 10 月 31 日			40~65		
胶质含量/(mg/100mL)	不大于				GB/T 8019
未洗胶质含量(加入清净剂前)			30		
溶剂洗胶质含量			5		
诱导期/min	不小于		480		GB/T 8018
硫含量/(mg/kg)	不大于		10		SH/T 0689
硫醇(满足下列条件之一)					

项　目			质量指标(GB 17930—2013)			试验方法
			89 号	92 号	95 号	
博士试验			通过			SH/T 0174
硫醇硫含量(质量分数)/%		不大于	0.001			GB/T 1792
铜片腐蚀(50℃，3h)/级		不大于	1			GB/T 5096
水溶性酸或碱			无			GB/T 259
机械杂质及水分			无			目测
苯含量(体积分数)/%		不大于	1.0			SH/T 0713
芳烃含量(体积分数)/%		不大于	40			GB/T 11132
烯烃含量(体积分数)/%		不大于	24			GB/T 11132
氧含量(质量分数)/%		不大于	2.7			SH/T 0663
甲醇含量(质量分数)/%		不大于	0.3			SH/T 0663
锰含量/(g/L)		不大于	0.002			SH/T 0711
铁含量/(g/L)		不大于	0.01			SH/T 0712
密度(20℃)/(kg/m³)			720~775			GB/T 1884、GB/T 1885

8.1.3　国Ⅴ级清洁汽油生产技术

从长远来看，大力采用新技术，提高汽油生产装置水平，调整汽油生产装置结构，全面生产国Ⅴ级清洁汽油。清洁汽油生产技术见表8.3。

表 8.3　国Ⅴ级清洁汽油生产技术一览

馏分名称	技术内容特点	作　用
催化重整汽油	链状烃转化为环状/芳香烃　重组分油辛烷值高，轻组分油辛烷值低	将低辛烷值组分转化为高辛烷值组分，改善汽油的后端辛烷值
催化裂化汽油	大分子烃裂解为小分子烃，烷烃变烯烃	提高辛烷值
含氧化合物组分	MTBE、TAME 利用甲醇与汽油组分中 C_4、C_5 烯烃合成增加醚类物质；TAEE、ETBE 利用乙醇与汽油组分中 C_4、C_5 烯烃合成增加醚类物质	提高组分中的氧含量，降低组分蒸气压，降低尾气中 CO 和未燃烃的含量
异构化汽油	将 C_5、C_6 正构烷烃转化为异构烃	改善汽油的前端辛烷值，减少芳香烃对环境的影响
烷基化汽油	异丁烷与丁烯在酸性条件下反应生成烷基化油	增加廉价的高辛烷值丁烷的加入量和/或更容易满足降低雷德蒸气压规定要求；烷基化油的燃烧热值高，并且燃烧完全

（1）催化重整汽油清洁化技术[81~82]

催化重整汽油(简称重整汽油)的最大优点是它的重组分油的辛烷值较高，而轻组分油的辛烷值较低，这正好弥补了催化裂化汽油重组分辛烷值低、轻组分辛烷值高的不足。重整汽油芳烃和苯含量都很高，芳烃含量高是所希望的，它可弥补催化裂化汽油中芳烃含量低之不足，从而提高汽油的辛烷值。但苯含量高则是不希望的。汽油中苯主要来源于催化裂化汽油和重整汽油。对于催化裂化-加氢裂化型炼油厂，汽油中的苯 78%来源于催化重整装置，10%来源于催化裂化装置。由于控制催化裂化汽油中苯含量较困难，所以减少汽油中苯的最好方法是减少重整汽油中的苯含量。

鉴于国V级清洁汽油对苯含量的严格限制，重整油脱苯技术也得到了发展。一方面限制苯的生成，调整重整原料初馏点是一种易于实施的方法。要求从重整原料油中将苯的前身物切除（如环已烷、甲基环戊烷及直链 C_6；烷烃）。调整后重整原料油实沸点馏程为 80～180℃，恩氏蒸馏馏程大约为 100～170℃。另外，采用低苛刻度的催化重整工艺，低压连续重整（CCR）技术，对控制重整油中苯含量是有利的，该技术已由 UOP 和 IFP 研究开发成功。

另一方面设法脱除或转化重整油中的苯。脱除苯有 4 种方法——饱和、异构化、与丙烯烷基化、苯萃取。

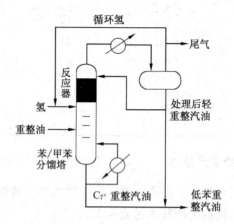

图 8.1　CD Hydro 苯加氢饱和示意流程

① Engelhard 公司提出了一种轻重整油液相加氢饱和新工艺，只需增设一台加氢反应器和一座汽提塔。美国 CD Tech 公司近年推出的 CD Hydro 专利工艺，可直接对重整汽油进行苯加氢饱和生产低苯汽油。无需再单独设置加氢反应器和产品汽提塔。该工艺是一种加氢催化和产品分馏相结合的一种催化蒸馏工艺，大多数 CD Hydro 按苯转化率 70%～95% 进行设计，压力一般不超过 0.7MPa。CD Hydro 技术应用于重整汽油苯加氢时优势明显，已有 9 套 CD Hydro 装置投入运转，图 8.1 为其典型工艺流程。

② UOP 公司开发的 Alkymax 工艺。C_{5+} 汽油中的苯与催化裂化的 $C_3～C_4$ 烯烃发生苯烷化反应，将苯转化成 C_9 芳烃。该过程不消费氢，对氢气不足的炼厂很有吸引力。

③ Mobil/Bager 异丙苯工艺。该工艺使用 Mobil 公司专利催化剂使重整生成油中的苯与催化裂化装置产生的丙烯反应，得到高纯度的异丙苯，从重整产物中脱除苯 95% 左右。

④ 德国 Krupp-koppers 公司 20 世纪 60 年代中期开发的萃取蒸馏回收高纯度芳烃的新工艺称为 Mophylane。目前世界上采用这种工艺的装置有 15 套，该工艺采用一种高极性溶剂Ⅳ-甲酰吗啉，选择性分离芳烃和非芳烃。

（2）催化裂化汽油清洁化技术

目前，全世界催化裂化装置的加工能力超过 100Mt/a，约占原油加工能力的 17%。我国催化裂化汽油占成品汽油的 78% 以上，而美国平均水平为 35%。因此提高催化裂化汽油的质量，对于实现汽油的清洁化有十分重要的意义。在我国由于催化裂化汽油在商品汽油中的比重过高，当前首先要解决烯烃含量高的问题，其次是硫含量高的问题。而在国外，催化裂化汽油问题首先是硫含量高的问题，其次是烯烃含量高的问题。

为达到改进国V级清洁汽油燃料，近期脱除硫仍是首要目标。目前，大多数硫来自 FCC汽油，美国汽油市场 FCC 汽油占 30%～35%，少量来自经加氢精制的直馏馏分和焦化汽油。

降低汽油硫含量的普通方法需要炼制者大量投资对催化原料进行加氢处理，或对 FCC 汽油进行加氢脱硫，但后者的辛烷值损失巨大。催化裂化汽油加氢脱硫技术有四种：

① OCTGAIN 技术[83]。该技术由 Mobil 公司开发，特点是烯烃饱和活性低，烷烃异构化活性高，其 OCT-125 催化剂由于对全馏分汽油加氢脱硫，含硫量由 1.2% 降至 100μg/g，辛烷值损失很少。OCT-220 催化剂已进入中试，54～220℃ 全馏分汽油加氢脱硫，含硫量由 2800μg/g 降至 100μg/g，脱硫率超过 96%，辛烷值损失 1.8%，苯含量和蒸汽压无变化，硫醇含量低，可直接调入汽油。

② SCANFining 技术[84]。美国 Exxon 公司开发工艺，荷兰阿克苏公司开发催化剂（RT225）。这种技术是把全馏分汽油分为 3 个组分：一是低硫高烯烃含量的催化轻汽油，用脱硫醇或选择性加氢脱硫的方法降低含硫量，得到汽油调合组分；二是硫和烯烃含量中等的催化中质汽油，经选择性加氢脱硫降低含硫量，得到汽油调合组分；三是高硫低烯烃含量的催化重质汽油，经选择性加氢脱硫或非选择性加氢脱硫降低含硫量，得到汽油调合组分。该技术的脱硫率为 92%～95%，辛烷值（R+M/2）损失为 1～1.5。已有 4 套工业装置投产。

③ Prime-G 技术[85]。由法国石油研究院开发。把催化重质汽油加氢脱硫，调合得到的可以实现含硫 100～150μg/g 的目标。把催化轻质汽油和中质汽油分别加氢脱硫，调合得到成品汽油可以实现含硫 30μg/g 的目标。本技术用双催化剂，工艺条件缓和，烯烃加氢活性很低，不发生芳烃饱和反应，也不发生裂化反应，液收 100%，脱硫大于 95%，辛烷值损失少，氢耗低，已有 3 套工业化装置投产。

④ CDTECH 技术[86]。美国 CD Tech 公司推出一种改进 FCC 汽油脱硫的工艺。CDTECH 技术采用两段催化蒸馏实现汽油 95% 的脱硫率，同时能保持高收率和很小的辛烷值损失。第一段是催化蒸馏加氢（CD Hydro）脱己烷塔，在比传统工艺低得多的压力下操作，塔顶产 C_6 以下的馏分，该馏分含有很低的双烯烃和硫醇，适用于醚化。第二段是采用 CDHDS 技术，大部分汽油作为塔顶产品而重组分作为塔底产品。FCC 汽油中重以上组分的硫脱除率大于 95%，而辛烷值损失仅小于 1.0（抗爆指数）。

当今炼厂工艺上的一种策略是在加氢之前从 FCC 汽油中脱除轻馏分，减少烯烃和辛烷值损失及氢气的消耗。所得的 C_5 物流被用来生产 TAME 和/或烷基化，由于轻 C_5 烯烃转化为 TAME 或烷基化油，可降低 FCC 汽油雷德蒸气压（RVP）大约 7kPa。

（3）异构化汽油技术[87]

欧 V 清洁汽油规格出台后，美国调合汽油组成也发生了重大变化，重整汽油、催化裂化汽油及丁烷所占比例下降，而异构化汽油、烷基化汽油和醚化物所占比例上升。2008 年美国商品汽油构成中，异构化油已占到 12%，这种趋势将随着对汽油中芳烃含量的进一步限制而加大。随着对芳烃的致癌作用和光化学活性较高以及轻质烯烃促进地面臭氧生产的认识加深，汽油辛烷值提高不能再过多地依赖芳烃的贡献，C_5/C_6 烷烃异构化的作甩日益重要。2008 年全球 120 多套炼油厂 C_5/C_6 烷烃异构化装置能力达到 52Mt/a 以上。

C_5/C_6 烷烃的异构化可生产出环境友好的饱和烃。世界上 C_5/C_6 烷烃异构化专利技术供应商主要有 UOP 公司、IFP、ABB Lummus 公司、KBR（KeHogg Brown&Root）公司、CD Tech 公司和 LyondeH Petrochemical 公司等。对异构化油的需求促进了异构化催化剂的发展，一些高效的固体催化剂已发现，它们不仅能使 C_6/C_5 烷烃异构化，也适用更重烷烃的异构化。

（4）烷基化汽油技术

异丁烷与丁烯在酸性条件下反应生成烷基化油。在美国，烷基化油约占汽油总量的

11%~13%，不过在世界其他地区，烷基化油的含量占调合汽油的比例要小得多。在欧洲。烷基化油平均仅占调合汽油数量的3%。烷基化油几乎比调合汽油中所有调合组分的质量或辛烷值都要高，且烷基化油有较低的蒸气压，使炼油厂可以在调合汽油中增加廉价的高辛烷值丁烷的加入量和/或更容易满足降低雷德蒸气压规定要求。此外，烷基化油的燃烧热值高，可在高压缩比的发动机中使用，并且燃烧完全，因而能延长发动机的寿命。烷基化油被公认为是国 V 级清洁汽油中最理想的调合组分。

近年来环境保护法已对使用液体酸催化剂的烷基化工艺的工业应用提出了严格的限制，许多国家正在大力研究环境友好的固体酸催化剂。UOP 公司开发了一种称为 Alkylene 的固体酸催化剂的烷基化工艺，并和 Lummus Technology 公司合作于 2015 年实施工业应用。

（5）吸附脱硫技术[89]

Black&Veatch Pritchard 公司和 ALcoa 工业化学品公司开发的 IRVAD 吸附脱硫新工艺，用加有助剂的氧化铝作吸附剂，可以脱除硫醇、二硫化物、噻吩、氰化物等极性化合物，可避免加氢精制固有的烯烃饱和的特点。吸附剂可用重整氢进行再生后循环使用。第一代吸附剂为 Alcoa 公司的 SAS-1，已用于中试测试，第二代为 SAS-2，将在中试装置中评价。采用 SA-1 吸附剂进行中试试验，对于参考 FCC 汽油进料，汽油含硫 $1276\mu g/g$，含氮 $37\mu g/g$，吸附脱硫可脱硫至小于 $100\mu g/g$，氮小于 $0.3\mu g/g$，液收 99%。采用同样颗粒大小的 SAS-2 吸附剂对这些参考进料的小试结果表明，对硫的吸附性能约比 SAS-1 高 10%。该工业装置设计已经完成，装置投资和操作费用都远低于加氢精制。

美国康菲菲利普石油（Conoco Phillips）公司已开发出一项能使汽油中的硫含量显著降低的 S-Zorb 吸附深度脱硫新技术[96]。新技术的创新之处主要在于利用了一种可再生的吸附剂通过化学吸附汽油中的硫来降低硫含量。该技术由于具有脱硫深度高，消耗的氢气非常少，对产品、辛烷值影响小，而生产成本却不会增加的特点，因此受到特别重视。中国石化于 2007 年买断该技术，并将该技术作为汽油质量升级的一个重要方法，在中石化系统中广泛推广应用。SZorb 汽油脱硫技术是一种将汽油中硫化物中的硫原子以硫化氢形式从汽油中脱除，并以 SO_x 形式转移到烟气中的技术。具体过程就是，首先在特定吸附剂的作用下，汽油中的硫醇、噻吩以及苯并噻吩催化加氢生成硫化氢，然后硫化氢被吸附剂中的氧化锌吸收生成硫化锌，最后用空气将硫化锌再生为氧化锌，硫则以 SO_x 形式存在于烟气中，由炼油厂统一处理。吸附剂可以通过在线再生，从而延长装置的运行时间。

随着汽油质最标准的提高，需要生产硫质量分数低于 $10\mu g/g$ 的超低硫汽油，而提高吸附剂的平衡活性是生产超低硫汽油的一个关键因素。

（6）生物脱硫技术[90]

生物脱硫（BDS）是通过空气、水和催化剂在常温、常压下的选择性氧化，可以加工很宽馏分的燃料。这个过程只脱除硫原子或整个硫化物，因此被认为是炼油厂从高硫热裂解原料中生产高附加值化学产品的唯一可能的选择。

BDS 装置可以建在从原油到最终产品汽油加工的各个阶段。综合考虑，在炼油厂有两个位置最适合建 BDS 装置：第一处是 FCC 进料的预处理，第二处是用于 FCC 汽油的改质。因为 FCC 进料硫含量高，硫化物的类型易于生物催化脱硫，所以 BDS 工艺技术处理 FCC 进料最为适宜。FCC 汽油中硫化物的种类分布不同，因此利用 BDS 脱硫效果最好。当脱硫成本低于 1.5 美分/加仑，BDS 技术在费用上比 I-IDS 更具有竞争性。

汽油生物脱硫是应用酶来脱除硫。它比传统的高温、高压加氢处理过程更有吸引力。由于酶的相对温和的生化反应条件，使工艺过程更安全、更节能。Energy Biosystem Corp (Texas)与 Total. S. A(France)已经签定了协定，目标之一是发展一种工艺破坏汽油中的噻吩和苯并噻吩，将中间馏分硫从 2000μg/g 减少到满足未来欧洲规格，而且不影响(如 FCC 汽油中烯烃、芳烃)汽油辛烷值。

8.2 清洁柴油

柴油是压燃式发动机的燃料。转速 1000r/min 以上的高速柴油机以轻柴油为燃料，转速为 500~1000r/min 的中速柴油机及转速低于 500r/min 的低速柴油机则使用重柴油。

8.2.1 清洁柴油新规格

21 世纪需要"超清洁"汽油，也需要"超清洁"柴油。美国和欧洲都在 2012 年用更严格的法规控制柴油机 PM、NO_x 或多环芳烃的排放，因此推出欧 V 车用柴油标准。具体来说，柴油的硫含量将显著地减少，馏程和密度的范围将缩小，十六烷值将提高，对多环芳烃将加以限制。同时要降低密度和稠环芳烃的含量，降低 95% 馏出点。美国、日本、欧州发动机制造商协会采用更严格的法规，主要目的是减少汽车尾气中氮氧化物和颗粒物的排放量，这种形势推进了柴油深度加氢技术的发展。

我国车用轻柴油国 V 质量要求见表 8.4。北京、上海、广东已经于 2014 年 10 月 1 日强制规定使用国 V 标准的车用柴油，2017 年 1 月 1 日全国车用轻柴油都必须使用国 V 等级的轻柴油。

表 8.4　国 V 车用柴油的质量要求

项　　目		质　量　指　标(GB/T 19147—2013)						试验方法
		5 号	0 号	−10 号	−20 号	−35 号	−50 号	
氧化安定性总不溶物/(mg/100mL)	不大于	2.5						SH/T 0175
硫含量/(mg/kg)	不大于	10						SH/T0689
酸度(以 KOH 计)/(mg/100mL)	不大于	7						GB/T 258
10% 蒸余物残炭(质量分数)/%	不大于	0.3						GB/T 268
灰分(质量分数)/%	不大于	0.01						GB/T 508
铜片腐蚀(50℃, 3h)/级	不大于	1						GB/T 5096
水分(体积分数)/%	不大于	痕迹						GB/T 260
机械杂质		无						GB/T 511
润滑油性 　校正磨痕直径(60℃)/μm	不大于	460						SH/T 0765
多环芳烃含量(质量分数)/ %	不大于	11						SH/T 0606
运动黏度(20℃)/(mm²/s)		3.0~8.0		2.5~8.0		1.8~7.0		GB/T 265
冷滤点/℃	不高于	8	4	−5	−14	−29	−44	SH/T 0248
凝点/℃	不高于	5	0	−10	−20	−35	−50	GB/T 510
闪点(闭口)/℃	不低于	55		50		45		GB/T 261
十六烷值	不小于	51		49		47		GB/T 386

项 目		质 量 指 标(GB/T 19147—2013)						试验方法
		5号	0号	-10号	-20号	-35号	-50号	
十六烷指数	不小于	46				43		SH/T 0694
馏程/℃								
50%回收温度	不高于	300						
90%回收温度	不高于	355						GB/T 6536
95%回收温度	不高于	365						
密度(20℃)/(kg/m³)		810 ~ 850			790~840			GB/T 1884 GB/T 1885
脂肪酸甲酯(体积分数)/ %	不大于	1.0						GB/T 23801

8.2.2 柴油脱硫技术

(1) 柴油生物脱硫技术

柴油生物脱硫技术(伴随脱氮、脱重金属、减粘)与加氢脱硫相比,最大的优点是在装置加工能力相同的情况下,投资费用节省50%,操作费用节省20%。在技术上,催化裂化轻柴油中的二苯并噻吩(DBT)化合物难以加氢脱除,而且消耗大量氢气。用生物脱硫不仅容易将它脱除(特别是4.6-二甲基二苯并噻吩),而且不消耗氢气[90]。2002年将建成第一套年加工能力250kt/a的柴油生物脱硫工业装置。柴油生物脱硫有3种方案可以应用。

直馏柴油加催化裂化轻循环油加氢脱硫至500μg/g,再生物脱硫至50μg/g。技术优点是耗氢量少,加氢难脱除的二苯并噻吩类化合物可由生物脱硫脱除,二氧化碳排放少,能耗低,副产品羟基联苯亚磺酸盐(HPBS)可用作洗涤剂原料、表面活性剂原料和树脂添加剂。

直馏柴油直接生物脱硫至0.2%~0.05%。技术优点是不消耗氢气,不要制硫和制硫尾气处理装置,二氧化碳排放量和能耗都比较低。

催化裂化轻循环油生物脱硫脱除80%的硫以后,再与直馏柴油混合进行加氢脱硫,脱至50μg/g。技术优点是生物脱硫装置规模小,可充分发挥原有加氢脱硫装置的作用,副产物羟基联苯亚磺酸盐收率高,CO_2排放量和能耗低。

(2) 生产低硫和超低硫柴油的一段加氢技术

加氢裂化/精制是目前唯一能直接生产新规格柴油的工艺。柴油中的硫化物在加氢脱硫过程中有的易脱除,有的不易脱除。催化柴油和焦化柴油等高芳烃柴油中难脱除的硫化物比直硫柴油多,所以二次加工柴油加氢脱硫比直馏柴油要难。

一段加氢技术分一段循环及一段一次(无循环)通过两种流程。无循环油即为一段一次通过。国内外都有成熟的工艺技术,关键在于催化剂。催化剂的进展主要是适应目的产品的需要,即不断开发活性、选择性、稳定性越来越好的催化剂。荷兰阿克苏-诺贝尔公司利用STARS技术开发了一种柴油超深度加氢脱硫新催化剂KF-757,已用于4套工业装置。其中一套1999年投产的装置,采用KF-757催化剂,生产含硫40μg/g的超低硫柴油。

IFP开发了两种深度脱硫和超深度脱硫新催化剂HR-16和HR—448。HR-416是一种有助剂的钼钴新催化剂,HR-448是一种有助剂的钼镍新催化剂。如果加氢的目的是超深度脱硫,生产超低硫柴油,推荐使用HR-416;如果除超深度脱硫外,还要改善安定性、降低芳烃含量、提高十六烷值(如催化柴油、焦化柴油),推荐使用耶-416催化剂。

(3)生产高十六烷值、低密度柴油的两段加氢技术

未来的柴油规格要求更低的密度、更高的十六烷值,还规定多环芳烃的最大含量。用常规的加氢脱硫催化剂,使稠环芳烃降低到2%很困难。原料中含有稠环芳烃较多的催化循环油时,要使稠环芳烃降低到2%就更加困难。但是采用两段工艺,就可以解决这个问题。第二段用高活性的芳烃加氢催化剂,其反应温度比常规的加氢脱硫催化剂低一些。在深度脱硫过程中,密度降低的程度取决于所加工的原料油和操作条件。深度脱硫可以提高十六烷值3~6个单位。IFP开发了两段工艺,第一段用钼镍催化剂,第二段用贵金属催化剂,可以进一步减少稠环芳烃含量,提高十六烷值[92]。

(4)生产超低硫高十六烷值的加氢新技术

为降低柴油尾气中颗粒物的排放量,就必须要降低柴油的含硫量和芳烃含量。柴油的经济性比汽油高30%~50%,柴油的需求量在增长,特别是在欧洲。因此就需要用催化柴油和焦化柴油来扩大柴油组分的来源。而这两种柴油的芳烃含量比直馏柴油高得多,同时现有的芳烃加氢催化剂不耐硫,所以目前的两段加氢工艺中第一段必须深度脱硫和汽提,使第二段的进料硫含量降至$50\mu g/g$以下,以保证芳烃加氢催化剂不中毒。

德国南方化学公司和美国联合碳催化剂公司合作开发了一种新的三功能(加氢脱芳烃、加氢脱硫、加氢脱氮)催化剂,称为ASAT。用这种催化剂在接近柴油加氢脱硫/加氢处理的压力温度316℃,空速$1.0h^{-1}$下,可以把催化轻循环油总芳烃含量降至10%以下,稠环芳烃含量降至1%以下[93]。

瑞典的柴油规格是最严格的,而美国的柴油规格中最大含硫量为0.05%和最小十六烷值为40。美国加州对于产量高于$6000m^3/d$的炼油厂,柴油中最大芳烃含量规定为10%(体);产量低于$6000m^3/d$的炼油厂的最大芳烃含量为20%(体)。使芳烃含量的平均值从34%(体)降到10%(体)所需增加的费用约为10~17美分/加仑,将十六烷值从40提高到50所需增加的费用估计为2~2.5美分/加仑,可以通过添加十六烷值改进剂与增加瓦斯油加氢裂化原料相结合来实现。目前用来生产符合柴油规格的工艺技术包括:加氢裂化生产柴油并降低硫;加氢处理降低硫;芳烃饱和降低芳烃含量。

加氢裂化是生产低硫、高十六烷值柴油的最好方法。传统的采用加氢裂化的炼油厂是将所有的瓦斯油进行加氢裂化,或者将瓦斯油在加氢裂化和催化裂化间平分。最新的发展趋势是,将所有的瓦斯油轻度加氢裂化,生产高质量的喷气燃料和柴油,加氢裂化尾油作为催化裂化的进料。

8.3 汽车替代燃料

21世纪要求满足生产"超清洁"燃料的工艺刚刚起步。第一阶段即21世纪前半个世纪将改进已有动力装置向最大里程和最小排放发展,这就意味着一些替代燃料和新机车的出现。第二阶段即21世纪后半个世纪,可能将被新机车技术控制。蓄电池动力车没有大的跨越(允许它和内燃机竞争),很可能不会成为替代物。最有希望的是燃料电池,也许燃料电池会与蓄电池共同发展。合理的燃料将是烃类,很可能是从天然气水合物及天然气中生产的高氢含量的烃类[67]。

保护生态环境的需要和石化燃料资源的短缺,促使人们对未来主要能源、可再生能源和

新能源进行研究。汽车替代燃料在最近 15 年受到全球的关注，包括甲醇、乙醇、压缩天然气、氢气、电等。车用替代燃料和替代燃料汽车的开发工作已进行了多年，但进展缓慢。直到 1998 年，美国正在使用的替代燃料汽车总数也只有 41.3 万辆，其中 LPG 汽车 22.9 万辆，CNG 汽车 8.5 万辆，M-85(85%甲醇+15%汽油)汽车 8.1 万辆，E-85(85%乙醇+15%汽油)汽车 1.09 万辆，电动汽车 0.47 万辆，其他汽车(LNG、100%甲醇及 95%乙醇+5%汽油)0.17 万辆，估计替代燃料消耗量相当于 0.53Mt/a，只占美国汽柴油消耗量 5 亿 t/a 的 0.1%。

目前为应用替代燃料而设计的车辆主要存在两个明显缺点，即费用和行程。过去十年，替代燃料车进步如此之慢，表明了对传统发动机使用新配方燃料控制排放是成功的。传统车辆仍然伴随我们进入 21 世纪。目前已在进行研制的替代燃料有液化石油气、液化天然气、甲醇和乙醇、液氢、燃料电池等。

8.3.1 天然气作汽车燃料

天然气能源在世界能源结构中占 22.91%，与天然气汽车占 0.2%的比例极不相称。天然气汽车尾气无铅、无硫氧化物污染，产生的 CO 仅为汽油车的 4%，碳氧化合物及碳氢化合物为汽油车的 1/10，在化石燃料中堪称清洁能源。使用天然气有利于保护生态环境。另外，天然气辛烷值高，可达 130，增大了发动机的压缩比。据第 19 届世界天然气大会的报告预测，2005~2010 年间，世界天然气消费量接近石油，根据 2014 年国际能源署资料预测，全球 2030 年天然气(含页岩油气)的需求量将超过 4000 亿立方米。

全世界投入使用的天然气汽车早已超过 100 万辆。由于天然气储量丰富、价格低廉、环保清洁，日本政府正在制订相关政策和措施，鼓励发展天然气汽车。本田汽车公司 1998 年 6 月开始正式生产"喜别克 GX"牌天然气轿车，被授予环保奖。发展天然气汽车不仅有利于提高环境质量，还可以改善能源消费结构，减少对石油的依赖程度，对实施能源结构多元化、确保能源的稳定供应具有重要的战略意义。

按使用方式，汽车所使用的天然气可分为压缩天然气(CNG)、液化天然气(LNG)和吸附天然气(ANG)，目前研究和应用最多的是压缩天然气。

（1）压缩天然气和液化天然气

将天然气压缩而成压缩天然气(CNG)，储存条件为常温、高压(充气压力不大于 20MPa)。液化天然气是将天然气净化、液化而成(LNG)的，储存条件为常压、低温(温度不高于-160℃)。CNG 和 LNG 对天然气资源的要求为主要成分甲烷含量 90%以上，乙烷~戊烷含量小于 10%，不含硫化氢、二氧化碳和水等。

CNG 是目前天然气汽车(CNGV)的研究热点，许多国家的 CNGV 已投入运行且数量在近年内将不断增加。天然气替代汽油驱动汽车是美国克林顿政府时期制定的能源政策之一。美国 31 个州制订了强制使用天然气汽车的办法，如纽约州规定天然气汽车数 1994 年达 30%，1995 年达 60%，1996 年达 80%。在我国，环境问题日益受到中央及各地方政府的重视。1999 年旨在控制城市机动车排放污染、改善城市大气质量，以加快燃油汽车清洁化进程、推广应用燃气汽车等为主要内容的"空气净化工程——清洁汽车行动"正式展开。目前使用天然气汽车技术已非常成熟，全国大中城市一方面对使用液压天然气等新能源汽车实行政策优惠(如豁免车牌竞号费)，另一方面加快液化天然气充装站的建设。

（2）吸附天然气（ANG）

使用 CNG 的汽车，贮气钢瓶自重大，压力高和充气站投资大，为克服以上缺点，国外开始研究吸附剂贮存天然气的技术，希望在 6MPa 以内的中低压下，使同体积的吸附贮气瓶的贮气量接近或等于 20.0MPa 下的高压钢瓶贮气量。

ANG 贮气法的主要优点为：无需建高压充气站、配备多台压缩机，降低了投资和操作费用；贮气瓶自重轻，其材质和制造技术要求不高；中低压贮存天然气提高了使用的安全性；吸附剂可多次再生利用。缺点是吸附剂的价格高，吸附、解吸过程的热效应影响了吸附剂的性能。

8.3.2 液化石油气作替代燃料

汽车使用的液化石油气（LPG）主要是由丙烷和丁烷的混合物组成的，许多国家的税收政策使它在经济上很有吸引力。全世界在用液化石油气汽车保有量已超过 520 万辆，其中意大利、荷兰和俄罗斯三国均超过 70 万辆，日本 90% 的城市出租车使用液化石油气为燃料。使用 LPG 时，废气排放量小，适用于在市区内使用的车辆。LPG 的低温性能良好，辛烷值高，与汽油相比，热值低，行驶里程短。

由于各国的路况和车况不同，以及液化气中的烯烃含量不同，所制定的车用液化气的标准也不一样。美国车用液化气 ASTM HD5 标准要求丙烷含量不低于 90%，同时对丁烷含量、饱和蒸气压、95% 挥发温度、挥发性硫、铜片腐蚀和水含量等指标都提出了要求，烯烃含量（体积分数）不大于 5%。日本 JIS K2240-90 标准，将车用液化气分为四类，主要控制"丙烷+丙烯"和"丁烷+丁烯"含量，同时对饱和蒸气压、总硫含量、铜片腐蚀和丁二烯等指标提出了要求。我国车用液化气标准基本上是套用国外的技术指标，但对烯烃及二烯烃含量要求更为严格，见表 8.5。

表 8.5 上海市汽车用液化石油气质量技术要求（暂行规定）

项　　目		车用丙烷	车用丙烷、丁烷混合物		
			Ⅰ	Ⅱ	Ⅲ
蒸气压/kPa	≯	1430	1430	1230	1230
组分（体积分数）/%					
丙烷	≮		60.0	40.0	
丁烷	≯		50.0	70.0	
>C₄	≯	2.5			
≥C₅	≯		2.0	2.0	2.0
烯烃	≯	5	5	5	5
丁二烯	≯	0.5	0.5	0.5	0.5
100mL 蒸发残留物/mL		0.05	0.05	0.05	0.05
密度（20℃）/（g/cm³）		实测	实测	实测	实测
总硫含量/（μg/g）	≯	123	140	140	140
铜片腐蚀	≯	1	1	1	1
游离水		无	无		

8.3.3 含氧化合物作汽油机燃料

（1）醇类燃料简介

C₅ 以下的醇类都可作内燃机燃料，可几种混用，也可单一醇独用，还可掺用到汽油、柴油中。用做发动机替代燃料的醇类主要是甲醇和乙醇，甲醇、乙醇的许多性质都与汽油比较接近。

甲醇、乙醇与汽油的理化性质比较见表 8.6。

表 8.6 甲醇、乙醇与汽油的理化性质比较

项 目	甲醇	乙醇	汽油
含氧量(质量分数)/%	50.0	34.8	0
沸点(沸程)/℃	65	78	35~210
雷德饱和蒸汽压/kPa	32	16	55~103
低热值/(MJ/kg)	19.9	26.8	约42.7
蒸发潜热/(MJ/kg)	1.17	0.93	约0.18
理论空燃比	6.45:1	9.0:1	约14.6:1
理论混合气热值/(MJ/kg)	3.08	3.00	约2.92
RON	109	109	90~100
MON	89	90	80~90
着火浓度极限(体积分数)/%	1.4~7.6	6.7~36	4.3~19

甲醇可由植物、煤炭或天然气制取。按现有能源估计，可确保作为运输燃料使用数百年。

乙醇主要从农作物发酵这一可再生能源中获得。当原油价格超过 40 美元/桶时，乙醇作为汽车燃料才是经济的。

醇类燃料最主要的优点还在于能够达到比烃类燃料低得多的排放。与使用汽油相比，使用醇燃料或混合燃料时，颗粒物、CO 和碳氢化合物排放量明显减少，对保护环境是有利的。另外醇类辛烷值高，作点燃式发动机燃料时可以用于压缩比较高的发动机，提高发动机的热效率。

当然，醇类燃料也存在一些不足。首先，醇类燃料热值较低，燃料消耗量大，所幸的是它们的混合气的热值还比较高，并可通过提高发动机压缩比，从而保证发功机的动力性。其次，甲醇和乙醇的低温蒸发性差，蒸发潜热高，不利于低温冷启动。此外，醇燃料不仅对发动机的金属材料有较大腐蚀性，而且对橡胶和塑料部件也有腐蚀作用。发动机燃料系许多部件都是由橡胶、塑料等材料制成的。如化油器和油量计中的浮子一般是塑料制品，在醇燃料中会溶胀、变黏或破裂；燃油泵隔膜和燃油软管是橡胶制品，在醇燃料中会发生溶胀、变硬、变脆或软化等现象；纤维垫片会逐渐软化而导致漏油。

应该注意的是，不同橡胶或塑料在汽油、混合燃料和纯的甲醇或乙醇中的溶胀作用有明显的差异，因此在使用醇燃料或混合燃料时，应选择合适的橡胶或塑料材料作为燃料系部件。据研究，氟橡胶、氟硅橡胶、聚硫橡胶、改性丁腈橡胶、氯丁橡胶等耐醇、汽油和混合燃料的能力较好。另外，在燃料中加入某些添加剂也可以减轻含醇燃料的腐蚀性。

使用醇类和汽油的混合燃料时，还要注意醇类和汽油的互溶性问题。因为甲醇和乙醇都是极性很强的物质，它们与汽油的相溶性较差。在常温下，只有醇含量很低或很高时，才可能互溶，而乙醇与汽油的相溶性要好于甲醇。在混合燃料中加入助溶剂能大大改善醇与汽油的互溶性，常用的助溶剂有异丙醇、异丁醇、MTBE 等，其中异丁醇效果最好。

混合燃料中的水含量对体系的稳定性有很大影响。由于醇类很容易从空气中吸收水分，因此贮存和使用混合燃料时必须采取措施，不仅要防止水分的直接混入，还要防止燃料从空气中吸水。影响醇与汽油互溶性的另一个因素是燃料本身的组成。各种烃中，芳香烃与醇的

互溶性最大。汽油中芳香烃含量越大，越有利于汽油与醇的互溶，因此芳香烃有时也用作助溶剂。

（2）车用乙醇汽油的技术要求

目前，通常是将醇类（甲醇或乙醇）与汽油混合作为燃料，即甲醇汽油或乙醇汽油，应用比较广泛的是乙醇汽油。

按照乙醇在燃料中所占的体积百分数，乙醇汽油又分为 E5（含乙醇 5%）、E10（含乙醇 10%）、E20（含乙醇 20%）等。我国的车用乙醇汽油（E10）的质量要求见表 8.7。

表 8.7　车用乙醇汽油（E10）的质量要求

项　　目		质量指标（GB 18351—2013）			试验方法
		90 号	93 号	97 号	
抗爆性					
研究法辛烷值（RON）	不小于	90	93	97	GB/T 5487
抗爆指数（RON+MON）/2	不小于	85	88	报告	GB/T 503、GB/T 5487
铅含量/（g/L）	不大于	0.005			GB/T 8020
馏程					GB/T 6536
10% 蒸发温度/℃	不高于	70			
50% 蒸发温度/℃	不高于	120			
90% 蒸发温度/℃	不高于	190			
终馏点/℃	不高于	205			
残留量（体积分数）/%	不大于	2			
蒸气压/kPa					GB/T 8017
11 月 1 日至 4 月 30 日		42~85			
5 月 1 日至 10 月 31 日		40~68			
胶质含量/（mg/100mL）					GB/T 8019
未洗胶质含量（加入清净剂前）		30			
溶剂洗胶质含量		5			
诱导期/min	不小于	480			GB/T 8018
硫含量/（mg/kg）	不大于	50			SH/T 0689
硫醇（满足下列条件之一）					
博士试验		通过			SH/T 0174
硫醇硫含量（质量分数）/%	不大于	0.001			GB/T 1792
铜片腐蚀（50℃，3h）/级	不大于	1			GB/T 5096
水溶性酸或碱		无			GB/T 259
机械杂质		无			目测
苯含量（体积分数）/%	不大于	1.0			SH/T 0713
芳烃含量（体积分数）/%	不大于	40			GB/T 11132
烯烃含量（体积分数）/%	不大于	28			GB/T 11132
水分（质量分数）/%	不大于	0.20			SH/T 0246
乙醇含量（体积分数）/%		10.0±2.0			SH/T 0663
其他有机含氧化合物（质量分数）/%	不大于	0.5			SH/T 0663
锰含量/（g/L）	不大于	0.002			SH/T 0711
铁含量/（g/L）	不大于	0.01			SH/T 0712

目前，也有单纯直接用醇类作为汽油机燃料的情况。北京中天醇能源技术有限公司开发成功不添加汽油的 E85 改性乙醇清洁燃料，具有高效、环保、安全的优点。将它作为替代石化燃料的清洁能源进行推广，可以大幅度降低汽车尾气中 SO$_2$ 和氮氢化合物等有害物质的

排放，可有效减少空气污染。据介绍，E85 改性乙醇清洁燃料以工业乙醇为主要成分，针对乙醇的理化性能添加了专门的改性剂，是对乙醇进行复配改性得到的新型汽车燃料。此外，在该燃料中还要添加防腐剂、抗爆剂等功能性添加剂，以提高其热值、抗爆指数和动力性能，同时降低其对汽车部件的腐蚀。山东省环境监测中心的检测结果显示，使用 E85 改性乙醇清洁燃料的车辆，尾气排放的各项指标均优于 93 号汽油，具有环保、安全、无腐蚀、动力强等优点。

2008 年 4 月，中国国家标准化管理委员会下发了《关于成立全国变性燃料乙醇和燃料乙醇标准化技术委员会(SAC/TC349)的批复》，同意成立全国变性燃料乙醇和燃料乙醇标准化技术委员会，负责变性燃料乙醇和燃料乙醇领域的国家标准修订工作。其主要目标是通过标准化建设，有效降低燃料乙醇的资源消耗，提高燃料乙醇的能量利用效率，扩大其使用范围，从而推动行业技术进步。

（3）生物乙醇生产发展情况[98]

由于降低对石油产品的依赖以及减少环境污染的要求，生物乙醇的全球生产量正持续增长。美国和巴西合计占世界生物乙醇生产量的 80%。表 8.8 是世界前 5 位乙醇生产国(地区)。

表 8.8　世界前 5 位乙醇生产国(地区)生产量

国家(地区)	2005 年/ML	国家(地区)	2005 年/ML
巴西	16067	美国	90
美国	14755	巴西	64
中国	1000	欧盟	7.336
欧盟	950	中国	5.01
印度	300	加拿大	2.34

2007 年，世界乙醇生产量超过 570 亿 L，仅美国的生产量就超过了 240 亿 L。截至 2007 年，美国成为世界领先的乙醇生产国，占世界乙醇生产量的 48%，领先于巴西(占 32%)。

目前，巴西的乙醇生产以甘蔗为原料，生产成本低，每升 0.2 美元；美国以玉米为原料，乙醇生产成本为每升 0.33 美元；欧洲以小麦为原料的乙醇生产成本为每升 0.48 美元，以甜菜为原料的成本则为每升 0.52 美元。

随着生物乙醇生产技术进步，现在还开发了利用海藻或细菌清洁生产乙醇的新技术。

① 利用海藻将 CO_2 转化以生产乙醇　位于美国佛罗里达州 Naples 的 Algenol 公司于 2008 年 5 月中旬宣布，采用创新的第三代工艺使海藻将 CO_2 转化以生产乙醇。该工艺可将池槽内海藻浮渣直接转化成乙醇，而无需花费中间投资。Algenol 与墨西哥 BioFields 公司签署了一项 8.5 亿美元的合同，以繁殖海藻，将水、阳光和温室气体 CO_2 转化为车用燃料。Algenol 于 2009 年底在墨西哥 Sonoran 地区制取 1 亿 gal 乙醇；到 2012 年年底，增加到 10 亿 gal，相当于美国当年乙醇能力的 10% 以上。据称，从海藻每生产 1 亿 gal 乙醇将可吸收约 1.5Mt CO_2。据 Algenol 公司估算，1 英亩土地可制取 6000gal 乙醇；如果美国的乙醇从海藻制取，则可望仅使用美国制取燃料种植谷物所需土地的 3%。

陶氏化学公司于 2009 年 6 月 30 日宣布，投资 5000 万美元建设和运营中型规模生物炼油厂，使用海藻从 CO_2 生产乙醇。该公司与 Atgenol 公司合作，借助海藻、CO_2、盐水和太阳光的混合技术在光生物反应器中生产出乙醇，见图 8.2。陶氏化学公司从其生产基地提供 CO_2 气流，以及材料开发、土地和服务。该项目由 3100 个生物反应器组成，生产总能力可达 10 万 gal/a 乙醇。

图 8.2　Algenol 公司利用海藻将 CO_2 转化成乙醇

日本先进工业科技研究院(AIST)下属生物质技术研究中心于 2010 年 1 月 3 日宣布，正在开发从绿色微藻(如海藻)生产乙醇的潜力。研究人员将从泰国、越南和日本采集的 10 种绿色微藻物种分成三大家族，并测定了其单糖组成。从越南采集到的 Cheatomorpha 微藻品种是这些试样中含葡萄糖最高的，约为 300mg 葡萄糖/g 有机物。采用在日本采集到的 Ulva spp 对酶糖化和乙醇发酵进行试验，在压热器(120℃，20 min)中进行预处理后，使用 Acremonium 纤维素可得到葡萄糖产率约为 95%；在酶糖化后采用 S. cerevisiae IR-2 可使乙醇发酵效率约为 90%。

② 用细菌消耗 CO 生产乙醇。位于美国奥克兰的兰泽科技公司于 2007 年 8 月中旬宣称，研发出了一种由细菌消耗 CO 来生产乙醇的新工艺，并且已经取得了位于硅谷的科什拉投资公司的 350 万美元用于建立试验工厂，为大规模生产做准备。兰泽科技的创新主要是利用细菌在 CO 中，而不是在碳水化合物中生产乙醇。CO 来自于钢铁业等工业流程排放的废气。

8.3.4　生物柴油

植物油用作发动机应急燃料在二战时期就曾得到应用。近来人们则希望通过使用植物油作发动机燃料来摆脱对石油的过度依赖。植物油的许多性质与柴油比较接近，因此主要是用作柴油机替代燃料。已知的可作柴油机燃料的植物油有花生油、菜籽油、棉籽油、大豆油、桉树油、棕榈油等 40 多种。与化石柴油相比，植物油密度大，黏度和表面张力大，雾化困难，而热值略低。

生物柴油是指由动植物油脂(脂肪酸甘油三酯)与醇(甲醇或乙醇)经酯交换反应得到的脂肪酸单烷基酯，最典型的是脂肪酸甲酯。与纯植物油相比，单酯的性质更接近柴油，如热值和十六烷值较高，黏度与柴油相当。与传统的石化能源相比，生物柴油的硫含量低，芳烃含量少，闪点高，十六烷值高，润滑性好。生物柴油具有优良的环保特性，使用后可使二氧化硫、一氧化碳、颗粒物及有毒有机物排放量大大减少。生物柴油还具有良好的生物降解性，在环境中容易被微生物分解利用，可大大减轻意外泄漏时对环境的污染。使用生物柴油作柴油机燃料，对原有的柴油机、加油设备、储存设备等基本不需进行改动。

生物柴油可单独作为柴油机燃料，也可按一定的比例与石化柴油配合使用。我国生物柴油调合燃料(B5)国家标准(GB/T 25199-2014)中提出的建议性 B5 车用柴油技术指标见表 8.9。

表 8.9　建议性 B5 车用柴油(V)技术指标

项 目		质量指标			试验方法
		5 号	0 号	-10 号	
氧化安定性总不溶物/(mg/100mL)	不大于		2.5		SH/T 0175
硫含量/(mg/kg)	不大于		10		SH/T0689
酸值(以 KOH 计)/(mg/g)	不大于		0.09		GB/T 7304
10%蒸余物残炭(质量分数)/%	不大于		0.3		GB/T17144
灰分(质量分数)/%	不大于		0.01		GB/T 508
铜片腐蚀(50℃，3h)/级	不大于		1		GB/T 5096
水含量(质量分数)/%	不大于		0.035		SH/T 0246
机械杂质			无		GB/T 511
润滑油性					
校正磨痕直径(60℃)/μm	不大于		460		SH/T 0765
多环芳烃(质量分数)/%	不大于		11		GB/T 25963
运动黏度(20℃)/(mm²/s)			2.5~8.0		GB/T 265
冷滤点/℃	不高于	8	4	-5	SH/T 0248
凝点/℃	不高于	5	0	-10	GB/T 510
闪点(闭口)/℃	不低于		55		GB/T 261
十六烷值	不小于		51		GB/T 386
馏程/℃					
50%回收温度	不高于		300		
90%回收温度	不高于		355		GB/T 6536
95%回收温度	不高于		365		
密度(20℃)/(kg/m³)			800~850		GB/T 1884 GB/T 1885
脂肪酸甲酯含量(体积分数)/%			1~5		GB/T 23801

8.3.5　氢气作替代燃料

由于氢气燃烧时几乎不排放 CO_2 废气，氢气的点燃范围宽，燃烧干净，仅产生水和少量 NO_x(若采用先进催化燃烧技术，则无 NO_x 排放)。因此氢是一种理想的清洁燃料，用作汽车燃料可实现真正的"零排放"。但是用天然气、煤或电解水制氢时，也要考虑到 CO_2 的问题。如果用矿物燃料发电制氢，那么对整个环境的好处就极不可靠了，氢气的制取和专门的分配系统也需要很大的投资。

1999 年，Exxon、ARCO 和 GM Delphi 分别签署了"汽油-氢气"研究的协议，其目的是用运输工具装置式反应堆为燃料电池发生氢气。按照常识，可用液体燃料制作燃料电池，该液体燃料氢含量尽可能高，硫含量绝对最小，为了氢最大化、烯烃、芳烃应最小或除去。有趣的是这也是新配方燃料的总方向趋势。

8.4　燃料电池

燃料电池是理想的替代燃料。燃料电池由于具有能量转换效率高、对环境污染小等优点而受到世界各国的普遍重视。燃料电池技术在 21 世纪上半叶在技术上的冲击影响，会类似于 20 世纪上半叶内燃机所起的作用。福特汽车公司主管 PNGV 经理鲍伯。默尔称：燃料电池必定给汽车动力带来一场革命，燃料电池是唯一同时兼备无污染、高效率、适用广、无噪声和具有连续工作和积木化的动力装置。预期未来燃料电池会在军用和民用的电力、汽车、通信等许多领域发挥重要作用。

8.4.1　燃料电池的基本原理与结构[67,94]

燃料的化学能转换成电能的途径如图 8.3 所示。

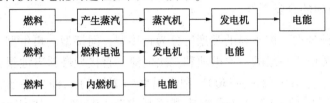

图 8.3　燃料的化学能转换成电能过程

由以上比较可以看出，在三种能量的转化过程中，只有燃料电池可以将化学能直接转化成为电能，没有经历"热"的转化这一中间步骤，所以就不受卡诺循环效率理论的限制。与一般原电池、蓄电池不同的是化学原料(即参加电极反应的活性物质)并不储存于电池内部，而是全部由电池外部供给。因此，原则上只要外部不断供给化学原料，正负极分别供给氧和氢(通过天然气、煤气、甲醇、汽油等化石燃料的重整制取)，燃料电池就可以不断工作，将化学能转变为电能，因此燃料电池又叫"连续电池"。它是继水力、火力、原子能发电之后的第四代发电技术。

由图 8.4 可见，燃料电池由 4 个主要系统组成。

① 燃料处理设备，将碳氢燃料转变成富含氢的气体。

② 燃料电池反应系统，将氢气和空气中的氧通过电化学反应转变成直流电和水。

③ 功率调节系统，将反应堆输出的直流电转换成所需电压和功率的交流电或直流电。

④ 能量回收子系统，将子系统的能量进行转化以便更优化系统效率，并为工业废热发电提供可回收的有用热量。

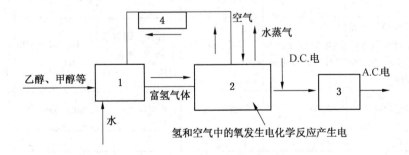

图 8.4　燃料电池结构示意图

1—燃料处理设备；2—燃料电池反应系统备；3—功率调节系统；4—能量回收子系统

燃料电池的两个电极(阳极和阴极)被固体电解质隔开，见图 8.5。

燃料部分如氢被运送到阳极，在阳极燃料被氧化，电子被释放到外环路。氧化剂部分如氧被送到阴极，在阴极氧化剂从外环路接受电子被还原。通过外环路的电子流动(电子从阳

图 8.5　燃料电池作用原理图

极到阴极）而产生直流电，电解质则在两个电极间起传导离子作用。

8.4.2　燃料电池的分类[67,94]

燃料电池有多种分类。按燃料的类型可分为直接型、间接型、再生型三类，其中直接型和再生型燃料电池类似于一般的一次电池和二次电池。直接型燃料电池根据工作温度又可分为低温型（<200℃）、中温型（200~750℃）和高温型（>750℃）三种。按电解质分类，燃料电池又可分为碱性燃料电池（AFC）、磷酸盐型燃料电池（PAFC）、固体氧化物型燃料电池（SOFC）、熔融碳酸盐型燃料电池（MCFC）和聚合物离子膜燃料电池（PEMFC）等类型。表8.10列出了几种主要类型燃料电池的燃料、电解质、电极和工作温度等基本特点。

表 8.10　燃料电池的分类

类型	碱性燃料电池（AFC）	磷酸型燃料电池（PAFC）	熔融碳酸盐型燃料电池（MCFC）	直接甲醇燃料电池（DMFC）	固体氧化物型燃料电池（SOFC）	聚合物离子膜燃料电池（PEMFC）
燃料	纯氢	煤气、天然气、甲醇等	煤气、天然气、甲醇等	甲醇	煤气、天然气、甲醇等	纯氢，净化重整气
电解质	KOH，NaOH	磷酸水溶液	KLiCO₃熔盐	全氟磺酸膜	$ZrO_2 - Y_2O_3$（8VSZ）	Nafion
电极						
阳极	双孔结构或黏结型憎水氢电极（含银、铂的碳棒）	多孔质石墨(Pt催化剂)	多孔质镍（不要 Pt 催化剂）	含镍金属陶瓷电极	Ni-ZrO₂金属陶瓷（不要 Pt 催化剂）	多孔质石墨或Ni(pt催化剂)
阴极	双孔结构或黏结型憎水氢电极（含银、铂、镍的碳棒）	含 Pt 催化剂多孔质石墨+Teflon	多孔 NiO（掺锂）	含镍、锶等贵金属氧物的复合体	Laₓ Srl - xMn(Co)O₃	多孔质石墨或是 Ni（Pt 催化剂）
工作温度/℃	室温~200	~200	~650	室温~200	800~1000	~100
氧化剂	纯氧	空气	空气	空气	空气	氧气或空气
导电离子	OH⁻	H⁺	CO_3^{2-}	H⁺	O^{2-}	H⁺
技术状态	高度发展，已在航天中成功应用	高度发展已用作分散电站，成本高，余热利用价值低	正在进行现场试验需延长寿命	正在开发	电池结构选择开发廉价制备技术	高度发展已有电动样车需降低成本

142

类型	碱性燃料电池（AFC）	磷酸型燃料电池（PAFC）	熔融碳酸盐型燃料电池（MCFC）	直接甲醇燃料电池（DMFC）	固体氧化物型燃料电池（SOFC）	聚合物离子膜燃料电池（PEMFC）
规模/kW	1～100	1～2000	250～2000	1～1000	1～100	1～300
主要研制单位	美国：国际燃料公司 德国：西门子公司 中国：大连化学物理研究所，天津电源所	美国：国际燃料公司 日本：东芝公司	美国：国际燃料公司 日本：中央电力研究所 中国：大连化学物理研究所，上海交通大学	美国：阿莫科斯国家实验室 中国：大连化学物理研究所，长春应用化学研究所	美国：国际燃料公司 德国：西门子公司 中国：大连化学物理研究所，上海硅酸盐所，吉林大学	美国：国际燃料公司 加拿大：巴拉德公司 德国：西门子公司 中国：大连化学物理研究所

近年因环境保护而新兴起来的生物电池，可用生物原料生产电能，即将生物原料通过反应器转换成燃烧气体（H_2、CO、CH_4），经加工处理后作为燃料电池的原料用于建立分散电站，供家庭或城市用电，也可转换成 H_2，用于电动汽车。

燃料电池的另一亮点是细菌电池。其基本原理是通过细菌发酵，把酸或糖类转化为氢气，再将氢气导入磷酸燃料电池后发电。美国 1984 年设计出一种供遨游太空用的细菌电池，原料是宇航员的尿液和活性菌。日本也研制过用特制糖浆作原料的细菌电池。

8.4.3　燃料电池的特点[94]

（1）高效

燃料电池按电化学原理等温地直接将化学能转化为电能。它不通过热机过程，因此不受卡诺循环的限制。在理论上它的热电能转化效率可达 85%～90%。但实际上，电池在工作时由于各种极化的限制，目前各类电池实际的能量转化效率均在 40%～60% 的范围内。若实现热电联供，燃料的总利用率可高达 80% 以上。

（2）环境友好

当燃料电池以富氢气体为燃料时，富氢气体是通过矿物燃料来制取的。在制取过程中，其二氧化碳的排放量比热机过程减少 40% 以上，这对缓解地球的温室效应是十分重要的。由于燃料电池的燃料气在反应前必须脱除硫及其化合物，而且燃料电池是按电化学原理发电，不经过热机燃烧过程，所以它几乎不排放氮的氧化物和硫的氧化物，减轻了对大气的污染。当燃料电池以纯氢为燃料时，它的化学反应产物仅为水，从根本上消除了氮的氧化物、硫的氧化物及二氧化碳等的排放。

（3）安静

燃料电池按电化学原理工作，运动部件很少。因此它工作时安静，噪声很低。实验表明，距离 40kW 磷酸燃料电池电站 4.6m 的噪声水平是 60dB。而 4.5MW 和 11MW 的大功率磷酸燃料电池电站的噪声水平已经达到不高于 55dB 的水平。

（4）可靠性高

碱性燃料电池和磷酸燃料电池的运行均证明燃料电池的运行高度可靠，可作为各种应急电源和不间断电源使用。

8.4.4　燃料电池的应用[94]

燃料电池是电池的一种，具有常规电池（如锌锰干电池）的积木特性，即可由多台电池按串联、并联的组合方式向外供电。因此，燃料电池既适宜用于集中发电，也可用作各种规格的分散电源、可移动电源。

固体氧化物燃料电池可与煤的气化构成联合循环，特别适宜于建造大、中型电站。如将余热发电也计在内，其燃料的总发电效率可达70%~80%

熔融碳酸盐燃料电池可采用净化煤气或天然气作燃料，适宜于建造区域性分散电站。将它的余热发电与利用均考虑在内，燃料的总热电利用效率可达60%~70%。当燃料电池发电机组以低功率运行时，它的能量转化效率不仅不会像热机过程那样降低，反而略有升高。因此，一旦采用燃料电池向电网供电，如今令人头痛的电网调峰问题将不复存在。

质子交换膜燃料电池可在室温快速启动，并可按负载要求快速改变输出功率，它是电动车、不依赖空气推进的潜艇动力源和各种可移动电源的最佳候选者。

以甲醇为燃料的直接甲醇燃料电池是为手机、笔记本电脑等供电的优选小型便携式电源。

碱性燃料电池在20世纪50~70年代就大力研究、开发并首先在航天领域获得广泛应用。它具有高的转换效率，高比功率和高比能量的优点。培根型中温（200~250℃）碱性燃料电池是阿波罗登月飞船上的主电源，石棉膜型碱性燃料电池至今仍在用作美国航天飞机上的主电源。

8.4.5　燃料的选择

目前，燃料电池汽车的燃料可以是甲醇、氢和汽油之类的液体燃料。燃料电池汽车的燃料选择不仅对汽车制造商和能源工业非常重要，而且，对用户也十分重要。

燃料电池汽车必须在性能和价格方面与将来的其他汽车技术竞争。燃料的选择影响到汽车的设计、价格和用户的接受程度。因此，燃料的选择必须与汽车一起来考虑。一般来讲，直接满足燃料电池的燃料的生产和供应是困难的和昂贵的。目前的经验表明，汽车和燃料都要满足用户的需要。

氢作为燃料电池汽车的燃料的技术已经成熟。但由于氢密度小，危险性大，进行商业化也会碰到麻烦。氢的储存需要特殊条件，燃料电池汽车因需要背上体积很大的氢气罐，难以小型化。此外，无论是气态氢还是液态氢，在加注的时候都需要专门而且昂贵的技术设备，过高的成本增加了"加油"网站建设的困难，限制了燃料电池汽车的使用范围。

甲醇可能不经改质直接供给电池作燃料，这种电池称为直接型甲醇燃料电池（DMFC）。美国能源部、GM汽车公司、BPS公司和洛斯阿拉斯国立研究所正在联合研制采用DMFC的电动汽车，但还存在许多技术困难有待克服。德国BASF公司正与世界多家汽车公司合作，开发一种新型催化技术，在此基础上制造能够以甲醇为原料制取氢的燃料电池。这项技术将使燃料电池由直接使用氢燃料转变为使用甲醇，为燃料电池动力系统的小型化和实用化创造条件。甲醇的生产成本低，通常以液体形式存在，便于储存，也可以如同汽油一样方便地加注。BASF公司已与Daimler Chrysler、Ford和加拿大Ballard动力系统公司等世界多家汽车制造企业达成协议，共同组建了一家子公司，开发这项新技术。2004年BASF公司开始使用这

144

种新型催化技术的微型的燃料电池汽车，并批量生产投放市场。这种噪音低、低污染的汽车一次加"油"可连续行驶400km，最高时速将能够达到120km。Daimler Chrysler 公司也积极从事甲醇转化器用于燃料电池的开发工作。

此外，如果用甲醇作为燃料电池汽车的燃料，还需要考虑工业生产的工人和汽车用户的安全、甲醇对地下水的污染和潜在的火灾危险性。在大规模推广前，需要开发和宣传安全和环保方面的预防措施。此外，还要建立新的甲醇运输和供应网，或将现有的加油网络进行改造。

如果用汽油作为燃料电池汽车的燃料，生产和供应可以利用现有的设施，但是，汽油转换为氢的设备非常复杂。目前，还没有成熟的技术和设备。Daimler Chrysler 公司的子公司 Xcellis、Balland 和 Ford 公司以及 Shell 公司已在静态和动态操作条件下验证了 50kW 的多种燃料系统。该项开发组合了 Xcellis 公司燃料处理器的经验，以及采用 Shell 公司部分催化氧化技术的燃料电池技术。整个开发工作的目标是开发紧凑的、一体化的汽油转化器，作为燃料处理器的核心。

因此，用甲醇作为燃料电池汽车的燃料和用汽油作为燃料电池汽车的燃料的开发工作应同步进行。在进行燃料电池汽车的燃料选择时，应从燃料的生产、供应和汽车的设计通盘考虑，使汽车和燃料的价格具有竞争性，而且要便于供应，这样，才能使燃料电池汽车早日进入市场。

8.4.6　燃料电池的现状及发展趋势

与国外相比，我国燃料电池的研究水平还比较低。以 PEMFC 的研究为例，我国在这方面的研究还在起步阶段，许多技术问题还没有解决，而国外 PEMFC 的技术已趋于成熟，开始进入商品化阶段。如加拿大 Ballard 公司研制成功的 PEMFC，其比功率已达 1000W/L，使用寿命达 1000h。他们已生产了 20 台示范用 5kW 的 PEMFC 样机供其他单位试用；提供德国 Benz 公司（用于面包车）的 PEMFC 性能良好；以 PEMFC 作动力的公共汽车，功率为202.6kW，行程达 400km，可载 75 人，现已售出六辆 PEMFC 汽车。

PEMFC 作为电动车动力源时，动力性能可与汽油、柴油发动机相比，而且是环境友好的动力源。当以甲醇重整制氢为燃料时，每公里的能耗仅是柴油机的一半，它是电动车的最佳候选电源。

美国总统办公厅科技政策办公室于 1995 年公布了第三个双年度美国国家关键技术报告。此报告列举了对美国经济繁荣和国家安全至关重要的七大类技术，即能源、环境质量、信心通讯、生命系统、制造、材料和运输，共包括 27 个关键技术领域，90 个子领域和 290 个专项技术。燃料电池是 27 个关键技术领域之一。美国时代周刊 1995 年将燃料电池电动车列为 21 世纪十大高新技术之首。德国 Daimler-Benz 公司和加拿大 Ballard 公司共同投资 4.5 亿加元，成立了燃料电池有限公司，开发 PEMFC 汽车发动机。

作为下一代环境保护汽车而引起人们广泛关注的燃料电池汽车技术正在向实用化阶段迈进，世界各大汽车生产企业之间的开发竞争日趋激烈。

美国 GM 公司与其所属企业——德国欧宝汽车公司最近宣布一项庞大计划，在 2010 年以前将燃料电池汽车销售额提高到企业集团汽车总销售额的 10%，2025 年提高到 25%。

尽管 PEMFC 具有高度环境友好等突出优点，目前仅能在特殊场所应用和试用。汽车制造商要使燃料电池汽车实现商业化尚需克服许多障碍，如燃料电池的成本太高，用其作动力的汽车质量太大等等。按照目前的技术，光是燃料电池设备的制造成本就达 3 万美元，是汽车发动机成本的 10 倍之多。而"新电力车四代"的质量比同样大小的使用汽油发动机的汽车多 500kg。

至今在降低 PEMFC 成本方面，国际上已取得突破性进展。由于在电催化和电极制备工艺方面的改进，尤其是电极立体化工艺的发明，已使 PEMFC 电池铂量从 MK5 的 8g/kW 降到小于 lg/kW。Ballardcng 在降低膜成本方面也取得了突破性进展，他们用三氟苯乙烯聚合物制备的膜组装电池的运行寿命已超过 4000h，而每平方米膜的成本仅 50 美元。为降低电极板制造费用，国外正在开发薄涂层金属板和石墨板铸压成型技术和新型电池结构。我国正深入研究低铂含量合金电催化剂、电极内 Pt 与 Nafion 最佳分布，进一步提高 Pt 利用率和降低 Pt 用量，开发金属表面改性与冲压成型技术和甲醇、汽油等氧化重整制氢技术，以及抗 CO 中毒的阳极电催化剂。

参 考 文 献

[1] 刘永辉，李静．绿色化学的研究与进展[J]．浙江化工，2008，39(11)：10~13

[2] 朱清时．绿色化学[J]．化学进展．，2000，12(4)：410~413

[3] 朱宪．绿色化学工艺[M]．北京：化学工业出版社，2001

[4] 闵恩泽，吴巍等．绿色化学与化工[M]．北京：化学工业出版社，2000

[5] 黄培强等．绿色合成：一个逐步形成的学科前沿[J]．化学进展．2000，10(2)：265~269

[6] 顾国维．绿色技术及其应用[M]．上海：同济大学出版社，1999

[7] 梁文平，唐晋．当代化学的一个重要前沿——绿色化学[J]．化学进展．2000，12(2)：228~230

[8] 梁文平．1999 美国总统绿色化学挑战奖研究工作介绍[J]．化学进展．2000，12(1)：118~119

[9] J Am Chem Soc, 1998, 120：4867

[10] 顾可权．重要有机化学反应[M]．上海：上海科学技术出版社，1983

[11] Trost B M. Science, 1991, 254, 1471

[12] Trost B M. Pure Appel Chem, 1992, 64, 315

[13] Trost B M. Angew. Chem. Int Ed Engl, 1995, 34, 259

[14] Rouhi A M. C&EN, 1995, 73(25), 32

[15] 陆熙炎．绿色化学与有机合成及有机合成中的原子经济性[J]．化学进展，1998，10(2)：123~130

[16] Lu X, Ma D. Pure Appel Chem, 1990, 62, 723

[17] Wang z, Lu X. Tetrahedron Lett, 1997, 38, 5213

[18] Jessop Pg, Ikariga T, Noyofi R. Nature, 1994, 368, 231

[19] 温朗友等．固体杂多酸催化剂研究新进展[J]．石油化工，2000，29(1)：50~53

[20] 闵恩泽，傅军．绿色化工技术的进展[J]．化工进展，1999，(3)：5

[21] 王尚弟，孙俊全．催化剂工程导论[M]．北京：化学工业出版社，2001，4

[22] 吴越．催化化学[M]．北京：科学出版社，1998

[23] 童海宝．酶催化-催化反应的新领域[J]．精细与专用化学品．，1998，(13)：6

[24] 赵骧等．催化剂[M]．北京：中国物质出版社，2001

[25] 吴越．取代硫酸、氢氟酸等液体酸催化剂的途径[J]．化学进展，1998，10(2)：165~17l

[26] Hasegawa S, Kudo M, Tanaka T. In Acid-Base Catalysis Tanaka K, Hattori H, Yamaguchi T et al ed), Kodawsha VCH, 1988, 2~6：183~190

[27] 丁键桦，乐长高，秦华．酯合成中催化剂的研究及进展[J]．化工生产与技术，2000，7(2)：21~23

[28] 彭峰．绿色化学中的新催化方法[J]．化工进展，2001(4)：8~10

[29] 邝生鲁．催化与清洁工艺[J]．现代化工，1999，19(5)：30~33

[30] 陈香生. 纳米材料及其在石油化工催化剂和添加剂中的应用前景[J]. 炼油设计, 2001, 31(3): 58~60

[31] 沈师孔. 烃类晶格氧选择催化氧化[J]. 化学进展, 1998, 10(2): 140~145

[32] Contractor RM, Garnett B I, Horowite Hsetal. Stud Surf Sci Catal, 1994, 82: 233

[33] Centi G, Catal. Today, 1993, 16(1): 5

[34] Abon M, Bere K E, Deliehere P. Catel Today, 1997, 33, 15

[35] 李再资. 生物工程与酶催化[M]. 广州: 华南理工大学出版社, 1995

[36] 张立德. 纳米材料[M]. 北京: 化学工业出版社, 2000

[37] Burch, Cruise N A, Gleeson, et al. Mater Chem, 1998, 8: 277

[38] 吴棣华. 几种值得注意的有机原料清洁工艺技术[J]. 化学进展, 1998, 10(2): 131~136

[39] 刘盛林. 甲烷二氧化碳和氧气转化制合成气[J]. 石油与天然气化工, 1999, 28(1): 9~12

[40] 金华峰等. Fe/Ti/Si 复合纳米微粒光催化降解 NO_2[J]. 化学研究与应用, 2001, 13(2): 153~155

[41] 张镜澄. 超临界流体萃取[M]. 北京: 化学工业出版社, 2000, 11

[42] 亓玉台等. 超临界流体技术及在石油化工和环境保护中的应用[J]. 石油炼制与化工., 2000, 31(3): 27~32

[43] 徐志摩, 朱凌燕, 封鹿舜. 超临界 CO_2 中的高分子合成研究进展[J]. 化学进展, 1998, 10(2): 123~130

[44] 吴卫生, 马紫峰, 王大璞. 超临界流体技术发展动态[J]. 化学工程, 2000, 28(5): 45~49

[45] 张永强等. 化工过程强化对未来化学工业的影响[J]. 石油炼制与化工, 2001, 32(6): 1~5

[46] 闵恩泽. 新催化材料和化工过程强化[J]. 石油炼制与化工. 2001, 32(9): 1~6

[47] 张锁江. 绿色化工过程的合成与设计. 广州: 化学工程和技术研究前沿和进展高级研讨班报告汇集, 2002.1

[48] 金涌. 工业生态经济学与生态工业园[C]. 广州: 化学工程和技术研究前沿和进展高级研讨班报告汇集, 2002, 1

[49] 吴基铭. 以产品为中心的过程合成与开发[C]. 广州: 化学工程和技术研究前沿和进展高级研讨班报告汇集, 2002, 1

[50] 林永达, 陈庆云. 大气臭氧层破坏和 CFCs 替代物[J]. 化学进展, 1998, 10(2): 228~230

[51] 覃兆海等. 超声波在有机合成中的应用[J]. 化学进展, 1998, 10(1): 63~73

[52] 杜永峰, 苏亚风. 超声波在化学工程中的应用[J]. 化学工程, 2001. 29(4): 73, 75

[53] 樊兴君等. 微波促进有机化学反应研究进展[J]. 化学进展, 1998, 10(3): 285~295

[54] Stankiewicz A I, Moulijn Ja. Chem Eng Prigr, 200, January. 22

[55] Ramshaw C. Process Intensification and Green Chemistry. Green Chemistry, 1999, 1(1): G15~G17

[56] Camana C M. Micromixing Greates a Stir Chemical Engineering Progress, 2000, (5): 9~10

[57] Li H Z, Fasol Ch, Choplin L. Hydrodynmnics And Heat Transfer Of Rheologicaily Complex Fluids in a Slier SMX Static Mixer. Chenncal Engineering Science, 1996, 51(10): 1947~1955

[58] Stank A I, Moulijn J A. Process Intensification: Transforming Chemical Engineering. Chemical Engineering Progres. 2000(1): 22~34

[59] Podrebarae G G, Ng F T T, Prmple G L. Chem tech, 1997. 5: 37

[60] Beenaekers A A, Van Swaais wo. Chem Eng Sci, 1993, 43(180): 3107

[61] 韩晶等. 我国水处理剂的研究与应用现状展望[J]. 精细石油化工, 2001, (3): 38~40

[62] 郑书忠. 水处理化学品发展现状及展望[J]. 精细与专用化学品, 2001. 24: 3~6

[63] 王春鹏等. 人造板用胶粘剂的发展趋势[J]. 精细与专用化学品, 2001, (1): 3~5

[64] 邓启明. 我国鞋用胶黏剂的市场与展望[J]. 精细与专用化学品, 2001, (1): 8~10

[65] 周其南. 90 年代开发的绿色表面活性剂[J]. 石油化工动态, 2000, 8(1): 52~54

[66] 何正. 日本聚合物添加剂工业发展方向[J]. 精细与专用化学品，2001，5：10~12；译自 JCW 2000，41(2100)：4

[67] 马伯文. 清洁燃料生产技术[M]. 北京：中国石化出版社，2001，2

[68] 钱易，唐孝炎. 环境保护与可持续发展[M]. 北京：高等教育出版社，2000

[69] 刘均科等. 塑料废弃物的回收与利用技术[M]. 北京：中国石化出版社，2000，5

[70] 聂永丰主编. 无废处理工程技术(固体废物卷)[M]. 北京：化学工业出版社，2000，5

[71] 明伟华等. 对于绿色环境保护的涂料发展动向[J]. 化学进展，1998，10(2)：196，201

[72] Jones F N. In Proceedings of 24th Waterborne, Higher-Solids and Powder Coating Symposium, New Orleans, LA, USA, 1997, 1

[73] 陈红. 粉末涂料发展展望[J]. 涂料工业，2001，11(9)：5~9

[74] 朱则刚. 深度透析集中绿色环保的无溶剂涂料及其未来发展[J]. 聚氨酯，2014，(12)：60~67

[75] 林鸣玉. 环保型涂料在汽车工业中的应用[J]. 涂料工业，2000，(4)：12~18

[76] 黄文轩. 环境兼容润滑剂的综述[J]. 润滑油. 1997，12(4)：1~8

[77] 张访谊等. 生物降解润滑油的发展与应用[J]. 润滑油，2001，16(2)：13~18

[78] 景振华. 21 世纪炼油技术战略研讨会[C]. 北京，1999，10，9

[79] 杨光. 21 世纪炼油技术战略研讨会[C]. 北京，1999，10，9

[80] 魏述俊. 新配方汽油对我国炼油工业的影响及对策[J]. 石油炼制与化工，1994，25(7)：37~43

[81] 北京设计院. 催化重整及芳烃装置工程设计 40 年文集[C]. 1999 年

[82] 胡德铭，钱培良. 国外催化重整工艺主要进展[J]. 石油化工动态，1997，(2)

[83] 1999 NPRA Annual Meeting. AM-99-30

[84] 2000 NPRA Annual Meeting. AM-00-11

[85] 2000 NPRA Annual Meeting. AM-00-61

[86] 1998 NPRA Annual Meeting. AM-98-37

[87] Clause 0, Franck J, Mank L, MartinaG. 催化重整和烷烃异构化的发展趋势[C]. 第 15 届世界石油大会，北京，1997

[88] 程国香. 固体酸烷基化工艺发展现状. 石化技术，1998，5(3)：182~187

[89] 2000 NPRA Annual Meeting. AM-00-12

[90] 1999 NPRA Annual Meeting. AM-99-27

[91] 1999 NPRA Annual Meeting. AM-99-40

[92] 1999 NPRA Annual Meeting. AM-99-56

[93] 1999 NPRA Annual Meeting. AM-99-38

[94] 衣宝廉. 燃料电池-高效、环境友好的发电方式[M]. 北京：化学工业出版社，2000，11

[95] Grieeo P A. Garner P, He Z. Tetrahedrom Lett，1983，24(8)：1897~1990

[96] 林伟. 氧化硅源和氧化锌颗粒大小对 S Zorb 吸附剂脱硫活性的影响[J]. 石油学报(石油加工). 2012，28(5)：739~743

[97] 王福安，任保增. 绿色过程工程引论[M]. 北京：化学工业出版社，2002，10

[98] 钱伯章. 生物乙醇与生物丁醇及生物柴油技术与应用[M]. 北京：科学出版社，2010，9

第二篇　绿色环保技术

绿色环保是指在提倡绿色生产和绿色消费需求下逐步发展起来的无污染、清洁生产和后续产品资源化的环境保护技术及其工艺要求。绿色环境保护技术开发与发展是可持续发展战略的一项重要内容，也是 21 世纪世界各国所关注的重点。为此，各国政府都在加大对环境保护技术，特别是绿色环保技术开发的支持力度。在美国，把专门处理环境污染问题的技术称之为"深绿色技术"，如工业废水和城市污水处理工艺、烟气除尘脱硫工艺等。把并非以保护环境为直接目标且具有多重目的的技术称之为"淡绿色技术"，如为提高产品质量，降低废品率和提高生产率的技术，同时也达到了减少废料产生和降低能耗的目标。

1994 年，美国政府发布了《面向可持续发展的未来技术》报告，明确指出环境技术有利于同时实现国家的经济目标、环境目标和能源目标；联邦政府要带头重视环境，尽量购买和采用可再生材料生产的物品；今后环境技术发展重心将是避害，而不是治理已存在的污染。采用无污染的清洁生产技术，促进后续产品资源化、无害化，已成为现代工业发展的一种趋势。

环境保护是我国的一项基本国策。随着经济改革发展深入，特别是加入世界贸易组织（WTO）后，绿色环境保护工作越来越引起人们的关注和重视。为顺应这种国际趋势，我国先后出台了一系列旨在加强环境保护、发展绿色食品生产和无公害化清洁能源生产的法规与评价标准，并在开展绿色环保国际合作方面取得了一定的进展。

实践证明，以大量消耗资源、能源、粗放经营、产生二次污染为特征的传统环境治理发展模式，改善环境及产品质量的效果已很不明显，经济更是难以持续快速发展。因此，善于从实践中吸取正反两方面的经验教训，摒弃传统环境治理与保护的观念，开拓绿色环境保护道路，在经济持续、快速、健康发展的同时，创造一个清洁安静、优美舒适的工作环境和生活环境，是历史赋予我们光荣而艰巨的任务[1~2]。

9 污染废物及其处理技术

按照国内外目前的绿色环保要求，污染物及其治理技术包括污水及其治理技术，废气及其治理技术、化工固体废弃物与城市生活垃圾及其治理技术等几个方面。

9.1 污水的来源、危害与处理技术

9.1.1 污水的来源与危害[1~5]

污水(或废水)中的污染物，按其种类和性质，一般可分为六大类。即无机无毒物、无机有毒物、有机无毒物、有机有毒物、石油类污染物、其他种类污染物。它们的来源不同、性质不同、危害也不同，详见表9.1。

表 9.1 污水污染物来源及危害

	污染物种类	来　源	危　害
无机无毒物	砂粒、砂渣	矿山开采、工厂固体渣	水体浑浊、影响感官性，水体 pH 发生变化、破坏自然等
	酸、碱无机盐类	工业废水	缓冲作用、增加水的硬度等
	氮、磷等植物营养物质	工业废水、城市废水	水体富营养化、缺氧，致生命体变异、死亡等
无机有毒物	氰化物	电镀废水、化工厂废水	剧毒物质、抑制细胞呼吸、造成生命体组织严重缺氧、死亡
	砷及砷化物	冶金、化工、炼焦、皮革废水	累计性中毒物、致癌、死亡
	汞、镉等重金属化合物	化工、冶炼废水、废渣	累计性中毒物、使生命体的蛋白质、酶失去活性、慢性疾病等
有机无毒物	碳水化合物	自然生成的有机物	耗氧、缺氧等
	蛋白质、脂肪	食品加工厂废水	发臭、污染等
有机有毒物	农药、DDT、六六六、醛、酮、酚	人工合成、石油化工企业中的废水、废料	耗氧、难降解，慢性疾病等；毒害神经、破坏钙的代谢、致癌、遗传变异等
	聚氯联苯		致生殖伤害、致畸形、致突变等三致危险
	芳香族氨基化合物		三致危险、慢性疾病等
	塑料、橡胶、化纤、高聚物		三致危险
	染料色素		三致危害
	苯及多环有机化合物		三致危害

	污染物种类	来 源	危 害
石油类污染物	原油、石油产品	石油开采、储运、炼制	油膜使水面与大气隔绝,污染水体等
	含油洗舱水	使用过程中排出的废油及含油废水	危害水生生物等
其他污染物	放射污染、光污染	铀矿、磷矿的开采、提炼、浓缩产生的废水	使生物遗传变异或致癌
	热污染、化学污染	化工企业冷却水、废旧电池、电器等	水温升高,增加水体生物、繁殖及化学反应、重金属毒害等

9.1.2 污水处理方法的分类[1~5]

现代的污水处理技术,按其作用原理可分为物理法、化学法、物理-化学法、生物法四大类,详见表9.2。

表9.2 污水处理方法

类 型	方 法	适用场合和作用
物理法	重力分离(沉淀)法	前处理
	过滤法	脱除固体废物
	气浮(浮选)法	脱除密度较小的悬浮物
	离心分离法	废水与水密度差较大时
化学法	化学沉淀法	使废水反应沉淀
	混凝法	使废水颗粒凝聚成大颗粒
	中和法	调节废水 pH 值
	氧化还原法	将废水氧化或还原,变有害为无害
物理-化学法	萃取(液-液)法	使废物溶质溶入溶剂中(溶剂与水不互溶)
	吸附-离吸法	将废水中溶质被吸附于吸附剂表面而脱除
	离子交换法	利用离子交换剂置换污水中的离子化物质
	电渗析(膜分离的一种)法	与离子交换原理相同,但省去了再生剂再生树脂的过程
	超过滤(膜分离的一种)法	与过滤原理同,但孔更微小,适用于废水深度处理
	反渗透法	与超过滤相同
生物法	活性污泥法	脱除水中的有机污染物
	生物膜法	吸附降解水中的有机污染物
	厌氧生物处理法	处理高、中等浓度的有机污水
	膜泥结合法	脱除废水中的无机、有机化合物

9.1.3 污水处理流程[1~5]

污水中的污染物质是多种多样的,往往需要通过几种方法复合组成的处理系统,才能达到排放要求的标准。图9.1和图9.2分别为城市生活污水、石油化工厂污水处理的典型流程。

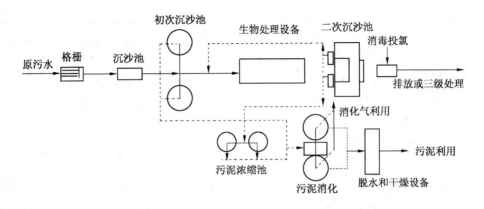

图 9.1　城市污水处理典型流程

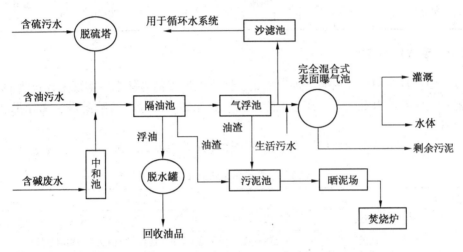

图 9.2　炼油厂废水处理的典型流程灌溉水体剩余污泥

9.2　废气的来源、危害及其处理技术

9.2.1　废气的来源与危害

废气依照污染物存在的形态可分为颗粒污染物与气态污染物。依与污染源的关系可分为一次污染物与二次污染物(如光化学烟雾)。主要大气污染物的来源与危害见表 9.3[1~4,6~7]。

表 9.3　地球上自然过程及人类活动的大气污染物排放源、排放量及危害

污染物名称	自然排放		人类活动排放		气中背景浓度	危害性及程度
	排放源	排放量/(t/a)	排放源	排放量/(t/a)		
SO_2	火山活动	未估计	煤和油的燃烧工厂烟气	146×10^6	0.2×10^{-9}	形成硫酸烟雾酸雨
H_2S	火山活动、沼泽中的生物作用	100×10^6	化学化工过程、污水处理	3×10^6	0.2×10^{-9}	致人中毒、酸雨

153

污染物名称	自然排放		人类活动排放		气中背景浓度	危害性及程度
	排放源	排放量/(t/a)	排放源	排放量/(t/a)		
CO	森林火灾、萜烯反应	33×10^6	机动车和其他燃烧过程排气	304×10^6	0.1×10^{-6}	光化学烟雾、破坏臭氧层、致人中毒
NO_x	土壤中的细菌作用	NO 430×10^6 NO 658×10^6	机动车尾气燃烧过程	53×10^6	$NO(0.2 \sim 4) \times 10^{-9}$ $NO_2(0.5 \sim 4) \times 10^{-9}$	光化学烟雾
NH_3	生物腐烂	1160×10^6	废物处理	4×10^6	$(6 \sim 20) \times 10^{-9}$	光化学烟雾刺激人体器官
N_2O	土壤中的生物作用	590×10^6	无	无	0.25×10^{-6}	光化学烟雾
C_mH_n	生物作用	$CH_4\ 1.6 \times 10^9$ 萜烯 200×10^6	燃烧和化学过程	88×10^6	$CH_4\ 1.5 \times 10^{-6}$ 非 $CH_4 < 1 \times 10^{-9}$	光化学烟雾破坏臭氧层
CO_2	生物腐烂、代谢	10^{12}	呼吸燃烧过程	1.4×10^6	320×10^{-9}	温室效应破坏臭氧层

9.2.2 废气处理技术

从废气中将颗粒物分离出来并加以捕集、回收的过程称为除尘。实现上述过程的设备称为除尘器，主要有重力沉降器、离心式除尘器、过滤袋式除尘器、喷淋塔、文丘里洗涤器、静电除尘器。

从废气中将气态污染物处理干净，这项工作处理方法种类较多[1~4,6~7]，见表9.4。

表9.4 气态污染物处理方法

污染物种类	治理方法	方法要点
含SO_2废气	氨法	氨水作吸收剂吸收废气中的SO_2，可得硫铵肥料
	钠碱法	氢氧化钠或碳酸氢钠水溶液作吸收剂，可得亚硫酸钠副产品
	钙碱法	用生石灰乳液作吸收剂，可得石膏或亚硫酸钙
	活性炭吸附法	用活性炭吸附，活性炭再生时可副产硫酸
	催化氧化法	在催化剂作用下将SO_2氧化成SO_3，用于制硫酸
含NO_x废气	吸附法	用活性炭或丝光沸石或分子筛作吸附剂，被吸附的NO_x可副产硝酸
	吸收法	用碱液、或稀硝酸溶液作吸收剂
	催化还原法	在催化剂作用下，将NO_x还原为无害的N_2和H_2O
含碳氢化合物废气及恶臭	燃烧法	在废气中有机物浓度高时，将其作为燃料在燃烧炉中直接烧掉；而当有机物浓度达不到燃烧条件时，将其在高温下进行氧化分解，燃烧温度$600 \sim 1100℃$，适于中、高浓度的废气净化
	催化燃烧法	在催化氧化剂作用下，将碳氢化合物氧化为CO_2和H_2O，燃烧温度范围$200 \sim 240℃$，适用于连续排气的各种浓度废气的净化
	吸附法	用适当吸附剂(主要是活性炭)对废气中的HC组分进行吸附，吸附剂经再生后可重复使用，净化效率高，适用于低浓度废气的净化
	吸收法	用适当液体吸收洗涤废气净化有害组分，吸收剂可用柴油、柴油—水混合物及水基吸收剂；对废气浓度限制时，适用于含油颗粒物废气的净化
	冷凝法	采用低温或高压，使废气中的HC组分冷却至露点以下液化回收，可回收有机物。只适用高浓度废气净化或作为多级净化中的初级处理；冷凝法不适于治理恶臭

154

污染物种类	治理方法	方法要点
含 H_2S 废气	克劳斯法（干式氧化法）	使用铝钒土为催化剂，燃烧炉温度控制在 $600℃$，转化炉温度控制在 $4000℃$，并控制 H_2S 和 SO_2 摩尔比为 $2：1$，可回收硫，净化效率可达 97%，适于处理含 H_2S 浓度较高的气体
	活性炭法	用活性炭作吸附剂，吸附 H_2S，然后通 O_2 将 H_2S 转化为 S，再用 15% 硫化铵水溶液洗去硫磺，使活性炭再生，效率可达 98%，适于处理天然气或其他不含焦油的 H_2S 废气
	氧化铁法	用 $Fe(OH)_3$ 作脱硫剂并充以木屑和 CaO，可回收硫，净化效率可达 99%，主要处理焦炉废气等，脱硫剂需定期更换或再生，但再生使用不够经济
	氧化锌法	以 ZnO 为脱硫剂，净化温度 $350\sim400℃$，效率可达 99%，适于处理 H_2S 浓度较低的气体
	溶剂法	使用适当溶剂，采用化学结合或物质溶解方式吸收 H_2S，然后使用升温或降压的方法使 H_2S 解析，常用溶剂有一乙醇胺、N-甲基二乙醇胺、醇醚、环丁砜等
	中和法	用碱性吸收液与酸性 H_2S 中和，中和液经加热、减压，使 H_2S 脱吸，吸收液主要用碳酸钠、氨水等，操作简单，但效率较低
	氧化法	用碱性吸收液吸收 H_2S 生产氢硫化物，在催化剂作用下进一步氧化为硫黄，常用吸收剂为碳酸钠、氨水等，常用催化剂为铁氰化物、氧化铁等
含氟废气	湿法	使用 H_2O 或 $NaOH$ 溶液作为吸收剂，其中碱溶液吸收效果较好，可副产冰晶石和氟硅酸钠等
	干法	可用氟化钠、石灰石或 Al_2O_3 作为吸附剂，在电解铝等行业中最常用的吸附剂为 Al_2O_3，吸附了 HF 的 Al_2O_3 可作为电解铝的生产原料，净化率为 99%，无二次污染，可用输送床流程或沸腾床流程
含 Cl_2 废气	中和法	使用氢氧化钠、石灰乳、氨水等碱性物质吸收，其中以氢氧化钠应用较多，反应快、效果好；但中和回收液不能回收使用
	氧化还原法	以氯化亚铁溶液作吸收剂，反应生产物为三氯化铁，可用于污水净化；反应较慢，效率较低
含 HCl 废气	冷凝法	在石墨冷凝器中，以冷水或深井水为冷却介质，将废气温度降至露点以下，将 HCl 和废气中的水冷凝下来，适于处理高浓度 HCl 废气
	水吸收法	HCl 易溶于水，可用水吸收废气中的 HCl，副产盐酸
含汞（Hg）废气	吸附法	用充氯活性炭或软锰矿作为吸附剂，效率达 99%
	吸收法	吸收剂可用高锰酸钾、次氯酸钠、热硫酸等，可将 Hg 氧化为 HgO 或硫酸汞，并可通过电解等方法回收汞
	气相反应法	用某种气体与含汞废气发生气体化学反应，常用的为碘升华法，将结晶碘加热使其升华，形成碘蒸气与汞反应，特别是对弥散在室内的汞蒸气具有良好的去除作用

污染物种类	治理方法	方法要点
含铅(Pb)废气	吸收法	含铅废气多为含有细小铅粒的气溶胶，由于它们可溶于硝酸、醋酸及碱液中，故常用0.025%~0.3%的稀醋酸或1%的NaOH溶液作吸收剂，净化效率较高，但设备需耐腐蚀，且有二次污染
	掩盖法	为防止铅在二次熔化中向空气散发铅蒸发物，可采用物理隔挡方法，即在熔融铅液表面撒上一层覆盖粉，常用碳酸钙粉、石墨粉

9.3 烟气脱硫脱硝技术

煤(以及重油)燃烧排放烟气中的SO$_2$和NO$_x$是大气污染的主要成分，也是形成酸雨的主要物质。中国由酸雨污染造成的年直接经济损失超过1100亿元。根据国家环保总局2004年6月发布的中国环境状况公报显示，我国的二氧化硫总量在持续几年略有减少的情况下，从2003年开始又有了上升趋势，2004年的排放量为22.549Mt。据统计，我国每年氮氧化物的排放量约为7.70Mt。因此，如何经济有效地控制燃煤中SO$_2$和NO$_x$的排放是我国乃至世界能源和环保领域急需解决的关键性问题。由于分步脱硫脱硝技术存在流程复杂、运行成本高等缺点，国际上把开发技术简单、运行成本低、具有更好的运行性能的同时脱硫脱硝技术作为今后燃煤烟气治理技术发展的方向之一。目前世界上研究开发的烟气脱硫脱硝技术可分为两大类：一是应用传统的脱硫技术(FGD)、选择性催化还原技术(SCR)，各自独立工作分别脱除烟气中的SO$_2$和NO$_x$。二是将FGD与SCR技术联合起来脱硫脱硝，在整个系统内同时脱除SO$_2$和NO$_x$的新的SO$_x$/NO$_x$联合脱除技术，即同时脱硫脱硝技术。

9.3.1 联合脱硫脱硝技术

目前世界上应用比较广泛的烟气脱硫脱硝工艺是联合脱硫脱硝工艺，由于采用FGD和SCR工艺各自独立工作，一般可以达到对SO$_2$和NO$_x$理想的脱除效果。

(1) 石灰/石灰石烟气脱硫-SCR联合技术

已经工业化的联合脱硫脱硝技术常常采用高性能石灰/石灰石烟气脱硫(FGD)系统来脱除SO$_2$和用选择性催化还原工艺(SCR)脱除NO$_x$。通常，石灰/石灰石烟气脱硫体系采用湿式工艺，而SCR体系却属于干式工艺，该工艺目前在日本、德国、瑞典等国已进入工业应用阶段。其主要的优点是不论入口处SO$_2$和NO$_x$的浓度比是多少，都能达到对SO$_2$和NO$_x$各自理想的脱除效果。一般对SO$_2$的脱除率在90%以上，NO$_x$的脱除率在80%以上。缺点为SCR体系存在催化剂表面结垢，降低了SCR技术的脱除效率，并且造成空气预热器和气/气换热器的阻塞和腐蚀。

(2) SNOX™技术

SNOX™的关键技术包括SCR、SO$_2$的转化和WSA(湿式烟气硫酸塔)。该工艺首先将烟气加热到405℃，经过布袋除尘器去除大部分颗粒物后，进入SCR单元脱硝。在SCR单元中用氨气催化氧化NO$_x$，使其转化为氮气和水蒸气。随后烟气进入第二个催化反应器，将SO$_2$转化为SO$_3$。最后，烟气通过换热器降低温度后，再通过玻璃管冷凝器被水化为硫酸。该技术在美国实现了中试，其全过程采用的设备都已经工业化，并且反应的化学原理及酸的凝结都与反应器尺寸无关，所以该技术适用于任何类型和尺寸的锅炉。该技术的脱硫率达到95%，脱硝效率达到94%。其优点是运行维护费用低，可靠性高，不产生二次污染；缺点为能耗大，投资费用高。显然，上述烟气脱硫脱硝技术普遍存在 FGD 和 SCR 技术相互制约的问题，更存在着流程复杂，投资费用高，占地面积大的缺点。

9.3.2 同时脱硫脱硝技术

若用两套装置分别进行烟气的脱硫脱硝，不但占地面积大，而且投资、操作费用高。因此，同时脱硫脱硝的工艺受到重视。目前同时脱硫脱硝技术大多进入工业化试验阶段，尚未得到大规模工业应用。烟气同时脱硫脱硝技术又可分为两大类：炉内燃烧过程的同时脱除技术和燃烧后烟气中的同时脱除技术。其中燃烧后烟气脱硫脱硝是今后进行大规模工业应用的重点。典型的工艺有湿法和干法：干式工艺包括碱性喷雾干燥法、固相吸收和再生法以及吸收剂喷射法等；湿式工艺主要是氧化/吸收法和铁的螯合物吸收法等。

目前国际上主要集中于干式同时脱硫脱硝工艺的研究。

（1）干式同时脱硫脱硝工艺

干式同时脱硫脱硝工艺又分为：电子束照射法、活性炭脱硫脱氮法、NOXSO 技术、LI-LAC 工艺等。

① 电子束照射法。电子束照射法（ER 法）是目前我国广泛推广的一种典型的碱性喷雾干燥法。该法的原理是在烟气进入反应器之前先加入氨气，然后在反应器中用电子加速器产生电子束照射烟气，使水蒸气、氧等分子激发产生高能自由基，这些自由基使烟气中的 SO_2 和 NO_x 很快氧化，产生硫酸和硝酸，再和氨气反应形成硫酸铵和硝酸铵化肥。流程工艺的特点是能同时脱硫脱硝，脱硫效率高达 90% 以上，脱硝率达 80% 以上，不产生废水和废渣，副产品可以做化肥使用。系统操作方便简单，过程易于控制，运行可靠，无堵塞、腐蚀和泄漏等问题，对负荷的变化适应性强，处理后烟气无需加热可直接排放，占地面积小。1970 年日本荏原公司首先提出了电子束烟气脱硫技术，1974 年通过在中试实验中加氨证明了电子束烟气脱硫脱硝的可能，1977 年与新日铁联合建立烧结机烟气处理示范厂并进一步证明了电子束技术在商业应用方面的可能。1980~1992 年，美国、德国、波兰等国也先后进行了电子束法的研究。我国从 20 世纪 80 年代中期开始了电子束辐照烟气脱硫脱硝技术的研究，中国工程物理研究院建造的烟气处理量为 $12000m^3/h$ 工业性试验装置的成功，标志着我国燃煤烟气电子束辐照脱硫脱硝技术进入工业化阶段。

② 活性炭脱硫脱氮法。活性炭吸收脱硫脱氮工艺最初是由日本研究的一种干式固相吸收和再生工艺。该工艺主要由吸附、解吸和硫回收三部分组成，烟气进入含有活性炭的移动床吸收塔，吸收塔由两部分组成，活性炭在垂直吸收塔内由重力从第二段的顶部下降至第一段的底部。烟气水平通过吸收塔的第一段，在此 SO_2 被脱除，烟气进入第二段后，在此通过喷入氨除去 NO_x 运行过程中显示 SO_2 的进口浓度越低，NO_x 脱除率越高，而由于 SO_2 浓度的增加，氨的消耗越大，所以大多数活性炭工艺使用二级吸收塔。该系统在长期连续和稳定运行下脱硫率可达 97% 以上，脱硝率在 80% 以上[12]。1987 年，德国首先把活性炭同时脱硫脱硝的方法用于燃煤电厂。日本电力能源公司在 350MW 空气流化床燃烧锅炉中安装了活性炭脱除 NO_x 工艺，1995 年开始运行，SO_2 脱除率达到 90% 以上，NO_x 脱除率达到 80% 以上。我国研究开发的活性炭脱硫脱氮法具有工艺过程简单、操作方便和设备少等优点，该技术已获国家发明专利，并已列入国家高新技术产业化项目指南。

③ NOXSO 技术。NOXSO 技术是一种干式吸附再生技术，采用浸渍了碳酸钠的 γ-Al_2O_3 圆球(ϕ1.6 mm)作为吸附剂，可同时去除烟气中的二氧化硫和氮氧化物。处理过程包括吸收、再生等步骤。烟气中二氧化硫的净化率达 90%，氮氧化物的净化率达 70% ~ 90%，但由于需大量吸附剂，设备庞大，投资大，运行动力消耗也大。NOXSO 工艺从 1979 年开始开发，首先进行的是 0.75MW 的小试。1993 年规模为 5MW 的试验装置在美国建成，试验结果表明，经过 10 000 h 的运行，SO_2 的脱除率达到 95%，NO_x 脱除率达到 85%[7]。

④ LILAC 工艺。Hokkaido 电力公司和 Mitsubishi 重工业有限公司联合开发了用一种叫 LILAC(增强活性石灰-飞灰化合物)的吸收剂联合脱 SO_2/NO_x 的吸收剂管道喷射工艺。在混合箱内将飞灰、消石灰和石膏与 5 倍于总固体重的水混合制得浆液，在处理箱内将制得浆液在 95℃ 下搅拌 3~12h。在烟气处理量为 80m^3/h 的小试中，Ca 与 S 摩尔比为 2.7 的条件下，将吸收剂喷射到喷雾干燥塔内能同时脱除 90% 的 SO_2 和 70% 的 NO_x。在示踪研究中，用 $N^{18}O$ 和 $^{18}O_2$ 所得到的反应机理显示氧化 SO_2 的主要官能团是吸附在吸收剂表面的 NO^{2-}；NO_x 以 $Ca(NO_3)_2$ 的形式固定，SO_2 的脱除与 NO 的氧化有关。因此，NO_x 脱除随着 SO_2/NO_x 的增加而增加。另外，NO_2 的脱除率随吸收剂中 SiO_2 含量的增加而线性增加。另一方面，在 SO_2 脱除的最优化条件 Ca/S 为 1.2，烟气中氯根质量含量为 5% 时，LILAC 工艺的脱硫率能达到 95%。

(2) 湿式同时脱硫脱硝工艺

湿式同时脱硫脱硝工艺又可分为：氯酸氧化工艺、湿式配合吸收工艺、CombiNO$_x$ 工艺等。

① 氯酸氧化工艺。又称为 Tri-NO$_x$-NO$_x$Sorb 工艺，采用湿式洗涤方法在一套设备中同时脱除烟气中的 SO_2 和 NO_x。该工艺采用氧化吸收塔和碱式吸收塔两段工艺。氧化吸收塔是采用氧化剂 $HClO_3$ 来氧化 NO 和 SO_2 及有毒金属，碱式吸收塔则作为后续工艺用 Na_2S 及 NaOH 为吸收剂，吸收残余的酸性气体。该工艺 NO_x 脱除率达 95% 以上。另外，在脱除 NO_x、SO_2 的同时，还可以脱除有毒微量金属元素；并且与利用催化转化原理的技术相比没有催化剂中毒、失活或随使用时间的增加催化能力下降等问题。在 20 世纪 70 年代 Teramoto 发现次氯酸对 NO_x 的吸收，到了 90 年代 Brogren 等人也进行了填充柱的研究，到目前该工艺还处于探索阶段。

② 湿式配合吸收工艺。传统湿法脱硫工艺可脱除 90% 以上的 SO_2，但由于 NO_x 在水中的溶解度很低，难以去除。Sada 等人 1986 年就发现一些金属螯合物，如 Fe(Ⅱ)EDTA 可与溶解的 NO_x 迅速发生反应。Harkness 等人在 1986 年和 Bonson 等人在 1993 年，相继开发出用湿式洗涤系统来联合脱除 SO_2 和 NO_x，采用 6% 氧化镁增强石灰加 Fe(Ⅱ)EDTA 进行联合脱硫脱硝工艺中试试验，试验得到 60% 以上的脱硝效率和约 99% 的脱硫率。湿式 FGD 加金属螯合物工艺是在碱性或中性溶液中加入亚铁离子形成氨基羟酸亚铁螯合物，如 Fe(EDTA) 和 Fe(NTA)。这类螯合物吸收 NO 形成亚硝酰亚铁螯合物，配位 NO 能够和溶解的 SO_2 和 O_2 反应生成 N_2、N_2O、连二硫酸盐、硫酸盐，各种 N–S 化合物和三价铁螯合物。该工艺需从吸收液中去除连二硫酸盐、硫酸盐和各种 N–S 化合物。湿式配合吸收工艺仍处于试验阶段，影响其工业化的主要障碍是反应过程中螯合物的损失以及金属螯合物再生困难，利用率较低。

③ CombiNO$_x$ 工艺。CombiNO$_x$ 工艺是采用碳酸钠、碳酸钙和硫代硫酸钠作为吸收剂

的一种新型湿式工艺。其原理的关键反应为：$NO_2+SO_3^{2-} = NO_2^- +SO_3^-$，其中亚碳酸钠的主要作用是提供吸附氮氧化物的亚硫酸根离子；碳酸钙的作用是吸附二氧化硫并利用微溶性质增加亚硫酸根在吸收液中的浓度。吸收产物为硫酸钙和氨基磺酸，氮氧化物的脱除率为 90%~95%，二氧化硫的脱除率为 99%。此工艺缺点是脱除后产物为钠和钙的硫酸盐及亚硫酸盐的混合物，给后续处理阶段脱除产物带来困难。该工艺目前仍处于实验室研究阶段。

9.3.3　脱硫脱硝技术展望

21 世纪的今天，环境污染是全世界共同面临的问题，也是大家齐心协力，一致共同努力的方向。为了减少烟气中二氧化硫和氮氧化物对大气的污染，一方面要改进燃烧技术，从源头上抑制其生成；另一方面要加强对排烟中二氧化硫和氮氧化物的烟气净化治理。目前，国内外开发的多种烟气脱硫脱硝工艺，大多还都处于实验室或工业化试验阶段。在工业应用上还存在理论研究不成熟，运行条件不确定等问题。因此，在烟气脱硫脱硝工艺的研究和应用技术上，将在以下三个方面努力发展。

① 在烟气同时脱硫脱硝工艺的研究中，要深入研究反应机理、反应动力学，为实现工业化提供充分、有利的理论基础和依据。

② 目前世界上大多以湿法脱硫为主，而在烟气同时脱硫脱硝工艺的研究上却多集中在干法上。今后要大力加强湿法同时脱硫脱硝工艺的研究，为今后的锅炉技术改造节约大量资金。

③ 要结合我国国情，开发能够在中小型锅炉上广泛应用的，高效、低耗能、易操作的同时脱硫脱硝工艺技术。

9.4　化工固体废弃物的来源、危害及其处理技术

9.4.1　化工固体废弃物的来源及其危害[1~4,8~9]

化工固体废弃物主要来源于人类的生产和消费活动。由于来源及主要组成物不同，危害也不同(见表9.5)。

表 9.5　化工固体废弃物的分类、来源、主要组成物及其危害

分　类	来　源	主要组成物	危　害
工业废物	石油化工	化学药剂、塑料、橡胶、沥青、油毡、石棉、涂料、陶瓷、金属	侵占土地、污染土壤、污染水体、污染大气
	橡胶、皮革、塑料	橡胶、皮革、塑料、化纤、金属	
	湿法冶金、煤炭	含有化学溶剂的矿渣、焦粉	
城市垃圾	居民生活商业机关	塑料包装袋、容器、沥青及相应建筑材料、颜料、涂料、废橡胶轮胎	影响环境卫生

9.4.2　固体废弃物的处理技术

固体废弃物的各种处理技术详见表9.6。

表 9.6   固体废弃物的一般处理技术

分　类	方　法	适用场合或作用效果
预处理技术	物理、化学、生物	包括压实、破碎、脱水、分选、固化等，主要是将废弃物中某些组分进行分离与浓集，便于进一步处理
焚烧热回收技术	高温分解、深度氧化	可燃固体物氧化分解，借以减容、去毒并回收能量及副产物
热解技术	缺氧条件给热技术	热解可得到可燃的低分子化合物
微生物分解技术	堆肥法	人为促进微生物降解有机物

经过长期处理固体废弃物的实践，人们构想着如图 9.3 所示的一个工业固体废物、城市垃圾综合处理的资源化处理系统，也即是一个生产—消费—废物—再生产的不断循环的系统。这是人们朝着绿色环保技术这个目标所追求奋斗的理想。

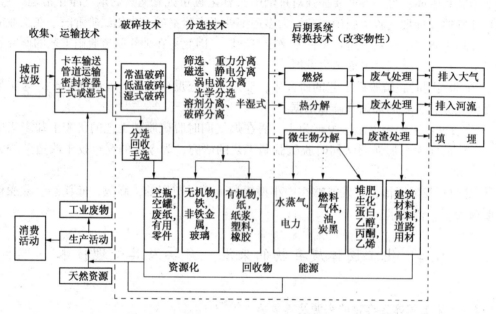

图 9.3   工业固体废弃物、城市垃圾资源化处理系统

9.5   城市垃圾及其处理技术

随着我国城市化步伐的加快以及人民生活水平的提高，每天源源不断地生产大量的生活垃圾，已日益成为一个污染环境、困扰人类的社会问题。据有关部门统计，1998 年我国城市生活垃圾清运量已达 1.15 亿 t，2000 年达 1.4~1.6 亿 t。目前，我国城市人均年产生活垃圾为 480kg，年增长率高达 7%~9%。但无害化处理率不足 20%，大量的生活垃圾被运到城郊裸露堆放处理。如何按照可持续发展战略的基本要求，选用技术可靠、经济适用、环境达标的处理技术，从根本上实现我国城市垃圾减量化、资源化和无害化的治理目标，真正做到化害为利、变废为宝，已成为摆在我们面前的一项重要的社会发展战略任务。

9.5.1   城市生活垃圾构成特征[1-4,8~9]

我国城市生活垃圾主要是居民生活垃圾和城市修建工程垃圾。这些生活垃圾在数量迅速增加的同时，垃圾构成及其理化性质也发生了很大变化。如我国城市居民过去生活及供热用煤的燃料消费由过去的煤渣转变为各种包装袋、塑料、橡胶、瓶罐、皮革、化纤、菜叶、剩饭等。主要表现以下变化趋势：有机物增加；可燃物增加；可回收利用物质增多；可利用价值增大。

9.5.2 城市生活垃圾污染危害^[1~4,8~91]

城市生活垃圾的污染危害如下：

① 城市生活垃圾露天堆放，常造成大量氨、硫化物及其他腐蚀臭气的释放，严重污染大气环境；

② 城市生活垃圾不但会有大量的病原菌及病毒微生物，而且在堆放过程中还会招引大量的蚊、蝇、鼠、蟑孳生，影响城市居民的身体健康；

③ 城市生活垃圾在堆放腐败过程中，还会产生大量的酸性、碱性有机污染物和重金属有毒物质，其渗滤液随雨水淋溶必然会造成对城市周围地区地表水和地下水的严重污染。

④ 城市生活垃圾堆放还侵占大量土地。据有关部门初步调查，1998 年全国 668 座城市中已有 2/3 被生活垃圾所包围，历年堆放量已达 40 亿 t，侵占土地累计达 75 万亩以上。

⑤ 城市生活垃圾还会引起爆炸及火灾事故不断发生。随着城市生活垃圾中有机物比例增加，露天集中堆放面积加大，表层简单覆盖条件下易造成厌氧环境下甲烷气体的产生，导致易燃易爆事故发生。

9.5.3 城市生活垃圾回收分类

城市生活垃圾回收包括以下主要内容：
① 有机塑料类回收；
② 橡胶类回收；
③ 废纸及包装物的回收；
④ 废旧钢铁类回收；
⑤ 铜、铝等金属回收；
⑥ 家电等贵重金属回收；
⑦ 玻璃的回收；
⑧ 其他可利用物质的回收。

9.5.4 垃圾焚烧发电

由于城市生活垃圾具有有机物增多及可燃性物质增多的趋势，因而垃圾焚烧发电便成为近年来城市固体废物资源化及无害化利用的热点。

垃圾焚烧发电技术应用始于 20 世纪 50 年代，最先应用的国家是德国和法国。80 年代，德国已建立了 16 座垃圾焚烧发电站；法国建立了垃圾焚烧厂 50 个，焚烧炉 90 座，所发电量可满足巴黎用电量的 20%；美国 1968 年在尼加拉瓜能源中心建造了第一座全垃圾发电场，每天处理垃圾 2200t；80 年代，在佛罗里达州建造了既能从固体废物中回收金属又能产生蒸汽用以发电的垃圾处理装置，日处理垃圾 1400t。日本 1965 年在大阪市西淀区建立了垃圾焚烧发电场，安装了两台装机容量分别为 2700kW 的发电机组。目前，日本的大中城市正在普及这种技术。

我国垃圾焚烧发电技术起步较晚。1985年深圳引进日本三菱公司焚烧成套技术与装备，建成了我国第一座大型(300t/d)的现代化垃圾焚烧发电一体化处理厂，为开展我国城市垃圾焚烧装置国产化打下了基础。近十几年来，先后在广东顺德(3×75t/d)、珠海(3×200t/d)、北京(1272t/d)、牡丹江(50t/d)、上海(2×1000t/d)等城市相继建成了一批不同处理能力与发电装机容量的焚烧站(厂)，国产化设备组装步伐在不断加快。

(1) 垃圾焚烧的条件

垃圾焚烧必须具有一定条件，要有一定的发热值。当垃圾中低位发热值≤3350kJ/kg(800kcal/kg)时，焚烧需要助燃，掺煤或烧油助燃；以垃圾低位发热值>50000kJ/kg(1200kcal/kg)燃烧效果较好。一般城市生活垃圾低位发热值在3350~8374kJ/kg(800~2000kcal/kg)范围内，各地区、各季节产生的垃圾变化很大，因此，需要混均处理。

(2) 垃圾焚烧技术

国内外垃圾焚烧技术主要有三大类，即层状燃烧技术、流化床燃烧技术和旋转燃烧技术。

层状燃烧技术发展比较成熟，大多数国家都采用这种技术。为了使垃圾燃烧过程稳定，层状燃烧关键是炉排。垃圾在炉排上通过三个区：预热干燥区、主燃区和燃烬区。垃圾在炉排上着火，热量不仅来自上方的辐射和烟气的对流，还来自于垃圾层内部。在炉排的特殊作用下，炉排上已着火的垃圾不断得到翻动和搅拌，进而被推动下落，垃圾层松动使透气性加强，有助于垃圾着火与燃烧。炉拱形状设计要考虑烟气流场有利于对新入垃圾的预热辐射干燥和燃烬区垃圾的燃烬。配风设备要确保空气在炉排上垃圾层最佳分布，并合理使用一、二次风。

流化床燃烧技术也比较成熟。由于其热强度高，更适于燃烧热值低、含水分高的燃料垃圾。为了保证炉内垃圾充分流化燃烧，对入炉垃圾的尺寸要严格控制，要求对垃圾进行一系列的筛选和粉碎等处理。一般破粹到≤15mm，再送入流化床内燃烧。流化床层物料为石英砂，布风板通常设计成倒锥体结构，风帽为L型。床内温度控制在800~900℃，冷态气流断面流速为2m/s，热态为3~4m/s。一次风经布风板送入流化层；二次风由流化层上部送入。采用燃油预热料层，当料层温度达到600℃左右时投入垃圾焚烧。该炉的启动、燃烧过程和普通流化床锅炉相似。

旋转焚烧炉设备主要是一个缓慢旋转的回转窑，其内壁采用耐火砖砌筑，亦可采用管式冷水壁，用以保护滚筒。回转窑直径为4~6m，长10~20m，根据焚烧的垃圾量确定，倾斜放置。每台垃圾处理量目前可达300t/d(φ4m，长14m)。

(3) 垃圾焚烧发电系统

由垃圾焚烧产生热能，送入汽轮机产生蒸气推动的机械能，再由汽轮机机械能推动发电机发电。因而该系统不仅需要垃圾焚烧炉，还需要水处理系统、蒸汽锅炉、汽轮发电机组、冷凝器、变压器等设备。现代汽轮机由高速蒸汽动能转化为机械能的效率通常可达86%~90%；大型发电机由机械能转化为电能的效率可达98%以上。

(4) 垃圾发电/供热的优点

与其他垃圾处理方式相比，垃圾焚烧发电/供热具有以下优点：

162

① 经处理后的垃圾残余物，其体积和质量大大减少，至少小于原物的千分之一，并且这些残余物无腐臭味、无毒；

② 能够做到即时处理，不需占地填埋，不浪费土地；

③ 有利于环保，减少大气污染；

④ 现代环保垃圾发电/供热设备，可同时处理除核反应以外的任何混合垃圾——生活垃圾、工业垃圾、医院垃圾和农业垃圾；

⑤ 一般人口大于 10 万以上的城市都可兴建垃圾发电厂，部分取代煤炭/火力发电，进一步改善传统火力发电造成的当地空气污染；同时还可减少对天然资源的开采。

9.6　未来环保技术发展的展望

进入 21 世纪，发达国家已将保护环境、治理污染技术上的重点放在清洁技术的政策引导与开发应用上。如德国环保政策的核心是利用现有的技术条件，不断降低污染物的排放量。其预防性原则是要求生产过程和产品的清洁化达到防微杜渐，从而实现从末端治理到源头预防的转变。德国的环境保护重点在于减少工业污染，保护城市环境卫生，将环境介质中污染物降低到最低限度。政府加强工业排污的管理，制定了在全国具有约束力的最小化污水排放标准，通过对生产设备的特别折旧法和投资补贴等方式，促进企业的环保投资，广泛采用改良型净化装置和加热处理技术，限制危险物质如重金属汞、镉、铅及有机物等的排放量。在交通方面，提高燃油质量，减低燃料消耗，严格汽车尾气排放标准，强制交通工具安装三元催化转化器，以减少对空气的污染。

美国政府对环境保护十分重视，许多部门都建立了涉及环保问题的机构，在对环保领域增加投入的基础上，注重加强环保的科研工作，积极推行环境科技发展战略。美国环境保护与治理污染的发展战略有三个方面[10]：

① 实施源头控制（又称源削减），即减少污染物排放直至零排放；

② 实施资源化处理，即对目前技术难以实现零排放的污染物，想方设法变废为宝，为此还设立了总统绿色化学奖；

③ 实施无害化处理，即对无法资源化处理的污染物，让它从有毒转化为无毒，有害变为无害，并且在这个转化过程中不出现新的污染物。

中国作为世界上最大的发展中国家，实施《中国 21 世纪议程》以来，在治理污染、保护环境、确保社会经济可持续发展方面取得了可喜的进展，在国际上树立起发展中国家坚定地走可持续发展道路的良好形象。中国已初步建立了与可持续发展相关的法律、法规、政策体系，在严格执行环境保护法、自然资源管理法、环境保护与资源管理行政法规、各类国家环境标准、地方环境保护资源管理法规，以及加入可持续发展有关的国际公约基础上，立足国内自身技术实力，积极引进国外适用的先进理念和技术，通过开展环境合作，实现环境保护技术创新的跳跃式发展。

中国未来环境保护技术将主要从以下 7 个方面着手[10~12]：

① 逐步建立和完善有利于可持续发展的环境资源价格体系；

② 全面改革排污收费制度，控制工业与生活排放废弃物；

③ 适时推出环境税，把环境代价纳入产品成本；

④ 明晰环境、资源产权，强化政府监控职能；

⑤ 尽快建立环境基金，增加环境污染治理投资，奖励在可持续发展方面作出卓越贡献的组织和个人；

⑥ 积极推行绿色生态标志，提倡购买绿色生态标志产品；

⑦ 建立"资源节约型"和"环境友好型"的国民经济体系，发展可持续的产业经济——绿色经济。

10 环境治理过程中污染物的源削减技术

在环境治理中，污染物源头的源削减(零排放)技术又称工业生态学。它是以生态学的理论观点考察人类生产、消费各种活动(包括环境治理)过程，亦即从取自环境到返回环境的物质转化全过程，研究人类活动与生态环境的相互关系。按照生态原则组织生产、消费，首先从改革工艺、消除废料做起，使生产过程、产品消费与环境相容，实现资源利用最优化。因此，环境治理污染物源头的源削减技术包括两个方面：

① 工业生产采用清洁工艺，根本不存在污染物排放问题，这是最为理想的环境治理方案。

② 处理废弃物的绿色工艺，即对生产、消费化工产品过程中的废弃污染物处理完全化，不伴生新的污染物，杜绝污染物在不同介质中转移。

10.1 化工清洁生产工艺

化工清洁生产工艺在不同的地区和国家有许多不同而相近的叫法。如欧洲国家称之为少废无废工艺、无废生产；日本称之为无公害工艺；美国称之为废料最少化、污染预防、减废技术。此外，还有绿色工艺、生态工艺、预测和预防战略、过程与环境一体化工艺、源削减、污染削减等说法。我国比较通行的是称"无废少废工艺"。

10.1.1 化工清洁生产工艺的发展概况[2]

国际上清洁生产的概念，最早可追溯到 1976 年。欧洲共同体于这一年年底在巴黎举行了"无废工艺和无废生产的国际研讨会"，提出协调社会和自然的相互关系应主要着眼于消除造成污染的根源，而不仅仅是消除污染引起的后果。

1979 年 11 月，欧共体在日内瓦举行的"在环境领域内进行国际合作的全欧高级会议"上，通过了《关于少废无废工艺和废料利用的宣言》，指出无废工艺是使社会和自然取得和谐关系的战略方向和主要手段。

美国国会于 1984 年通过了《资源保护与恢复法——固体及有害废物修正案》，其中明确规定：废物最少化即"在可行的部位将有害废物尽可能地削减和消除"是美国的一项国策。这项法案要求生产有毒有害废弃物的公司应向环境保护部门申报废物产生量、采取削减废物的措施、废物的削减量，并制定本单位废物最少化的规划。源削减和再循环被认为是废物最小化的两个主要途径。1990 年 10 月，美国国会又通过了《污染防治法》，从法律上确认污染首先应当削减或消除在其产生之前。美国当时的总统布什针对这一法案发表讲话指出："着力于管道的末端和烟囱的顶端，着力于消除已经造成的损害，这样的环境计划已不再适用。我们需要新的政策、新的工艺、新的过程，以便能预防污染或使污染减至最小——亦即在污染产出之前即加以制止"。

《污染防治法》明确指出："源削减与废物管理和污染控制有原则区别，且更尽人意。"并再次宣布"污染物应在源处尽可能地加以预防和削减；未能防止的污染物应尽可能地以对环境安全的方式进行再循环；未能通过预防和再循环消除的污染物应尽可能地以对环境安全的方式进行处理；处置和排入环境只能作为最后的手段，也应以对环境安全的方式进行，这是美国的一项国策。"

1988 年秋，荷兰以美国环保局的《废物最少化机会评价手册》为蓝本，编写了荷兰手册。荷兰手册又经欧洲预防性环保手段工作组（PREPARE）作了进一步修改，编成《PREPARE 防止废物和排放物手册》，广泛应用于欧洲工业界。

1989 年，联合国环境规划署工业与环境计划活动中心（UNEP IE/PAC）根据 UNEP 理事会会议的决议，制定了《清洁生产计划法》，在全球范围内推行清洁生产。这一计划主要包括以下 5 个方面的内容：

① 建立国际清洁生产信息交换中心。收集世界范围内关于清洁生产的新闻和重大事件、案例研究、有关文献的摘要、专家名单等信息资料；

② 组建工作组。专业工作组有制革、纺织、溶剂、金属表面加工、纸浆和造纸、石油、生物技术；业务工作组有数据网络、教育、政策以及战略等；

③ 出版工作。包括编写、出版《清洁生产通讯》、培训教材、手册等；

④ 开展培训活动。面向政界、工业界、学术界人士，以提高清洁生产意识，教育公众，推行活动，帮助制定清洁生产计划；

⑤ 组织技术支持。特别是在发展中国家，协助联系有关专家，建立示范工程等。

1990 年 9 月，在英国坎特伯雷举办了"首届促进清洁生产高级研讨会"，会上提出了一系列建议，如支持世界不同地区发起和制订国家级的清洁生产计划，支持创办国家级的清洁生产中心，进一步与有关国际组织以及其他组织联结成网等。此后，这一高级国际研讨会每两年召开一次，以便定期评估进展、交流经验、发现问题，提出新的目标。1998 年在汉城举行了第 5 届会议，会上制订和签署了《清洁生产国际宣言》。

1992 年 6 月，联合国环境与发展大会发表的《里约环境与发展宣言》中，确认"地球的整体性和相互依存性"，"环境保护工作应是发展进程中的一个整体组成部分"，"各国应当减少和消除不能持续的生产和消费方式"。大会通过的《21 世纪议程》中不少章节多次提及与清洁生产有关的内容。巴西会议进一步推动了清洁生产在世界范围内的实施，对清洁生产的认识也逐渐深化。

生态效率的概念是世界可持续发展工商理事会（WBCSB）于 1992 年从经济的角度提出的。1994 年在德国学者施密特（勃利克的倡议下，成立了 Factor10 国际俱乐部，致力于将生态效率提高 10 倍的各项活动。一些对生产全过程控制的关注正逐渐向产品和服务生命周期的全过程控制扩展，使清洁生产的努力渗透到消费领域。国际组织也开始参与与推行清洁生产。联合国工业发展组织和联合国环境署（UNIDO/UNEP）在首批 9 个国家（包括中国）资助建立了国家清洁生产中心。目前，世界上已经出现了 37 个国家清洁生产中心。世界银行（WB）等国际金融组织也积极资助在发展中国家展开清洁生产的培训工作和建立示范工程。国际标准化组织（ISO）制订了以污染预防和持续改善为核心内容的国际系列标准 ISO—14000。源自美国污染预防圆桌会议的这种交流形式正在迅速地向其他地区和国家扩散，地区性的研讨会使清洁生产的活动遍及了世界各大洲。

10.1.2　我国推行清洁生产的进程[2,10~12]

我国在 20 世纪 70 年代末期就认识到，通过技术改造最大限度地把"三废"消除在生产过程之中是防治工业污染的根本途径。1983年第二次全国环境保护工作会议明确提出，环境污染问题要尽力在计划过程中和生产过程中解决，实行经济效益、社会效益和环境效益三统一的指导方针。同年，国务院又发布了技术改造应结合工业污染防治的规定，提出要把工业污染防治作为技术改造的重要内容，通过采用先进技术、提高资源利用率，把污染物消除在生产过程之中，从根本上解决污染问题。

20世纪80年代中期，全国举行了两次少废无废工艺研讨会，不少工业部门和企业开发应用了一批少废无废工艺，取得了一定的成绩。

巴西会议以后，我国迅速作出了响应。1992年国务院发布了《环境与发展的十大对策》，明确宣布实行可持续发展战略，尽量采用清洁工艺。这不但是我国环境保护政策的新的里程碑，也是在物质生产领域内建设具有中国特色社会主义的具体纲领，为推行清洁生产创造了极为有利的条件。1993年10月国家经贸委和国家环境保护局在上海召开了第二次全国工业污染防治会议，会议一致高度评价清洁生产的重要意义和作用，确定了清洁生产在20世纪

90年代我国环境保护的战略地位。

1994年3月国务院通过的《中国21世纪议程》中列入了清洁生产的内容。有关清洁生产的项目也被列入第一批优先项目计划之中。

世纪之初，我国实行可持续发展战略，提出经济增长方式由粗放型向集约型转变；提出要根据国情，选择有利于节约资源和保护环境的产业结构和消费方式。市场机制为实施清洁生产提供了新的机遇，而清洁生产正是促进增长方式转变的重要途径。2000年之后，我国在制订和修订颁布的环境保护法律中纳入了清洁生产的条款，国家明确鼓励、支持开展清洁生产。我国利用世界银行贷款进行了清洁生产的试点和示范，效果明显，获益巨大。一批工业部门和省市建立了清洁生产中心，同时国家正对现行的环境管理政策、制度进行回顾和调整，以利于推行清洁生产。

10.1.3 化工清洁生产工艺的概念及技术[1~2]

（1）概念

1984年联合国欧洲经济委员会在塔什干召开的国际会议上，曾对无废工艺作了如下的定义："无废工艺乃是这样一种生产产品的方法（流程或企业、地区——生产综合体），它能使所有的原料和能量在原料-生产-消费-二次原料的循环中得到最合理的综合利用，同时对环境的任何作用都不致破坏它的正常功能。"

美国环境保护局对废物最少化技术所作的定义是："在可行的范围内，减少产生的或随之处理、处置的有害废弃物量。它包括在产生源处进行的削减和组织循环两方面的工作。这些工作导致有害废弃物总量与体积的减少，或有害废物毒性的降低，或两者兼而有之；并与使现代和将来对人类健康与环境的威胁最小的目标相一致。"

这一定义是针对有害废弃物而言的。未涉及资源、能源的合理利用和产品与环境的相容性问题，但提出以"源削减"和"再循环"作为最小化优先考虑的手段，对于一般废料来说，同样也是适用的。这一原则已体现在随后的"污染防治战略"之中。

欧洲专家倾向于下列提法：清洁生产为对生产过程和产品实施综合防治战略，以减少对人类和环境的风险。对生产过程来说，包括节约原材料和能源，革除有毒材料，减少所有排放物的排放量和毒性；对产品来说，则要减少从原材料到最终处理产品的整个生命周期对人类健康和环境的影响。

上述定义概括了产品从生产到消费的全过程，为减少风险所应采取的具体措施，但比较侧重于企业层次上。

如果不能清晰地表达清洁生产的概念，将可能引起公众的模糊认识，不利于它的推广。根据已经出现的各种提法，特别是巴西环境与发展大会通过的《21世纪议程》的文字和精神，可以将清洁生产的概念作如下的归纳，清洁生产谋求达到两个目标：

① 通过资源的综合利用、短缺资源的代用、二次资源的利用以及节能、省料、节水，合理利用自然资源，减缓资源的耗竭；

② 减少废料和污染物的生产和排放，促进工业产品在生产、消费过程中与环境相容，降低整个工业活动对人类和环境的风险。

清洁生产内容

清洁生产包括3方面的内容。

① 清洁的能源。清洁的能源包括常规能源的清洁利用；可再生能源的利用；新能源的开发；各种节能技术等。

② 清洁的生产过程。清洁的生产过程包括尽量少用、不用有毒有害的原料；采用无毒、无害的催化剂；采用反应助剂或分离溶剂；保证中间产品的无毒、无害；减少生产过程中的各种危险因素，如高温、高压、低温、低压、易燃、易爆、强噪音、强振动等；运用经济原子概念，采用少废、无废的工艺和高效的设备；进行物料再循环(厂内、厂外)；使用简便、可靠的操作和控制；完善管理等。

③ 清洁的产品。清洁的产品指节约原料和能源，少用昂贵和稀缺原料的产品；利用二次资源作原料的产品；产品的使用过程中以及使用后不致危害人体健康和生态环境；易于回收、复用和再生的产品；合理包装的产品；报废后易处置、易降解的产品。

推行清洁生产在于实现两个全过程控制：在宏观层次上组织工业生产的全过程控制，包括资源和地域的评价、规划设计、组织、实施、运营管理、维护改扩建、退役、处置及效益评价等环节；在微观层次上进行物料转化生产全过程的控制，包括原料的采集、贮运、预处理、加工、成型、包装、产品的贮运、销售、消费以及废品处理等环节。

在清洁生产的概念中不但含有技术上的可行性，还包括经济上的可赢利性，体现经济效益、环境效益和社会效益的统一。

清洁生产是一个相对的概念，所谓清洁的工艺和清洁的产品、以至清洁的能源是和现有的工艺、产品、能源比较而言的。因此，推行清洁生产本身是个不断完善的过程，随着社会经济的发展和科学技术的进步，需要适时地提出更新的目标，争取达到更高的水平。

综上所述，我们可以对清洁生产给出如下简短的定义：清洁生产是从生态经济大系统的整体优化出发，对物质转化的全过程不断采取战略性、综合性、预防性措施，以提高物料和能源的利用率，减少以至消除废料的生成和排放，降低生产活动对资源的过度使用以及对人类和环境造成的风险，实现社会的可持续发展。

10.1.4　无废工艺——工业生产新模式[40,41]

推广和实施清洁生产无废工艺，对削减有害废物的产生量有重要意义。利用清洁"绿色"的生产方式代替污染严重的生产方式和工艺，既可节约资源，又可少排或不排废物，减轻环境污染。例如，传统的苯胺生产工艺采用铁粉还原法，其生产过程产生大量含硝基苯、苯胺的铁泥和废水，造成环境污染和巨大的资源浪费。南京化工厂开发的流化床三相加氢制苯胺工艺，便不再产生铁泥废渣，固体废物产生量由原来每 t 产品 2500kg 减少到每 t 产品 5kg，还大大降低了能耗。

工业生产中的原料品位（浓度）低，质量差，也是造成污染废弃物大量产生的主要原因。只有采用精料工艺，才能减少废弃物排量和所含污染物质成分。例如一些化工反应、分离（如酸碱精制水洗沉降）过程，原料纯度低，副反应多，分离提纯过程副产物（或废弃物）增多。如果在反应、分离过程中提高原料纯度，反应转化率高，副反应少，副产物少，则可大大降低污染废弃物的产生量。如一些乙烯企业生产苯乙烯，原料纯度高达 99.999%。

在化工企业生产中，开发物质循环利用途径也是无废工艺的一种行之有效的形式。也就是将未反应的、未转化的物料重新返回到原料流程中，或使生产第一种产品的废物成为第二种产品的原料，并以生产第二种产品的废物再生产第三种产品，如此循环和回收利用，最后只剩下极少量（甚至为零）的废弃物进入环境，以取得经济的、环境的和社会的综合效益。

10.2　污染物处理（末端处理）过程中的减量化技术

在推行化工生产清洁工艺所进行的全过程控制中，还应包括必要的污染物处理环节的零排放，又称末端处理。

美国 1990 年污染预防法案中明确宣布："未能通过源削减和再循环消除的污染物应尽可能地以环境上安全的方式进行处理……"。前面已经指出，清洁生产本身是一个相对的概念，在目前的技术水平和经济发展水平条件下，实现完全彻底的无废生产，还是比较少见的，废料的产生和排放有时还难以避免。因此，需要对它们进行必要的处理和处置，使其消失或使其对环境的危害降至最低。值得注意的是此处的末端处理与传统概念中的末端处理相比具有一些区别[1~2]：

① 末端处理只是一种采取其他预防措施之后的最后把关措施，而不应像以往那样处于实际上优先考虑地位。

② 厂（企业）内的末端处理可作为送往厂（企业）外集中处理的预处理措施。例如，工业废水经预处理后送往污水处理厂，废渣送往集中的废料填埋场。在这种情况下，厂内末端处理的目标不再是达标排放，而只需要处理到集中处理设施可以接纳的程度。

③ 末端处理应重视从废物中回收有用的组分。应将废物变成有用的、起码应是无害的原料，也就是说经过末端处理污染环境的废弃物应为零。这些末端处理技术是绿色化的，末端处理过的排放物是环境友好的。末端处理绿色化主要是指那些物理的与生物的处理方法。当然也可考虑化学的方法，但化学处理后不能出现新的污染物。否则，就不符合污染物治理过程中的零排放原则。

④ 末端处理并不排斥继续开展化工清洁生产工艺的活动。现阶段"必要的"末端处理，并不是一成不变的，随着技术水平和管理水平的提高，有可能变成"不必要"而被革除。所有生产与消费都是有益而无害，实现废物的"零排放"，这是最理想的目标。

11   环境治理过程中废物的转化利用

废物转化利用，首先要对所排"三废"的每个组分列出清单，明确目前有用和将来有用的组分，制定综合转化利用的方案。对于目前有用的组分，应重点考察它们的转化途径、利用效益；对于目前无用的组份，应将其列入科研、科技开发的计划，以期尽早找到合适的用途，并尽快地找出开发转化利用的途径[1~4,13~18]。

废物转化利用的途径有两条：

① 物质转换，即将废弃物通过物理的、化学的、生物的途径转化制取新形态的物质。例如，废塑料、废橡胶粉料作为高等级道路沥青的添加剂进行改性，提高铺路沥青的抗裂性、抗氧化老化性。

② 能量转换，即从废物处理过程中回收能量，包括热能和电能。例如通过有机废物的焚烧处理回收热量，进一步发电。硫化物酸性气 H_2S 氧化制单质硫(硫磺)。就是一个物质转换、能量转换、废物利用的成功例子。

11.1   低浓度 SO_x 的转化利用

在对大气质量造成影响的各种气态污染物中，以 SO_x (主要是二氧化硫)的数量最大，影响面也最广。因此，二氧化硫成为影响大气质量的最主要的气态污染物。很多国家和地区，往往也把二氧化硫含量作为衡量本国、本地区大气质量状况的主要指标之一。

通过燃料燃烧和工业生产过程所排放的二氧化硫废气，有的浓度较高，如重油催化裂化的再生器烟气，脱硫、制硫的烟气，一般将其称为高浓度 SO_x 废气；有的废气浓度较低，主要来自燃料燃烧过程，如石油化工厂、合成氨厂的锅炉废气，SO_x 浓度大多为 0.1%~0.5%，最多不超过 2%，属低浓度 SO_x 废气。对高浓度 SO_x 废气，目前采用接触氧化法制取硫酸，工艺成熟。对低浓度 SO_x 废气来说，大多废气排放量较大，加之 SO_x 浓度很低，工业回收不经济。但对大气质量影响却很大，因此必须给予治理。所谓排烟脱硫，一般是指这部分废气的治理。

目前，虽然国内外可采用的防治 SO_x 污染的途径很多，如可采用低硫燃料、燃料脱硫、高烟囱排放等方法。但从技术、成本等方面综合考虑，今后相当长的时间内，对大气中 SO_x 的防治，仍会以烟气脱硫的方法为主。我国目前已基本上肯定了烟气脱硫装置对控制大气质量的必要性。但由于烟气脱硫装置投资大，因此大规模的发展受到限制。选择和使用经济上合理、技术上先进、适合我国国情的烟气脱硫技术，仍将是今后防止 SO_x 污染的重点。

目前，各国研究的烟气脱硫方法很多。其中，有的已通过了中间试验，有的还处于实验室研究阶段，真正能应用于工业生产的只有十余种[7]。

(1) 当前应用的烟气脱硫方法，大致可分为两类，即干法脱硫与湿法脱硫

① 干法脱硫。该法是使用粉状、粒状吸收剂、吸附剂或催化剂去除废气中的 SO_2。最大优点是治理中无废水、废酸排出，减少了二次污染；缺点是脱硫效率较低，设备庞大，操作要求高。

② 湿法脱硫。该法是采用吸收剂如水或碱溶液洗涤含 SO_2 的烟气，通过吸收去除其中的 SO_2。湿法脱硫所用设备简单，操作容易，脱硫效率较高。但脱硫后烟气温度较低，于烟囱排烟扩散不利。由于使用不同的吸收剂可获得不同的副产物而加以利用，因此湿法是各国研究最多的方法。

（2）根据对脱硫生成物是否有用，脱硫方法还可分为抛弃法和回收法两种

① 抛弃法是将脱硫生成物当作固体废物抛掉，该法处理简单，处理成本低。但是抛弃法不仅浪费了可利用的硫资源，而且也不能彻底解决环境污染问题，只是将污染物从大气中转移到了固体废物中，不可避免地引起二次污染。为解决抛弃法中所产生的大量固体废物，还需占用大量的处理场地。因此，此法不符合可持续发展战略的要求。

② 回收法则是采用一定的方法将废气中的硫加以回收，转变为有实际应用价值的副产物。该法可综合利用硫资源，避免了固体废物的二次污染，大大减少处理场地，并且回收的副产品还可创造一定的经济收益，使脱硫费用有所降低。但到目前为止，在已发展应用的所有回收法中，其脱硫费用大多高于抛弃法，而且所得副产物的应用及销路也都存在着很大的局限性。特别是对低浓度 SO_2 烟气的治理，需庞大的脱硫装置，对治理系统的材料要求也较高，因此在技术上和经济效益上还存在一定的困难。

（3）根据净化原理和流程来分类，烟气脱硫回收利用方法又可分为下列三类

① 用各种液体或固体物料优先吸收或吸附废气中的 SO_2；

② 废气中的 SO_2 在气流中氧化为 SO_3，再冷凝为硫酸；

③ 将废气中的 SO_2 在气流中还原为硫，再将硫冷凝。

在上述三类方法中，目前以①类方法应用最多，其次是②法，③法现在还存在着一定的技术问题，故应用很少。

（4）几种主要的脱硫方法

下面将应用价值较大、研究较多的方法列于图 11.1 中。这些方法中有的已有工业处理装置，有的还处于实验研究阶段。

① 石灰/石灰石法。石灰/石灰石法是采用石灰石、石灰或白云石等作为脱硫吸收剂脱除废气中的 SO_2，其中石灰石法应用最早、最多。石灰石原料来源广泛、价廉易得，石灰/石灰石法所得副产品石膏或亚硫酸钙可以回收利用。到目前为止，在各种脱硫方法中，仍以石灰/石灰石法操作费用最低。

应用石灰/石灰石法进行脱硫，可以采用干法，也可采用湿法。干法是将石灰石（石粉）直接喷入锅炉炉膛内，湿法是将石灰石等制成浆液洗涤含硫废气。可以根据生产规模、生产环境、副产品的需求等情况，选择不同的方法。

② 氨法。氨法是用氨水洗涤含 SO_2 的废气，形成 $(NH_4)_2SO_3\text{-}NH_4HSO_3\text{-}H_2O$ 的吸收液体系，该溶液中的 $(NH_4)_2SO_3$ 对 SO_2 具有很好的吸收能力，它是氨法中的主要吸收剂。吸收 SO_2 以后的吸收液可用不同的方法处理，获得不同的产品，从而也就形成了不同的脱硫方法。其中比较成熟的为氨-酸法、氨-亚硫酸铵法和氨-硫铵法等。在氨法的这些脱硫过程中，其吸收的原理和过程是相同的，不同之处在于对吸收液处理的方法和工艺技术路线。

氨法是烟气脱硫方法中较为成熟的方法，较早地被应用于工业过程。氨法脱硫费用低，氨可留在产品，以氮肥的形式提供使用，因而产品实用价值较高。但氨易挥发，吸收剂耗量较大，且氨的来源受地域限制及行业限制较大。尽管如此，氨法仍为目前治理低浓度 SO_2 的有效方法。

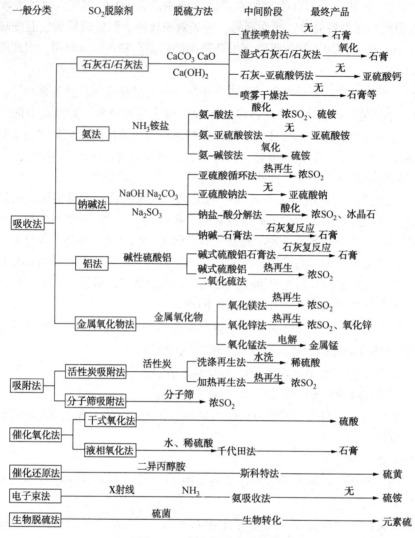

图 11.1 烟气脱硫方法分类

③ 钠碱法。钠碱法是采用碳酸钠或氢氧化钠等碱性物质吸收烟气中 SO_2，由于吸收液的处理方法不同，所得副产物也不同，主要为亚硫酸钠。与用其他碱性物质吸收 SO_2 相比，具有如下优点。

a. 与氨法比，使用固体吸收剂，碱的来源限制小，便于运输、贮存。由于阳离子为非挥发性的，不存在吸收剂在洗涤气体过程中的挥发及产生铵雾问题，因而碱耗小。

b. 与钙碱法相比，钠碱的溶解度高，因而吸收系统不存在结垢、堵塞等问题。

c. 与钾碱法相比，钠碱比钾碱来源丰富，且价格便宜得多。

d. 钠碱吸收剂吸收能力大，吸收剂用量少，可获得较好的处理效果。

④ 双碱法。双碱法是先用可溶性的碱性清液作为吸收剂吸收 SO_2，然后再用石灰乳或石灰对吸收液进行再生，由于在吸收和吸收液处理中，使用了不同类型的碱，故称为双碱法。双碱法的明显优点是，由于液相吸收，从而不存在结垢和浆料堵塞等问题，另外副产的石膏纯度较高，应用范围更为广泛。

⑤ 金属氧化物吸收法。MgO、ZnO、MnO_2、CuO 等一些金属氧化物，对 SO_2 都具有较好

的吸收能力，因此可用金属氧化物对含 SO_2 的废气进行治理。根据实际情况可采用干法或湿法。其中湿法是将氧化物制成浆液洗涤气体，因其吸收效率较高，吸收液易再生，所以应用较多。

⑥ 活性炭吸附法。采用固体吸附剂吸附 SO_2 是干法处理含硫废气的一种主要方法。目前应用最多的吸附剂是活性炭，其他吸附剂如分子筛等也有应用。活性炭吸附法即是利用活性炭吸附烟气中 SO_2，使废气得到净化。通过活性炭再生，可获取相应的副产品。

⑦ 催化氧化法。在催化剂的作用下，可将 SO_2 氧化为 SO_3 后进行净化，分干式与湿式两类。干式催化氧化法可用来处理硫酸尾气，技术成熟，已成为制酸工艺的一部份。但用此法处理电厂锅炉烟气及炼油尾气，在技术、经济上还存在一些有待解决的问题。湿式的副产物是石膏，附加值小，且工艺流程较长，缺乏技术、经济竞争力而渐遭淘汰。

⑧ 催化还原法。催化还原法是利用碱性溶剂吸收 SO_2，然后用甲烷等富含氢的物流还原为 H_2S，然后将 H_2S 再转变成硫磺。目前发展已淘汰碱性吸收剂这一步，采用催化剂通入甲烷气直接将 SO_2 一步还原到 H_2S，H_2S 的后续处理见下节硫化氢废气的转换利用。对于有丰富的甲烷气企业或地域，这一方法仍有一定的竞争力。

11.2　硫化氢废气的转化利用

在化工工业生产中，硫化氢主要来自于天然气净化、石油炼制、炼焦、水煤气发生、硫黄利用等能源加工过程。其中天然气净化、石油炼制尾气中所含浓度较高，总量最大。其次在硫化燃料、人造纤维、二硫化碳等化工工业，以及在医药、农药、造纸、制革等化工、轻工业生产中也有产生，虽然总量较小，但浓度往往较高。对环境污染严重，危害身体健康，必须加以治理[7, 15]。

对硫化氢的综合治理、转化利用，主要是依据其弱酸性和强还原性进行脱硫。目前国内外采用的方法很多，但归纳起来主要是干法和湿法两大类(见表 11.1)。具体的方法应根据废气的来源及具体情况而定。

表 11.1　硫化氢的治理方法

治理方法		治理原理	适用场合及副产物
干法	改进克劳斯法	氧化还原	H_2S 初始浓度>15%，硫黄
	活性炭吸附法	吸附、脱附	H_2S 初始浓度<900g/cm^3，硫黄
	氧化铁法	脱氢还原	含 H_2S 的焦炉煤气，硫黄
	氧化锌法	脱氢还原	含 H_2S 的焦炉煤气，硫黄
湿法	液体吸收	吸收、解吸	将 H_2S 富集后制硫黄
	吸收氧化法	吸收氧化还原	将 H_2S 转换成硫黄、亚硫酸、硫酸铵

11.3　废酸液的资源化利用

化工生产，特别是石油加工、石油化工生产过程中，有不少工艺过程需要各种酸作为催化剂、精制产品的助剂或反应原料，自然而然存在不少的废酸液或酸渣[8]。

11.3.1　废酸液或酸渣的来源及性质

石油炼制、石油化工、化纤、合成橡胶以及其他一些生产过程产生的废酸液、酸渣、酸性水，其来源及性质见表 11.2。

表 11.2　废酸液、酸渣、酸性水的来源及性质

废物种类	废物来源	废物成分或性质
废无机酸液	轻质石油产品的酸洗涤 精制轻质润滑油 醇酸的各种酯化用催化剂 烃类磺化、制洗涤剂用的硫酸、硝酸 烷基化用的硫酸、氢氟酸 生产聚甲基丙烯酰胺用的硫酸 芳烃硝化用的硫酸、硝酸	苯磺酸、烷基磺酸、噻吩 芳烃、环烷烃、环烷酸等 硫酸酯、废酸液 磺酸盐 高分子烯烃、烷基磺酸 叠合物、胶质、废酸 苯磺酸、硝酸酯、废酸
废乙酸液 废二元酸	乙酸生产装置 己二酸生产装置	乙酸酯类、乙酸锰盐 丁二酸、戊二酸、草酸
酸性水	油品、化工品洗涤酸性水	H_2S、HCl、SO_2、SO_3、CO_2、有机酸

11.3.2　废硫酸液、酸渣的处理利用

（1）热解法回收硫酸

目前国内回收废硫酸多送到硫酸厂，将废酸喷入燃烧裂解炉中，将酸与燃料一起在燃烧室中热解，分解成 SO_2、CO_2 和 H_2O。燃烧裂解后的气体在文丘里洗涤器中除尘后，冷却至 90℃左右，再通过冷却器和静电酸雾沉降器，除去酸雾和部分水分，经干燥塔除去残余水分，以防止设备腐蚀和转化器中催化剂失效。在五氧化二钒的作用下，SO_2 在转化器中生成 SO_3，用硫酸吸收，制成浓硫酸。

（2）活性炭吸附处理甲乙酮生产过程中的废硫酸

抚顺石油二厂在甲乙酮生产过程中，硫酸作为酯化反应催化剂，反应后剩余的废硫酸从蒸出塔底排出。甲乙酮产生量为 1170kg/h，约 9000t/a，其组成和性质见表 11.3。

表 11.3　甲乙酮废酸性质

分析项目	结　果	分析项目	结　果
废酸浓度/%	30~40	颜色	棕褐色
COD/（mg/L）	25000~28000	气味	特殊刺激性异味
有机物/%	0.8~1.0		

该厂建成 3500t/a 硫酸铵生产装置，采用活性炭吸附，使用甲乙酮废酸脱臭后供硫铵工段作生产硫铵化肥的原料，生产的硫酸铵达到质量标准。在治理废酸污染的同时，取得了一定的经济效益。吸附饱和的活性炭未进行再生，送到硫酸裂解炉焚烧，为裂解反应提供热能。

其工艺原理是将废的稀硫酸中的杂质用活性炭脱除，然后与氨反应生产硫酸铵母液，再经干燥、结晶便可得到硫酸铵化肥。

抚顺腈纶化工厂在生产烯酸甲酯的过程中，也是利用液氨（炼厂酸性气气提后的废氨

水)中和由合成反应釜间歇排出的稀硫酸废液生产出硫酸铵化肥。

11.3.3 从己二酸废液中回收二元酸

辽阳石油化纤公司在生产己二酸时，产生约 10.11kt/a 的二元酸废液。二元酸废液主要成分是丁二酸、戊二酸及草酸，约占总废液量的 33%～34%；此外，废液中尚存 8.4% 的己二酸、57% 的水、0.6% 的硝酸及少量铜、钒催化剂等。

二元酸废液的组成波动较大。一般情况下，二元酸占总废液量的 25%～45%，硝酸含量也高于设计值。根据己二酸与其他二元酸溶解度、熔点、沸点等物理性质的不同，采用冷却、结晶、蒸发的回收工艺路线。二元酸回收工艺流程如图 11.2 所示。

图 11.2　二元酸回收装置工艺流程示意图

废液中己二酸的含量为 8% 左右，由于己二酸在水中的溶解度较小（20℃，每 100g 水中溶解 2g 己二酸），首先将废液打入结晶釜中，用冷却水冷却，使大部分己二酸结晶析出，悬浮于溶液中，经离心分离、洗涤、干燥得到己二酸回收产品。

离心分离己二酸后的母液，经一、二、三次蒸发器蒸发浓缩后，进行冷却、结晶即得到产品丁二酸、戊二酸。得到含量在 90% 以上的二羧酸产品（丁二酸、戊二酸、己二酸混合物），回收率达 98% 以上。二元酸回收工艺主要设备操作条件如表 11.4 所示。当蒸汽压力超过工艺指标时，会产生严重的泡沫夹带，致使物料从二次蒸汽出口排出。

表 11.4　二元酸回收工艺蒸发器操作条件

项　目	流量/(m³/h)	蒸汽压力/MPa	项　目	流量/(m³/h)	蒸汽压力/MPa
一次蒸发	1.0～1.2	0.15	三次蒸发	终点温度150℃	0.2～0.8
二次蒸发	0.8～1.0	0.15			

11.3.4 废酸液浓缩再利用

废酸液浓缩再利用的方法很多，目前使用比较广泛也比较成熟的方法为塔式浓缩法。此法可将 70%～80% 的废酸浓缩到 95% 以上，这种方法目前仍是国内稀酸浓缩的重要方法。其缺点是生产能力小，设备腐蚀严重，检修周期短，费用高，处理 1t 废酸耗燃料油 50kg。例如抚顺石油二厂烷基化装置，产品为异辛烷，生产规模 45kt/a，烷基化装置产生的废硫酸液量为 3500t/a。其中含酸 80%、硫酸酯 3%、其他叠合物 17%，呈棕黑色，有强烈刺激性臭味。废硫酸裂解工艺流程见图 11.3。

烷基化装置排出的废酸贮于废酸贮罐中，经中间罐用泵打入高位罐，从高位罐以 0.5～0.8t/h 的流量通过喷嘴与压缩风混合，并以雾状喷入裂解高温炉。为使废酸在裂解炉内充分分解为 SO_3，在裂解炉内设有瓦斯火嘴，使温度维持在 950～1000℃，裂解炉内发生的化学反应如下：

$$H_2SO_4 \longrightarrow SO_3 + H_2O$$
$$C_nH_{2n} + O_2 \longrightarrow CO + CO_2 + H_2O$$
$$SO_3 + CO \longrightarrow CO_2 + SO_2$$

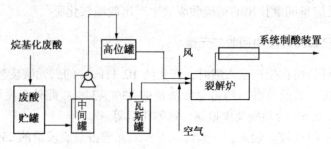

图 11.3　烷基化废酸裂解工艺流程

烷基化发生裂解装置的生产能力为 11kt/a。控制指标及操作条件为：炉膛温度 900～950℃，出口 SO_2 浓度 12%～13.5%，入口压力 10.98～11.76kPa。

裂解炉焚烧后产生的烟气，经冷却器冷却后并入硫酸生产装置，所含 SO_2 气体作为制酸工艺的原料重新制酸。产品达到国家一级产品标准。残余废气符合排放标准。

11.4　废碱液的资源化利用

在化工、特别是石油化学工业生产过程中，同样也有不少工艺过程需要用到各种无机碱、有机碱，自然也伴生出相当量的废碱液、碱渣[8]。

11.4.1　废碱液、碱渣的来源及性质

化工以及石油化工生产过程中常见的废碱液、碱渣，其来源及性质、组成见表 11.5。

表 11.5　废碱液、碱渣、碱性水的来源及性质

废物种类	废物来源	废物成分或性质
废无机碱液	轻质石油产品的碱洗涤 氨碱法生产中的盐泥	环烷酸、酚、磺酸钠盐、硫化钠
废无机碱渣	环氧乙烷(或丙烷)钠钙法中的皂化液、生产添加剂、助剂的钠渣	环烷酸、酚、磺酸钠盐、硫化钠、高分子脂肪酸
废有机碱	酞氰钴碱液催化脱臭 石油气(含 LPG)碱洗用的醇胺溶液	废油
碱性水	油品、化工品碱性洗涤水	碳酸钠、亚硫酸钠

11.4.2　废碱液、碱渣、碱性水的处理利用

（1）硫酸中和法回收环烷酸、粗酚

常压直馏汽、煤、柴油的废碱液中环烷酸含量高，可以直接采用硫酸酸化的方法回收环烷酸和粗酚。回收过程是先将废碱液在脱油罐中加热，静置脱油，然后在罐内加入浓度为 98%的硫酸，控制 pH=3～4，发生中和反应生成硫酸钠和环烷酸，经沉淀可将含硫酸钠的废水分离出去，将上层有机相进行多次水洗以除去硫酸钠和中性油，即得到环烷酸产品。若用此法处理二次加工的催化汽油、柴油废碱液，即可得到粗酚产品。

用硫酸酸化废碱液回收环烷酸、粗酚的方法虽可行，但酸化条件难于控制。加酸不足时，粗酚和环烷酸难于析出；加酸过量时，腐蚀管道设备，在排入污水处理厂前还需进行中

176

和处理。用二氧化碳碳化碱液易产生乳化现象，粗酚和环烷酸难于分离出来。此时需加热破乳，使操作过程复杂化。

国内某炼油厂用碱液洗涤常压柴油中所含硫化物、氧化物、有机酸、烯烃等杂质，在高压电场下使洗涤液中油品与碱液分离。每天排出废碱液 15t，废液组成为 NaOH 2.6%、环烷酸 5.24%、油 54.1%、水 38.06%。采用硫酸中和法几乎可回收其中全部的环烷酸、油。

（2）二氧化碳中和法回收环烷酸、碳酸钠

为减轻设备腐蚀和降低硫酸消耗量，可采用二氧化碳中和法回收环烷酸。此法一般是利用 CO_2 含量在 7%～11%（体积分数）的烟道气碳化常压油品碱渣。回收工艺过程是，先将废碱液加热脱油，脱油后的碱液进入碳化塔，在塔内通入含二氧化碳的烟道气进行碳化。

碳化液经沉淀分离上层为回收产品环烷酸，下层为碳酸钠水溶液，经喷雾干燥即得固体碳酸钠，纯度可达 90%～95%。

生产实践表明，这种工艺既可以用来中和炼油厂常一、二线废碱液，也可单独中和常三线废碱液或中和常一、二线混合废碱液，从而得到一级质量标准产品。缺点是中和后，溶液的 pH 值仍然较高，除生产一部分环烷酸外，大部分仍为环烷酸钠皂，而且会产生大量泡沫及盐垢，以堵塞管线。为了避免此问题的产生，可采用补加少量硫酸的办法获得粗环烷酸。

某石油化工总厂油品电精制装置和脱臭装置产生废碱液约 8000t/a。该厂采用二氧化碳处理废碱液回收碳酸钠的生产工艺，能满足生产的要求，并达到综合利用、保护环境的目的，既节约一定量的硫酸，又减轻了对设备的腐蚀。

（3）利用废碱液造纸

某炼油厂催化裂化装置的产品液态烃精制碱洗水工艺产生的废碱液主要成分见表 11.6。含有 2%NaOH 和不低于 20% 的 Na_2S。对用漂白（或本色）碱法、硫酸盐法和蒽醌硫酸盐法造纸的工厂，可用此废碱液配制蒸煮液，增加纸张的断裂长度，提高经济效益。

表 11.6　废碱液主要成分

种类	pH	NaOH/%	Na_2S/%	种类	pH	NaOH/%	Na_2S/%
液态烃碱洗废碱液	4	2～6	20～30	液态烃水洗废碱液	10～12	—	1.3～1.5

（4）利用废碱液生产硫化钠

某炼油厂硫酸烷基化装置通常以浓度为 13%～15% 的氢氧化钠碱液洗涤液态烃中的硫化氢及其它含硫化合物，待碱液浓度降低到 3% 以下时，作为废碱液排出。每年产生烷基化废碱液 2000t。其组成为：不溶物≤0.01%，NaHS 22%，Na_2S 0～0.6%、碱度 0.7%～1.8%。该厂用硫酸烷基化废碱液生产硫化钠，产品质量见表 11.7。

表 11.7　硫化钠产品质量

组　分	本装置产品质量	甲种标准		乙种标准	
		一级品	二级品	一级品	二级品
Na_2S	63.67	60.0	60.0	52.0	52.0
Fe	0.102	0.15	0.20	0.10	0.20
Na_2CO_3	2.65	5.00	—	3.10	—
不溶物	0.141	0.40	0.80	0.40	0.80

(5) 用硫酸中和法回收碱洗液中的对苯二甲酸

某石化总厂涤纶厂在对苯二甲酸(简称 PTA)合成工序中，当对苯二甲酸反应器和反应器冷凝器操作 2000h 后，需用 NaOH 溶液除去附着在对苯二甲酸反应器壁和管壁上的对苯二甲酸、对甲基苯甲酸和对甲醛苯甲酸等固体物质，产生碱洗废液。每次清洗产生的碱洗液组成及产生量为：8.35t 对苯二甲酸钠、0.85t 对甲基苯甲酸钠、0.17t 对甲醛苯甲酸钠、10.93t 醋酸钠、1.76t 氢氧化钠、159.42t 水。

用硫酸中和碱洗液，将其中的对苯二甲酸、对甲基苯甲酸、对甲醛苯甲酸等固体物料沉淀析出，再用倾析机分离。碱洗液与硫酸发生的反应如下：

$$C_6H_4(COONa)_2+H_2SO_4 \longrightarrow C_6H_4(COOH)_2+Na_2SO_4$$
$$2C_3H_3C_6H_4COONa+H_2SO_4 \longrightarrow 2CH_3C_6H_4COOH+Na_2SO_4$$
$$2CHOC_6H_4COONa+H_2SO_4 \longrightarrow 2CHOC_6H_4COOH+Na_2SO_4$$
$$2CH_3COONa+H_2SO_4 \longrightarrow 2CH_3COOH+Na_2SO_4$$
$$2NaOH+H_2SO_4 \longrightarrow Na_2SO_4+H_2O$$

用热水洗涤固体废料，使其中含有的杂质溶解于热水中，再用倾析机分离。湿对苯二甲酸含有约 60% 的水分，为了便于输送，必须进入干燥机予以干燥。PTA 回收工艺流程见图 11.4。

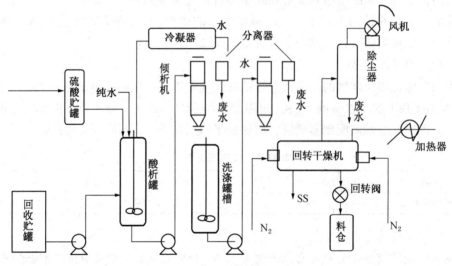

图 11.4 对苯二甲酸回收工艺流程

PTA 回收装置每次可回收 PTA 7.5t 左右，是理论量的 90%。回收的对苯二甲酸产品纯度 ≥98%，挥发分 ≯0.1%，灰分 ≯0.1%，与精制的对苯二甲酸混合使用。

(6) 其他废碱液的资源化利用

常压柴油废碱液作铁矿浮选剂。采用化学精制处理常压柴油产生的废碱液，可用加热闪蒸法生产贫赤铁矿浮选捕集剂，用其代替一部分妥尔油和石油皂，可使原来的加药量减少 48%。

11.5 其他废液、废水的转化利用

在化学工业以及其相关生产过程活动中，除了有许多废酸液渣、废碱液/渣外，还会有

其他的废液、废水排放。这些东西既是废物，又是二次资源。若直接排放，除污染环境外，也是资源上的一种极大浪费。因此，必须加以转换、综合利用。

11.5.1 醇类废液的回收利用

某维尼纶总厂在甲醇生产过程中，产生杂醇废液 3894t/h，含有杂醇油 538kg/h。以摩尔分数计杂醇油中约含 28.36%甲醇、2.45%乙醇和 69.18%的水。采用连续蒸馏的方法从杂醇废液中可回收甲醇，回收率达 96.47%，甲醇含量为 96%~98%。

（1）回收工艺

杂醇废液回收甲醇工艺流程见图 11.5。蒸馏器加料泵将杂醇油从贮罐送入预热器加热至 85℃，然后送入蒸馏塔。塔顶蒸汽经冷凝器冷凝，不凝气放空，65℃的甲醇冷凝液送入回流槽，再用回流泵送至塔顶回流，在回流泵出口即可获得纯度为 96%~98%的产品甲醇。将其经甲醇冷却器冷却至 30℃送入贮槽装桶外运。蒸馏塔底水含甲醇约 1%，温度为 99℃，可送精细化工厂再回收利用。预热器和蒸馏塔用再沸器使用 0.35MPa 的蒸汽加热。

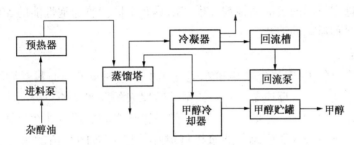

图 11.5　杂醇废液回收甲醇工艺流程

（2）主要设备的操作条件

杂醇废液回收甲醇装置主要设备的操作条件见表 11.8。

表 11.8　主要设备的操作条件

设备名称	温度/℃	压力/MPa	流量/(m³/h)	介质	设备名称	温度/℃	压力/MPa	流量/(m³/h)	介质
蒸馏塔顶	65	0.05		甲醇蒸气	进料泵出口	50	0.2		杂醇油
蒸馏塔中部	85	0.1		甲醇	回流泵出口	65	0.2		甲醇
蒸馏塔底部	99	0.15		甲醇残液	蒸气压力调节阀	142	0.4		蒸气
塔底加热蒸汽	142	0.4		蒸气	回流液	65	0.2	0.8	甲醇
杂醇油进料	85	0.2	0.5~0.6	杂醇油	产品甲醇	40	0.2	0.2~0.3	甲醇

（3）处理回收效果

甲醇回收率达 96.47%，产品甲醇含量为 96%~98%，品质为国家等外级品。该产品主要销往农药厂生产农药。

11.5.2 利用 EI 废液生产 MB 系列浮选剂

某石油化纤公司在生产环己酮、环己醇的过程中，醇酮装置产生 EI 废液，其组成及产生量见表11.9。

表11.9 醇酮装置EI废液组成及产生量 单位：kg/h

塔顶轻组分废液量	醇	酮	HPOCaP	一价酸	二价酸	环己基己二酸酯	Cr	磷酸辛酯
533	20	1	25	52	95	325	1	14
塔底重组分废液量	C_5	C_6	环己烷	环戊烷	苯	甲基环戊烷	重组分	叔丁醇
18	4.14	0.54	9.45	0.27	0.63	0.36	1.80	0.81

该厂以EI废液和其他副产品为原料，生产出无毒、无污染的MB系列浮选剂，代替了传统的浮选药剂——煤油、柴油和发泡剂，并可通过改变原料成分比例，制成不同特征的系列产品，适用于气煤、焦煤、肥煤、瘦煤和无烟煤，尤其是对粗粒氧化浮选效果显著。

（1）工艺原理

采用萃取法提取煤浮选废液中的有效成分。根据煤的表面特性，选取对煤浮选最有效的成分，即利用表面及胶体化学原理将不同HLB值的组分配制成为一种均一的混合物，从而可以对不同煤质选用不同的表面活性剂，生产出具有不同捕收起泡性能的MB浮选剂系列产品，以适应不同煤种浮选的需要。

（2）工艺流程

将醇酮装置排出的EI废液定期用槽车运往MB浮选剂装置的原料贮罐内，经提纯、精制后，通过计量罐送入复合反应釜，从对二甲苯装置来的副产品油经分离后也通过计量罐送入复合反应釜，在釜内发生一定的复合反应，然后进行中和处理，并在此加入一定量的促进剂。中和反应后，物料进入混配罐，通过机械搅拌，将不同HLB值的组分配制成为均匀的混合物。混合物进入沉降罐沉降分离。自然沉降48h后，将上部清液打入产品罐，下部渣油进一步回收。将一定量的添加剂投入净化器内，一段时间后采样化验，合格产品送成品贮罐，外销出厂。MB浮选剂生产工艺流程如图11.6。

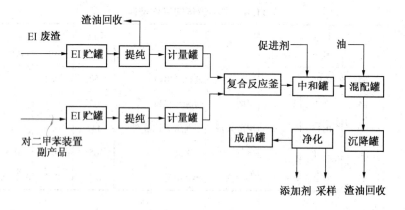

图11.6 MB浮选剂生产工艺流程

（3）主要操作条件

MB浮选剂的生产过程比较简单，但必须在几个关键环节严格控制。沉降罐的沉降过程必须自然沉降48h，如果控制不好将影响产品质量。

11.5.3　用蒸馏法从有机氯化物废液中回收有机氯

某石化公司有机合成厂的环氧乙烷、环氧丙烷生产装置的分馏塔釜液的主要成分是有机氯化物，包括二氯乙烷、二氯丙烷、氯丙醇、氯代乙醚、氯代丙醚等。它们大多可用作溶剂，或作合成浸透剂、杀虫剂、洗涤剂的原料。其共同特性是易燃，有刺激性臭味，对人体及生物的危害主要表现在使神经系统麻痹，对造血系统和肝脏有损害。主要副产品的产生量为：二氯乙烷 120t/a、二氯代乙醚 60t/a、二氯丙烷 200t/a、二氯代丙醚 70t/a。当反应控制不好、碱度过大时，会生成乙二醇和丙二醇。上述副产物混合于水中作为环氧乙烷、环氧丙烷精馏塔的釜液排出，排放量为 400~500kg/d。

（1）工艺原理

由于环氧化物釜液中的有机氯化物不溶于水，且沸点相差较大，利用精馏的原理很容易将它们分开。先将油与水相分开，再将油相中的各种有机氯化物用精馏分开。

（2）工艺流程

环氧化物釜液的处理工艺流程见图 11.7。环氧化物釜液收集在原料罐内，经切水、中和后进入二氯乙烷、二氯丙烷精馏塔。塔顶出二氯乙烷、二氯丙烷，塔釜留下重组分。这部分重组分再送入二氯乙醚、二氯丙醚精馏塔，提取二氯乙醚、二氯丙醚，最终剩下的釜液仍可作为有机溶剂或作为防水涂料的原料等加以利用。

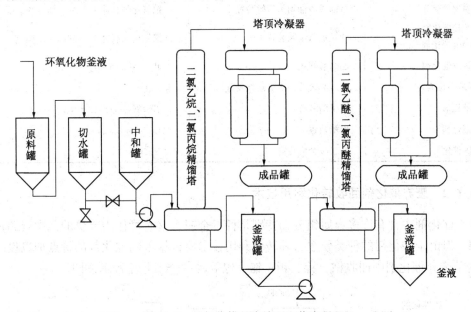

图 11.7　环氧化物釜液处理工艺流程

（3）主要设备及工艺控制条件

该工艺主要设备为精馏塔。操作注意事项为：精馏塔塔釜加热时要注意缓慢加热，若升温速度过快，会造成溢塔。碱洗后的物料需达到 HCl≯0.005%，HCl 含量高时会加快设备腐蚀。

（4）处理回收效果

回收的二氯乙烷、二氯丙烷的浓度可达 97% 以上，二氯乙醚、二氯丙醚的浓度可达 95% 以上，所剩下的残液为其他有机氯化物，可回收作燃料或作防水涂料的溶剂。

11.6　化学工业中废弃催化剂的转化利用

11.6.1　废弃催化剂、助剂的来源、分类、特点

化学工业，特别是石油化学工业的许多有机化学反应都依靠催化剂来提高反应速度。因此，固体催化剂得到非常广泛的应用，如石油化学工业中的催化裂化、催化重整、烯烃聚合、酯化、醚化、烷基化等生产过程都大量使用催化剂、助剂。这些催化剂在使用一段时间后会失活、老化和中毒，使催化剂活性、选择性降低，这时就要定期或不定期报废旧催化剂，补充新鲜催化剂，由此产生大量的废催化剂。这些废弃的固体催化剂分类、来源、特点见表 11.10[8]。

表 11.10　废弃固体催化剂分类、来源、特点

种　类	来　源	组成、性质或特点
硅、铝裂化催化剂 CO 助燃剂	重油催化裂化装置	硅铝氧化物 高铂硅铝氧化物
铂—铼贵金属 催化重整催化剂	催化重整装置	含 Al_2O_3 90%、Pt 3%~5%、Re 3%
加氢裂解催化剂	重油或渣油加氢裂解装置	硅铝氧化物载体上含 Ni、Mo、W、Co 等
加氢脱硫催化剂 加氢脱氮催化剂	油品加氢精制装置	硅铝氧化物载体上含 Mo、Co、Ni 等
乙烯裂解催化剂	乙烯裂解装置	含 Pa、Ni、Al_2O_3 等
EO 反应催化剂	乙二醇装置，环氧乙烷装置	含 Ag15%
磷酸催化剂	间甲酚装置	含铝磷酸盐
聚酯催化剂	聚酯装置	含 Co、Mn
雷尼镍催化剂	乙二胺合成装置	含 Ni 50%

11.6.2　废弃催化剂回收转化利用技术

废弃催化剂中含有许多金属组分，特别是稀贵金属，这些可作为宝贵的二次资源加以转化利用。但由于催化剂的种类繁多，其转化利用技术应根据不同催化剂的特点加以设计。图11.8 为从废弃催化剂中回收钴、镍、钼、铋、银等的一个工艺流程示意图。

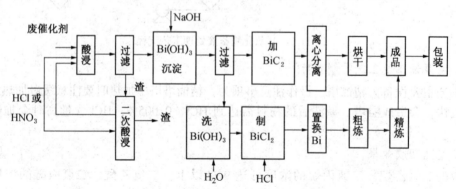

图 11.8　稀贵金属回收工艺流程示意图

11.6.3 催化重整催化剂回收金属铂

催化重整装置及异构化装置使用贵金属催化剂，这些催化剂失效后被定期更换下来。我国每年约产生 100t 废铂催化剂，通常这些废催化剂成为铂回收装置的原料，表 11.11 为几种常见废催化剂的主要组成，可将各同类装置更换下来的废催化剂收集起来，集中进行回收。

表 11.11　废铂催化剂的主要组成　　　　　　　　　　　　　　单位:%

催化剂种类		Al_2O_3	Pt/Al_2O_3	Re/Al_2O_3	Sn/Al_2O_3	SiO_2
重整催化剂	单铂	90 左右	0.2~0.5			
	铂铼	90 左右	0.3~0.5	约 0.3		
	铂锡	>90	0.36 左右		约 0.3	
异构化催化剂	单铂	70 左右	0.33 左右			25 左右

抚顺某催化剂厂的铂回收装置，自 1971 年投产至今共回收海绵铂约 1500kg，铂回收率稳定在 95% 以上，可处理废铂催化剂 30t/a 以上。这些海绵铂又经制备成氯铂酸全部用在重整催化剂生产上，副产品氯化铝全部作为原料用在加氢催化剂生产上。废铂催化剂的回收缓解了铂供应的紧张状况，同时也取得了非常可观的经济效益。

（1）回收工艺

铂回收工艺流程见图 11.9，主要处理单铂及铂铼废催化剂。

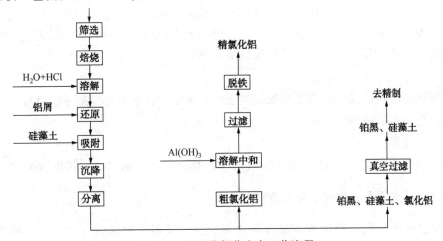

图 11.9　铂回收部分生产工艺流程

回收工艺原理是废铂催化剂经烧炭后用稀盐酸溶解，使载体氧化铝和铂同时进入溶液，再用铝屑还原溶液中的二氯化铂形成铂黑微粒，然后以硅藻土为吸附剂把铂黑吸附在硅藻土上。经分离、抽滤、洗涤使含铂硅藻土与氯化铝溶液分离，再用王水溶解使之形成粗氯铂酸与硅藻土的混合液，经抽滤得到粗氯铂酸，再经氯化铵精制等工序进行提纯，最后制得海绵铂。

铂回收工艺副产品氯化铝，经脱铁精制后为精氯化铝，全部作为加氢催化剂载体的制备原料，既回收了铂，也回收了载体氯化铝。

（2）铂回收溶解釜操作条件

铂回收生产的关键设备是溶解釜。废铂催化剂用盐酸溶解的过程及铝屑与二氯化铂的还原反应均在溶解釜内进行。溶解釜为耐酸搪瓷釜（附搅拌设备），外有夹套以蒸汽加温。溶解操作必须按工艺指标要求把温度控制在110℃、12h，否则载体氧化铝溶解不完全。用铝屑还原二氯化铂时，温度要平稳控制在70℃。

11.6.4　从废催化剂中回收银

东北某环氧乙烷装置每两年排出废银催化剂30t。废银催化剂含有20.0%Ag、35.18%Al、5.52%Si、0.007%Fe、0.01%Mg，以及微量Ca、Pb、Mn、Na、Mo、Cu、Ni等元素。

（1）工艺原理

采用硝酸溶解、过滤、加氯化钠沉淀析出氯化银，然后用铁置换，最后将银粉熔炼铸锭。

（2）工艺过程

每个反应器装5kg废催化剂、2kg工业硝酸、1kg脱盐水，放在炉上加热。此时硝酸会以二氧化氮形式挥发出。待二氧化氮挥发尽，且载体小球变得洁白时停止加热。然后，加5kg循环稀硝酸银稀释，再把溶液倒出、过滤，并用循环稀硝酸银溶液洗数次，每次5kg，洗液过滤。最后用脱盐水洗涤载体，直至洗涤水用氯化钠溶液检查不发生沉淀为止。

在硝酸银溶液中加入饱和氯化钠溶液，使氯化银沉淀析出，并静置沉淀，然后去掉上层清液。将铁块用盐酸除锈，然后放入氯化银沉淀中，使铁和氯化银发生置换反应，生成氯化亚铁和银粉。由于氯化银在水中的溶解度很小，置换反应速度很慢，当氯化银沉淀全部变成灰绿色的银粉时，表明反应已经完成。用水洗涤银粉中的氯化亚铁，可用铁氰化钾判读洗净的程度。将银粉在烘箱内干燥，然后用磁铁吸出铁块。

（3）主要工艺条件

溶解废银催化剂的稀硝酸浓度应保持在20%～30%。氯化银沉淀需静置过夜，用铁块置换银粉的过程一般要持续2～4d。

（4）回收效果

每年处理含银废催化剂15t，从中回收银3t，其纯度大于99.9%，回收率达97%以上。

11.6.5　从废雷尼镍催化剂中回收镍

东北某己二胺装置年产生废雷尼镍催化剂160t。废催化剂除含有镍、铝、铬外，还有碳、氮、磷等。该厂采用熔炼的方法从雷尼镍废催化剂中回收金属镍，取得了很好的效果。回收的金属镍含镍90%～95%、铝4%～5%及微量的铬和铁，用于生产不锈钢。

（1）回收工艺

镍的熔点为1455℃，要得到品质好的金属镍，冶炼是比较适宜的工艺。采用电极电炉熔炼法回收金属镍的工艺流程如图11.10所示。

图11.10　熔炼法回收废雷尼镍催化剂中的镍

废雷尼镍催化剂先经水洗，除去环己烷等杂质，再经干燥，然后筛去其中的微小颗粒，最后装入电炉内进行冶炼。将电极感应电炉内的温度升至1700℃，熔炼70min后将镍水浇注于模具中，冷却后包装出厂。

（2）工艺操作条件

主要工艺操作条件见表11.12。

表11.12　主要工艺操作条件

操作参数	数　值	操作参数	数　值
电极电压/V	275	功率因数	0.9~1.0
电容电压/V	750	中频感应炉频率/Hz	1000
功率/kW	40~50	熔炼温度/℃	1700

11.6.6　重油催化裂化废催化剂直接转换利用

催化裂化装置所使用的催化剂，在再生过程中有部分细粉催化剂(≤40μm)由再生器出口排入大气，严重污染周围的环境。采用高效三级旋分分离器可将催化剂细粉回收，回收的催化剂可代替白土用于油品精制。回收的催化剂与白土吸附精制的效果比较见表11.13。

表11.13　回收的催化剂与白土吸附精制的效果比较

项　目		新鲜硅铝催化剂 2%	回收废催化剂 2%	白土 2%	原料油
吸收率/%		31.27	6.28	5.66	
油品氧化安定性评分	减五线油 评分 酸值	68.27 0.014	62.37 0.014	80.79 0.0168	81.13 0.0193
	减四线油 评分 酸值	90.18 0.014	85.20 0.014	133.84 0.0194	139.53 0.0368

使用白土和回收催化剂对减四线油和减五线油的精制均符合控制指标。从评分可看出，用回收催化剂精制油品比用白土精制油品要好；减五线精制油比减四线精制油的氧化安定性好。所以，回收催化剂可以代替白土用于重质润滑油的补充精制，既可减少污染，每年还可节约15~21万元。

使用回收催化剂作吸附精制剂时，可以降低精制温度，其含水量无须严格控制。

此外，利用废催化剂可直接生产釉面砖，釉面砖的主要化学组成与催化裂化装置所用催化剂的化学组成基本相同。齐鲁石化公司催化剂厂和山东搪瓷研究所利用这个共同研制成功用废催化剂制釉面砖，他们在制造釉面砖的原料中加入20%的废催化剂，制造出的釉面砖质量符合要求。

11.7　废塑料的再生利用

11.7.1　概述

一般塑料可分为两大类，即热塑性塑料(可以反复加热重塑)和热固性塑料(只热塑制一次)。其中, 后者(如酚醛塑料)应用要少得多。前者的种类较多, 主要有聚氯乙烯塑料(PVC)、聚乙烯塑料(PE, 又分 HDPE 及 LDPE)、聚丙烯塑料(PP)、聚苯乙烯塑料(PS)、聚四氟乙烯塑料(FTEF)、聚甲基丙烯酸酯塑料(PMMA)、聚对苯二甲酸乙二酯(PETP)[8~9,13,16,18]。

我国是世界十大塑料制品生产国之一, 塑料与其他应用材料相比, 具有质量轻、强度高、耐磨性好、化学稳定性好、抗化学药剂能力强、绝缘性能好、经济实惠等优点。塑料问世一个世纪以来, 在生产和生活中得到了非常广泛的应用。随着塑料生产的飞速发展, 生产过程的废塑料增多; 加之塑料制品的大量使用, 废弃塑料量急剧增加。废塑料不仅在环境中长期难以降解, 而且散落在市区、风景旅游区、水体、公路和铁路两侧以及农田之中, 严重影响景观, 污染环境。由于废塑料制品多呈白色, 所以其对环境的污染通常称为"白色污染"。

解决废塑料问题的主要途径有两方面: 第一是回收利用, 第二是推广使用可降解塑料。目前, 解决废塑料问题的主要途径是回收利用。世界上的许多国家, 尤其是欧、美、日等发达国家积极开发研究废塑料的再生利用技术。有些废塑料的回收利用技术已经成熟, 并得到广泛应用。一些新的再生利用技术正在开发研制之中。我国塑料产量很大, 与之相应的塑料废弃量也很大。因此, 废塑料的回收利用前景十分广泛。

可降解塑料是近年来开发研制出来的。可降解塑料顾名思义是在普通塑料中加入填充物质, 增加其在自然环境中的降解能力。

根据其降解方法不同, 降解塑料主要有光降解和生物降解塑料两种。光降解塑料是根据塑料中高分子碳链受到紫外线作用可缓慢分解这一特点, 在聚合时加入易受紫外线分解的单体或者加入可吸收紫外线加速碳链断裂的添加剂而生产的塑料, 如含低密度聚乙烯等。生物降解塑料是在聚合时加入易生物降解的物质, 使塑料在天然条件下能被生物所降解, 最常用的添加剂是淀粉。降解塑料目前只在塑料材料应用的部分领域如制造薄膜等方面有所应用。总的说来, 降解塑料在质量上不如普通塑料, 而在价格上又高于普通塑料, 同时其自然降解性质也还有待研究。此外, 各种降解塑料由于添加了其他物质而不利于塑料的再生利用。

11.7.2　废塑料的回收利用技术

由于目前废弃塑料主要来源于生活消费方面, 因此, 此处主要讨论生活消费垃圾中废塑料的回收利用技术问题[8~9,13,16]。

废塑料处理的第一步是分类收集, 为其后的利用提供方便。塑料生产和加工过程中废弃之物, 如边角料、等外品和废品等, 品种单一, 没有污染和老化, 需单独收集和处理。在流通过程中排放的废塑料有一部分也可单独回收, 如农用 PVC 薄膜、PE 薄膜、PVC 电缆护套料等; 但大部分则属于混合废料, 除了塑料品种复杂外, 还混有各种污染物、标签以及各种复合材料等。

废塑料的破碎和分选是废塑料处理的第二步。废塑料破碎时, 要根据其性质选用合适的破碎机, 如依其软硬程度选用单辊、双轴或水下破碎机。一般含复合材料时要选低转速的破碎机, 对像 EVA 类的软质塑料则需特殊的破碎技术。破碎程度根据需要而差异很大, 外形尺寸 50~100mm 的为粗粉碎, 10~20mm 的为细粉碎, 1mm 以下的为微粉碎。废塑料中通常掺杂砂石和坚韧复合材料, 需要试制耐磨的刀具。

分选技术有多种, 如静电法、磁力法、筛分法、风力法、比重法、浮游选矿法、颜色分离法、X 射线分离法(用于废 PVC 瓶分离)、近红外线分离法等。其中, 近红外分离法为新型分离技术，可精确地把 PP、PVC、PET 等塑料瓶分开。

废塑料处理的第三步是资源化再生利用。归纳起来，废塑料再生利用技术主要有以下 6 点：

(1) 混合废塑料的直接再生利用

混合废塑料以聚烯烃为主，它的再生利用技术曾被进行过广泛研究，但成效不大。通常是经加工把废塑料再制成薄膜，但其强度不佳，且因食物等混入往往使其有异味，今后仍需要继续对其研究改进。

(2) 加工成塑料原料

把收集到的较为单一的废塑料再次加工为塑料原料，这是最广泛采用的再生利用技术，主要用于热塑性树脂。用再生的塑料原料可做包装、建筑、农用及工业器具的原料。日本 1994 年的产量已达 54kt。其工艺过程包括破碎、掺混、熔融、混炼，最后加工成粒状产品。不同厂家在加工过程中采用独自开发的技术及辅料，可赋予产品独特的性能。

(3) 加工成塑料制品

利用上述加工塑料原料的技术，将同种或异种废塑料直接成型加工成制品。一般多为厚壁制品，如板材或棒材等。有的公司在加工时装入一定比例的木屑和其他无机物，或使塑料包裹木棒、铁芯制成特殊用途制品，大都已形成专利技术。

(4) 热电利用

将城市生活垃圾中之废塑料分选出来进行燃烧，产生蒸汽或发电。该技术已比较成熟，燃烧炉有回转炉、固定炉、流化炉；二次燃烧室的改进和尾气处理技术的进步，已经可以使废塑料焚烧回收能量系统的尾气排放达到较高的标准。废塑料焚烧回收热能和电能系统必须形成规模，才能取得经济效益。废塑料日处理量至少要在 100t 以上才合算。

(5) 燃料化

废塑料热值可在 25.08MJ/kg，是一种理想的燃料，可制成热量均匀之固体燃料，但其中含氯量应控制在 0.4% 以下。普遍的方法是将废塑料粉碎成细粉或微粉，再调合成浆液做燃料，如废塑料中不含氯，则此燃料可用于水泥窑等。

(6) 热分解制成油

废塑料热分解制油的研究目前相当活跃，所获得的油可做燃料或粗原料。热分解装置有连续式和间歇式两种，分解温度有 400～500℃、650～700℃、900℃（与煤炭共分解）以及 1300～1500℃（部分燃烧气化）之分，有关催化高压加氢分解等技术也在研究之中。

11.7.3 废弃塑料转化生产建材产品

利用废塑料生产建筑材料是废塑料再生利用的一个重要方面，目前已经开发了许多新型产品，现简单介绍如下[8～9,13,16]。

(1) 塑料油膏

塑料油膏是一种新型建筑防水材料，它以废旧聚氯乙烯塑料、煤焦油、增塑剂、稀释剂、防老剂及填充料等配制而成。主要适用于各种混凝土屋面板嵌缝防水和大板侧墙、天沟、落水管、桥梁、渡槽、堤坝等混凝土构配件接缝防水以及旧屋的补漏工程。塑料油膏是一种粘接力强、耐热度高、低温柔性好、抗老化性好、耐酸碱、宜热施工兼可冷用的新型弹塑性建筑防水防腐蚀材料。

（2）耐低温改性油毡

聚氯乙烯耐低温油毡是以废旧聚氯乙烯塑料加入到煤焦油中，并加入一定量的塑化剂、催化剂、热稳定剂等经一定的工艺过程而制成的一种新型防水材料。

（3）防水涂料与防腐涂料

中国专利 CNl082575A 公开的化学溶解法制备涂料是这样实现的：

① 原料组成（按质量比例）。废旧聚苯乙烯泡沫塑料 10~40 份，混合有机溶剂（可为芳香烃，如甲苯、二甲苯；酯类，如乙酸乙酯、乙酸丁酯；碳烃类，如汽油、煤油等，它们可为两种或两种以上的混合溶剂，并以芳香烃为主溶剂）30~60 份，松香改性树脂 10~18 份，增粘剂（可为异氰酸酯、环氧树脂）0.5~2 份，自制分散乳化剂（为碳水化合物经水解、氧化制得的水溶性稠状物质）3~20 份，增塑剂（为二丁酯或二辛酯）0.2~2 份。

② 配制工艺。按上述比例，将混合有机溶剂倒入反应锅中，在搅拌下加入松香改性树脂。再将废旧聚苯乙烯泡沫（经洗净晾干）破碎成小块放入反应锅中直至完全溶解。加入增粘剂和自制分散乳化剂在 30~65℃ 条件下，搅拌 1~2.5h，再加增塑剂继续反应 0.5~1h，最后停止加热和搅拌，取出冷却至室温，便得该防水涂料。

聚苯乙烯分子中具有饱和的 C-C 键惰性结构，并带有苯基，因而对许多化学物质有良好的耐腐蚀性；但脆性大，附着力和加工性差。因此，对聚苯乙烯改性是至关重要的一步。实验得出用邻苯二甲酸二丁酯作改性剂制得防腐涂料有较好的物理机械性能、耐化学腐蚀性和光泽度。

具体制备方法如下：在装有温度计、搅拌器冷凝管的 1000mL 三口瓶中，加入 190g 聚苯乙烯和 540g 混合溶剂（二甲苯：乙酸乙酯：200 号溶解汽油 = 70：15：15），在搅拌下加热至 55~60℃，待聚苯乙烯完全溶解后，加入 45g 改性剂，继续搅拌至溶液清澈透明，冷却至室温，出料。与适量颜料混合，于锥型磨中研磨至细度 ≤50μm，即得该成品。

（4）胶黏剂

实验室制备过程是将净化处理的废 PSF 粉碎，装入圆底烧瓶，加一定量的混合溶剂，搅拌使之溶解，同时伴有大量气泡放出，待 PSF 全部溶解后，将烧瓶放入带有搅拌机的水浴锅内。固定烧瓶。在一定温度下，启动搅拌机，加入适量改性剂，控制转速，充分反应 1~3h 后再加入增塑剂，继续搅拌 2~3min，沉淀数小时后即可出料。

（5）生产软质拼装型地板及地板块

软质拼装型聚氯乙烯塑料地板是以废旧聚氯乙烯塑料为主要原料，经过粉碎、清洗、辊炼等工艺再生成塑料粒，然后加入适量的增塑剂、稳定剂、润滑剂、颜料及其他外加剂，经切料、混合、注塑成型、冲裁工艺而制成。

聚氯乙烯地板块是以废旧聚氯乙烯农膜和碳酸钙为主要原料，经过配比原材料、密炼、两辊炼塑拉片、切粒、挤出片、两辊压延冷却、剪片、冲块而成。

聚氯乙烯塑料地板块是一种新型室内地面铺设材料。具有耐磨、耐腐蚀、隔凉、防潮、不易燃等特点，又具有色泽美观、铺设方法简单、可拼成各种图案和装饰效果好等优点，已被广泛应用。

（6）木质塑料板材

木质塑料板材是用木粉和废旧聚氯乙烯塑料热塑成型的复合材料。它保留了热塑性塑料的特征，而价格仅为一般塑料的三分之一左右。这种板材用途广泛，既适用于建筑材料、交通运输、包装容器，也适用于制作家具。它具有不霉、不腐、不折裂、能隔音、隔热、减振、不易老化等特点，在常温下使用至少可达15年。

（7）人造板材

这是用废塑料制成的一种新型人造板材。它利用生产麻黄素后剩下的麻黄草渣、榨油后的葵花子皮和废旧聚氯乙烯塑料为主要原料，加上几种辅助化工原料，经混合热压而成。检测表明，它的各种物理性能指标接近甚至超过木材。它具有耐酸、碱、油及耐高温、不变形、成本低、亮度好的特点，是制作各种高档家具、室内装饰品和建筑方面的理想材料。

（8）混塑包装材料

使用废塑料可以生产混塑包装材料。该技术以废塑料、塑料垃圾、非塑料纤维垃圾为原料，利用特有的工艺流程、技术与设备进行综合处理，形成"泥石流效应"，经初级混炼、混熔造粒、混合配方、混熔挤压、压延、冷却，加工成不同厚度、宽度的板、片、防水材料及农用塑料制品，生产新型改性混塑板。主要工艺设备有混合塑料混炼挤出机、复合四压延角机、初混机组、造粒机组、星型输料配方系统、自动上料系统、原料输送线、搅拌混合机和塑料破碎机。

（9）生产色漆

用可溶于醇、脂类的废旧塑料及环氧树脂、酚醛树脂的下脚料，各种醇类的混合料（或乙醇），各种着色颜料等，经溶解或熔融、搅拌均匀即可。由此制得的色漆耐磨、耐热、耐寒、防水、耐酸碱，是一种价廉物美的装饰材料。

（10）塑料砖

德国埃富尔特区研究所研制出一种以热塑性废旧聚氯乙烯为主要原料制砖材料的塑料轻质保温砖，用破碎的废塑料掺和在普通烧砖用的粘土中，烧制成建筑用砖。在烧制过程中，热塑性塑料化为灰烬，砖里呈现出孔状空隙，使其质量变轻，保温性能提高。

11.7.4 废塑料的裂解和制造汽油技术[8~9,13,16]

热裂解是使大分子的塑料聚合物在高温下发生分子链断裂，生成分子量较小的混合烃，经蒸馏后分离成石油类产品。这种方法主要适应于热塑性的聚烯烃类废塑料，目前研究应用较多的有：聚乙烯、聚丙烯等单一或混合废塑料回收燃料油；聚苯乙烯废塑料回收苯乙烯或乙苯等；聚氯乙烯先脱除氯化氢再回收做燃料。

（1）塑料基本油化工艺

废塑料油化分为两步：

① 热裂解反应工艺；

② 通过对热裂解油的催化裂解得到高质量的油。

废塑料的油化主要以聚烯烃为原料，有几种工艺。其一为将废塑料加热熔融，通过热裂解生产简单的碳氢化合物，在催化剂作用下生成油。此方法热经济性好，燃气生成量多；不过装置的建设费用高，废塑料收集与运送成本高。因此，可考虑如图11.11所示的工艺流程，将热裂解和催

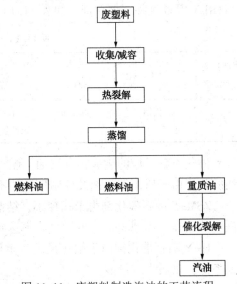

图 11.11 废塑料制造汽油的工艺流程

189

化裂解分为两段。此工艺的优点是可以在各地将塑料收集起来，通过减容与热裂解得到重油，然后将重油收集在一起，集中进行催化裂解得到汽油。

（2）各种塑料裂解反应的特性

聚乙烯大约在377℃开始裂解，在497℃左右结束，裂解反应完全，几乎不生成残渣。PVC的热裂解反应跨越温度区间较大。在227℃开始裂解，在480℃结束，剩余10%左右未分解的残渣。PET在377℃以上温度开始裂解，480℃结束，约生成14%～20%的残渣。PS在327℃开始裂解，在427℃结束，产生5%～10%的残渣。

以聚乙烯的热裂解油为例，对聚乙烯进行不同温度下的裂解反应结果表明：400℃时，得到相当于汽油的碳氢化合物（碳原子数5～11），但收获量少。随着温度上升，生成的油重质成分在增加，450℃时液体成分80%以上为碳原子数是12～27的重油，液体成分中氢碳原子数比约为2，由于热裂解重油成分含量高，常温时粘度大，不易作为燃料油使用。

聚苯氯乙烯的热裂解反应表明，聚苯氯乙烯热裂解反应分成两个阶段，第一阶段（200～360℃）脱氯反应生产HCl，残存固体生成聚烯结构的物质，其中约15%为苯；其他的在第二阶段裂解（360～500℃）裂解，生成脂肪烃、烯烃、芳香烃、碳等。

PET的热裂解是在氮气气氛下约300℃开始裂解，400～450℃裂解速度达到最大值，通过裂解反应，切断脂结合键，生成对苯二酸。

上述为各种塑料的热裂解特性，实际上废塑料是由包括PVC、PET等在内所组成的混合物，其油化处理比较复杂，但其基本工艺为：废塑料的收集→前处理→热裂解工艺→催化裂解工艺等。

首先利用密度差，使用风力式或湿式筛选机将PVC分离，PVC在槽式反应器进行热裂解，产生的HCl用气体吸收法除去，熔融残油与PVC以外的塑料熔融油相混合，送入热裂解工序。通过蒸馏塔将生成油中的轻质油分离，重质油再送入催化裂解工序。

（3）热裂解油制造汽油

PE和PS的热裂解油由于重质成分含量高，常温下黏度大，作为燃料油使用比较困难，必须研究各种催化剂以提高生成油的质量。催化剂有硅铝催化剂和H-Y、ZSM-5、REY、Ni/REY等各种沸石催化剂，如表11.14所示。

表11.14　聚烯烃热裂解用催化剂

催化剂 商品名	Al_2O_3	SiO_2 SiO_2F_4	ZHY LZ-Y82	ZREY SK500	SAHA	SAHA
种类	氧化铝， 色层分析用	二氧化硅， 硅胶	H-Y沸石 碱性氧化物0.2%	贵金属氧化物-沸石 $R_2O_3$10.7%	二氧化硅-氧化铝 $Al_2O_3$24.2%	$Al_2O_3$13.2%

催化裂解反应的生成物有汽油、燃气和焦炭等。不同的催化剂有不同的选择性，因此汽油的收率由于所用催化剂及控制环境的不同而异。

ZSM-5沸石催化剂由于孔径小，结晶内扩散速度慢，反应在催化剂的表面及附近进行，汽油的选择率不到35%，但燃气收率达到60%～70%。

H-Y沸石催化剂由于细孔径大，重质油分子在细孔内扩散进行催化裂解反应，汽油的收率低，焦炭生成量多。

REY沸石催化剂细孔径同于H-Y，由于其酸强度中等，汽油的收率为60%。

Ni/REY 在 H₂保护环境中使用，汽油的收率提高到 65%以上，焦炭生成量降低。

Ni/REY 在水蒸气环境中使用，汽油的收率达到 70%以上，但焦炭生成量多。

11.7.5　废塑料油化的应用

（1）日本

日本在 20 世纪 90 年代初曾有十家企业与研究机构合作开展废塑料制油和制燃料项目的研究开发工作，但形成规模的仅一二家。1995 年"有关包装容器的再生利用"颁布后，在通产省、原生省的支持下，又开展了几项开发项目，以重点解决脱氧和降低成本问题，以便达到更好的实用化水平。

富士再生公司在美孚石油的协作下，于 20 世纪 90 年代初投资 $1.1×10^9$ 日元，建成相生工场 5000t/a 工试装置，对 PE、PS、PP 等混合废塑料（不含 PVC、PET）进行接触热分解试验。废塑料在 400~420℃热分解为气体，再送入 300℃的接触反应器内在 ZSM-5 沸石催化剂的作用下，聚乙烯可分解为油 800kg/t、丙烷气 150kg/t 和渣 50kg/t。又经分馏后生产汽油50%、煤油和柴油各 25%。中央化学公司利用富士再生的相生工场，从超市回收泡沫塑料等杂物 475t，另混入 60t 聚烯烃进行了油化试验，可回收石脑油 85%，LPG10%。石脑油可分馏出汽油、煤油、柴油，亦可直接作发电燃料。初步估算达 5000t/a 规模后，处理费为 50日元/kg 以下。

为适应 1995 年通过的"有关包装容器的再生利用"的要求，在原生省支持下由东京都立川市和新日铁、库报达等公司负责，投资 $3.0×10^9$ 日元在立川市建 10t/d 工试装置全部利用立川市的废塑料，重点解决含杂质塑料的油化问题。另外，废塑料处理促进协会补助 $4×10^8$ 日元，在润滑油生产大户励世矿油公司厂内建 6000t/a 油化装置（PVC 占 20%），处理该县的混合废塑料。参加单位有千代田化工、新日铁和品川燃料等公司。

环保设备厂亦纷纷自行开发油化装置。如日立造船在茁城县建成的工业试验装置，采用接触催化分解法，技术上已基本过关，但每升燃料油的成本为 100 日元，为市价的 3 倍，给实用化和市场化带来困难。据此三菱重工通过对分解温度的精密控制后取消了催化剂，尽管收率略低，但成本降低 50%，再适当改进后有望实用化。

（2）欧洲

欧洲各国对废塑料的油化处理亦十分重视，各企业都在纷纷进行试验，较为热门的有三种方法。

①热分解法。以德国韦伯油公司 10t/d 工试装置为例，将由垃圾回收中心的混合废塑料在 600~800℃和 1000℃下加热 30min，可分解为 35%~58%的柴油和 23%~40%的煤气。

②加氢催化分解法。以德国 V. O. AG 公司的 20kt/a 废塑料处理装置为例，在 460~490℃和 20MPa 下，以碱为催化剂进行加氢，可将混合废塑料分解为 80%液体燃料和其他产物。

③接触热分解。以英国的 BP 化工公司工业试验装置为例，对混合废塑料（80%PE、15%PS、3%PET、2%PVC），在 450~500℃下用流化床加热，可产出 LPG。现已完成 28kg/h 工业试验，拟建 25kt/a 生产装置。

德国巴斯夫公司投资 $4.0×10^7$ 马克，建成处理废塑料 15kt/a 工业试验装置。首先将废塑料在隔绝空气下加热至 300℃，将聚氯乙烯产生的氯化氢收集后用于制盐酸；温度上升到400℃时产生的各种油类和煤气送至车间作生产聚丙烯、聚乙烯的原料；残渣占 3%~10%。

本拟投资 3.5×10⁸ 马克扩建至 300kt/a，但由于处理费远高于不来梅钢铁公司使用废塑料喷吹高炉代油的费用，故未扩建。可见，如何降低油化技术的成本对于废塑料油化再生利用的推广使用至关重要。

11.7.6 废塑料用于热能回收

废塑料热能回收是以废塑料为原料，通过燃烧回收其中的能量。各种热能再生方法如图 11.12 所示。由于废塑料形状混杂，可分类后选择不同的流程设备；发泡、薄膜类因不易高效粉碎，则须先熔融制成粒后再微粉碎；片状料可直接进入涡流磨微粉碎；粉状废料则可经定量给料机直接进入锅炉燃烧。

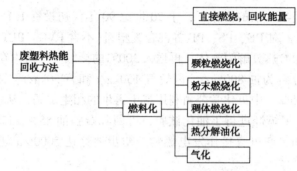

图 11.12　废塑料热能回收方法

废塑料发热量高达 33472~37656kJ/kg，比煤高而比重油略低，故国外将废塑料用于高炉喷吹代替煤、油和焦，用于水泥回转窑代煤以及制成垃圾固形燃料（RDF）发电和烧水泥，收到了较好的效果。

德国利用高炉处理废塑料效果良好。首先，不来梅钢铁公司经过一年多的实验后，于1995 年 2 月经政府批准，正式建设向高炉喷吹 70kt/a 废塑料粒的装置，每年可代替重油70kt，仅此项收入约两年即可回收投资。另回收和生产废塑料的成本仅为填埋处置费的 1/2，故具有较好的节能效果和环境效益。由于废塑料的成分和油、煤相近，只是含氯偏高，为了防止氯产生的呋喃和二噁英等污染，该厂在控制废塑料含氯量 ≯2% 的同时，对尾气进行了严格检验，结果其浓度仅为 0.0001~0.0005μg/m³，远低于排放标准的 0.1μg/m³，于是经政府批准正式应用。

日本 NKK 于 1995 年进行了高炉喷吹废塑料粒代煤粉中试，获得成功。日本水泥工业堪称利用废物大户。1995 年产水泥 90kt，共利用废物 25Mt，其中废橡胶轮胎 250kt。占当年发生量的 29%。德山公司水泥厂在长期吃废轮胎的基础上，于 1996 年在废塑料处理促进协会的配合下进行了回转窑喷吹废塑料试验。将废塑料粉碎为 ≯25mm 的小粒，由粉煤燃烧器的上方开孔喷入。为防止氯对熟料的影响，暂不用 PVC 类。各批成分如表 11.15 所示。试验结果显示，喷入废塑料 6kg/t，可代煤热解，总的热能利用率和全烧煤相当；废塑料喷入量在 1~10t/h 时操作正常，粒径小者效果略好；对回转窑尾部排烟的影响不明显，不需要采取特殊措施；对回转窑的运行、熟料和水泥质量无影响。

用废塑料制垃圾固形燃料技术原由美国开发，日本近年来鉴于垃圾填埋场不足和焚烧炉处理含氯废塑料时造成氯化氢对锅炉的腐蚀和尾气产生二噁英污染环境的问题，利用废塑料发热值高的特点混配各种可燃垃圾（含废纸、木屑、果壳和下水污泥等），制成发热量20.92MJ/kg 和粒度均匀的垃圾固形燃料。这种燃料既可以使氯得到稀释以便于提高发热效率，同时亦便于贮存、运输和供其他锅炉、工业窑炉燃用代煤。

表 11. 15 试验用废塑料的种类和主要成分

批号	种类	最大/ mm	假比量/ (g/cm³)	成分(质量分数)/%							Q_1/ (kcal/kg)[②]
				C	H	O	N	Cl	S	灰分	
1	P125 混合粒[①]	15	0.50	74.0	9.6	10.3	1.81	0.03	0.08	8.3	8000
2	P125 混合粒[①]	25	0.49	74.0	9.6	10.3	1.81	0.03	0.08	8.3	8000
3	AS 粒	3	0.67	85.2	7.3	0.14	7.30	0	0	0.10	8950
4	MMA 粒	20	0.65	59.3	8.0	32.0	0.18	0.006	0.12	0.40	5950
5	PErr 粒	15	0.72	62.3	4.4	33.0	0.30	0.009	0.001	0.17	5130
6	PE 粒	20	0.12	81.0	14.0	0	0.40	0.02	0.01	3.23	9740

注：① P125 混合粒指 PP、PE、PC、ABS 的混合塑料粒。②1kcal/kg=4.18kJ/kg。

在原生省支持下，由伊藤忠商事和川崎制铁合资的资源再生公司，已批量生产垃圾固形燃料。使用此燃料使垃圾发电站的蒸汽参数由 ≯300℃提高到 450℃左右，发电效率由原来的 15%提高到 20%~25%。日本正在将一些小垃圾焚烧站改为垃圾固形燃料生产站，以便于集中后进行较大规模的发电。

在通产省补助下，电源开发公司正进行垃圾固形燃料在流化床锅炉燃烧和发电的工业试验，发电效率的目标为 35%。新能源产业技术综合公司开发机构正组织用以废塑料为主的汽车废屑和城市垃圾生产垃圾固形燃料后供水泥回转窑代煤的开发项目。秩父小野田水泥公司正在回转窑上试烧垃圾固形燃料成功，不仅代替了燃煤，而且灰分也成为水泥的有用组分，其效果比用于发电更好。

11.8 废橡胶的转化再生利用

尽管废橡胶在固体废弃物中只占一小部分，但却是固体废物处理的主要难题之一。它作为一种工业垃圾，废轮胎占了大部分。因此，本节以废轮胎处理利用为例加以阐述。

在日本，1992 年工业耗胶量达 14Mt，其中轮胎与工业用品分别占 74%和 21%，而且轮胎所占的比重在逐年增加。世界各国对废橡胶再生利用的研究也都集中在废轮胎上。

废轮胎作为一种合成有机高分子物质，自然分解性较差，很难像通常天然物质那样在自然环境中降解，弃于地表或埋在土里的废轮胎通常是几十年都不腐烂，不变质。随着机动车辆的不断增加，世界各国的轮胎报废量将会越来越大。故对它的处理已成为迫在眉睫的问题。

11.8.1 废轮胎回收利用的现状

（1）废轮胎的组分

轮胎的主要化学成分是天然橡胶和合成橡胶。除此以外，轮胎还含有许多其他物质，包括苯乙烯、丁二烯、共聚物、玻璃纤维、尼龙、人造纤维等。

（2）废旧轮胎的回收利用现状

以日本旧轮胎的回收利用为例，废轮胎的数量已达到 3.6×10⁸条，即 3.33Mt。现在大约有 92%的旧轮胎作为出口或作为燃料予以回收利用。轮胎翻修和生产再生胶是目前旧轮胎回收利用的常用方法，但是一些利用橡胶粉生产的新产品也已上市。另外在一些水泥厂里开始把旧轮胎作为燃料加以利用。目前年报废的废旧轮胎中，超过45%作为能源被利用。

我国的废橡胶综合利用工作发展较快。现在我国的再生胶产量已达300kt，居世界第一位。但废橡胶利用率仅为28%左右。因此，加强废橡胶的回收利用是固体废物资源化的一项重要任务。

11.8.2 旧轮胎回收利用的主要处理方法

目前所采用的旧轮胎的处理方法，大致可分成三大类：整体利用、加工和用作能源。主要利用方法如图11.13所示。

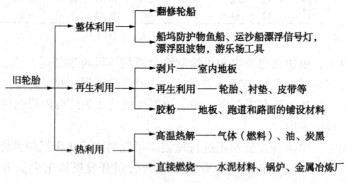

图11.13 废橡胶的主要利用方法

翻修是最好的处理方法。通常是用打磨方法除去旧轮胎的胎面胶，然后经过清洗和干燥，贴上一层压出成型的胎面胶，最后硫化固定。近来，采用预硫化胎面胶的方法也日益增多。用废橡胶制造再生胶是我国废橡胶利用的主要方式。再生胶是将胶粉"脱硫"后的产品。我国目前大多数采用传统的油法和水油法工艺，由于这两种工艺流程长，能耗高，污染重，效益低，国外已经不再采用，已被高温高压法(如旋转搅拌脱硫)、微波脱硫法等先进工艺取代。后者基本上是干法脱硫，污染少，产品质量好，是今后再生胶生产发展的方向。

用废橡胶制造胶粉，将废橡胶在常温或低温下粉碎成不同粒度的胶粉具有广泛的用途。它可以直接或经过表面活化掺入胶粒制造轮胎、胶鞋等橡胶制品；另外，还在寻找开辟橡胶粉新的应用领域。现在橡胶粉已经用来作橡胶地板、含有橡胶粉的沥青路面等产品，它还作为填料用在橡胶轮胎和挡泥板中，此类研究已经完成并获得了专利。近几年以再生能源的方法收回旧轮胎日益普遍，此类用途的主要场合是水泥厂。轮胎是有混炼胶、钢丝和有机织物组成。混炼胶中含有炭黑、硫黄等，当旧轮胎被投进旋转炉中，一切可燃物都变成了能量，钢丝以氧化铁粉形式保留在水泥中，成了水泥的组成材料。即使最头痛的硫黄也变成了石膏，不会生成SO_2污染；而水泥厂由于利用了旧轮胎而节约了5%~10%的煤炭。在日本，共有22家工厂利用旧轮胎作为燃料。可以想象，旧轮胎用作水泥厂的燃料是一种好的回收方法，因为它消化了大量的轮胎而又不产生污染。

另外，还有用高温热解方法处理旧轮胎以得到炭黑、燃料油及气体的方法，虽然也有很多实验室在研究，也有一些厂家在做这方面的工作，但大规模的成型方法还有待研究。

11.8.3 废橡胶的再生胶生产技术

（1）再生胶

由废硫化橡胶或废橡胶制品经破碎、除杂质(纤维、金属液等)，然后经物理和化学处理消除弹性，重新获得类似橡胶的刚性、粘性和可硫化性的一种橡胶代用材料。

再生胶不是生胶，从分子结构和组分观察，两者有很大的区别，但从使用价值来看，再生胶可以代替部分生胶而制造橡胶制品。

制造再生胶的主要原料为废橡胶、软化剂、增粘剂、活化剂等。

(2) 再生胶制造工艺

再生胶的制法很多，我国目前大多采用的是油法和水油法两种工艺。此两法的主要区别是脱硫再生工序，其他工序都基本相同。

(3) 再生胶性能和用途

和新胶相比，再生胶优点是：弹性小，塑性大，易于加工，不仅可减少动力消耗，还可提高产品质量；收缩性小，膨胀性小，流动性及粘着性大，有利于模压、压延及压出制品的成型；生热小，耐屈挠、耐寒、耐热、耐油、耐老化性好；价格便宜而且稳定。

一般性能要求不高的橡胶制品均可使用再生胶，如在轮胎工业中，不仅垫带可以大量使用再生胶、油皮胶，甚至胎侧胶中也可掺用一定量的高级再生胶。在胶鞋工业中，橡胶海绵几乎是全用再生胶制造的，鞋底也可以掺用部分再生胶。

12　环境治理过程中的无害化

在环境治理过程中，首先采取源削减、零排放的战略；其次采取资源化转化综合利用的技术。但就目前的科学技术水平而言，要完全做到零排放、资源化尚有很多难题。有许多废气、废液、废渣尚需合适的技术去处理。在这个治理过程中，人们自然希望工艺过程无害化，不产生二次污染；处理后的排放物即使无用，但对环境也应是无害的，至少是近期无害，能有一个缓冲时期开发新技术去处理这些废弃物。

环境治理过程中的绿色技术简单可归纳为物理法、化学法、生物法、复合法。

12.1　环境治理过程中的物理方法

采用物理法，既不需要加入新物质，也不会产生新物质，废弃物的数量只会减少而不会增加，这一般是环境治理过程中首选的。目前常见的方法、原理、处理对象、设备及参数见表 12.1。

表 12.1　废弃物处理的物理处理方法

方法名称	原　理	处 理 对 象	设备及参数
沉淀	利用密度的不同，将悬浮物从废液或废气中分离出去	悬浮物(如催化剂粉末、产品粉末等悬浮于气体或液体中的颗粒)	沉淀池、沉降室、浮选池、斜板、沉淀时间 0.1~2h
过滤	通过各种过滤介质拦截悬浮物	浮泥及各种含悬浮物的废液、废气	格栅、沙子、滤布、压滤机、真空抽滤
蒸发结晶	利用废液中各物质沸点及冰点不同将废物蒸出/析出或将溶剂蒸出	高含盐废水、电镀废水、放射性废水黑液	蒸发罐、蒸发器、结晶器
离心分离	在离心力的作用下，将密度不同的悬浮物与气体或液体分离	污泥脱水等固液分离，含尘气体等气固分离，脱液沫等气液分离	离心机、离心旋分器、甩干机、水力旋流器
浮选	将空气/气体通入废液中，使乳状油粒或其他分散物质粘附在气泡上，随气泡上浮成为浮渣出去	造纸白液回收、食油、油脂、染料等乳状液、悬浮分散物质等	加压溶气浮选池、叶轮浮选池、射流浮选池

12.2　环境治理过程中的化学方法

在许多废弃物中，总有一些对环境有害的物质用，常规的物理方法难以解决。因此，必须采取某些化学的方法，促使这些有害物质转化为无害，至少也是将危害程度大大降低，以便达到人与环境都能承受的程度。应用较为普遍的化学处理法见表 12.2。

表 12.2　废弃物处理的化学处理方法

方法名称	原　理	处理对象	设备及参数
酸碱中和	利用酸碱中和原理，调节废液的 pH 值达到排放标准	酸性或碱性废水液	中和槽、中和罐、加酸或碱
化学沉淀或絮凝	加入化学药剂，使废水液中的可溶物变为不溶物沉淀，然后分离；加专门的絮凝剂，使废水/液中的悬浮物、乳状物进行絮凝，便于两相分离	含 H_2SO_4、HF 的废水中和，被 H_2S 沉淀的金属有 Ag、Hg、Pb、Bi、Cd、As、Au、Pt、Sb、Se、Mo、Ni、Fe 等；各种废水/液、乳状液的有害物分离	反应槽、沉淀槽，加石灰可生成重金属的氢氧化物或钙盐沉淀，加硫化剂可生成重金属硫化物沉淀；加专门的絮凝剂，絮凝槽
氧化	投入氧化剂或通入空气使废水/液中有害物氧化成无害物质或进行消毒灭菌	有机氯/磷废水，有机废水、造纸黑液、医药废水	臭氧发生器、湿式氧化器
还原	投入还原剂使废水/液中有害物还原成无毒/无害物质	含有能还原成低毒或无毒物质的废水/液，如重铬酸钠废水等	加还原剂（如通入 SO_2 使废水中的六价铬还原为三价铬）
燃烧	高温氧化，改变废弃物的分子结构，变成低毒/无害或无毒/无害的燃烧产物	有机废气、废液、废固物	焚烧炉、空气、燃料

12.3　环境治理过程中的物理-化学方法

采用物理方法处理废弃物具有不引入新的污染物的优点，但速率慢且不彻底；采用化学方法可加速速率，并较为彻底，但往往引入新的污染源，且成本高。为了趋利避害，有时需要物理—化学相结合的方法处理废弃物。具体方法见表 12.3。

表 12.3　废弃物处理的物理-化学处理方法

方法名称	原　理	处理对象	设备及参数
电渗析	以电为能源，通过离子膜的选择性渗透，使废水/液中的杂质析出除去	电镀废水、放射性废水等，可回收酸、碱和各种物质或除去有毒物质	各种类型的电渗析器（由渗析器、离子交换膜、直流正负电极组成）
反渗透	利用"半透膜"（如醋酸纤维）膜两边的压差，当在废水/液的一边施加超过渗透压的压力时，水分子就被压透过膜向清水一边，废水/液被浓缩	含盐废水、有机废水、生物废水	渗透膜（板式、内管式、外管式、中空纤维衬以渗透膜）高压泵
电解	电解氧化还原作用	含氰废水，回收贵重金属	电解槽
离子交换	通过树脂进行离子交换，使废水/液中的有害物质进入树脂而除去	重金属废水、电镀废水等	装有离子交换树脂的交换柱及再生装置
混凝	加絮凝剂，使废水中胶状物质等凝聚沉淀	含油废水，印染废水等	混凝剂槽、沉淀槽

197

方法名称	原　理	处理对象	设备及参数
吸附吸收络合	用吸附/吸收/络合剂将废水/液、废气中有害物质除去	有机废水、含酚废水及废水深度处理，有毒、有害气体净化	装有活性炭、硅藻土、煤渣、特殊用途的络合剂等的吸附床、可逆反应的吸收塔、络合反应器，再生装置等
萃取	利用一种物质在两种互不相溶的溶剂中的不同溶解度，使其从废水/液中被萃取入另一溶剂中，使废水/液净化	分离有毒或有用物质（如高浓度含酚废水/液等），一般用于回收有机物	萃取塔、萃取器及萃取剂再生器

12.4　环境治理过程中的生物净化方法

12.4.1　生物处理方法

微生物是一群肉眼看不到的低等生物，如细菌、各种真菌、放线菌、单细胞藻类和原生动物等。微生物具有氧化分解有机物并将其转化成稳定无机物的能力，被广泛用于生活污水和工业废水的处理过程中，这就是污水生物净化法；也被广泛应用于废气、固体废物的无害化处理过程中。根据微生物的呼吸特性，生物处理可分为好氧生物处理法和厌氧生物处理两大类[1~2,19~20]。

（1）好氧生物处理法

好氧生物处理是利用一些特别喜欢氧气的微生物（主要是好氧细菌），在有氧环境下去分解各种废弃物中的有机物。有机物透过细菌的细胞膜进入菌体，通过分解代谢最终被氧化成二氧化碳、水、氨、硫酸盐和磷酸盐等。如图12.1所示。好氧生物处理的净化效率高，使用广泛，是环境治理过程中生物净化法的主要方法。好氧生物处理的工艺很多，包括活性污泥法、生物滤池、生物转盘、生物接触氧化等工艺。

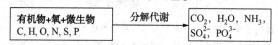

图12.1　有机物分解产物示意图

（2）厌氧生物处理法

厌氧细菌在缺氧的情况下才能生存繁殖，并在此条件下将有机物分解，故厌氧生物处理是一种无氧条件下，利用产酸菌和甲烷菌将废水中的有机物分解消除，并转化为甲烷和二氧化碳等，使水得到净化。厌氧生物处理主要用于沉淀池的有机污泥、高浓度有机废水，如啤酒厂与屠宰场的废水、炼厂含油废水等；也可用于低浓度城市污水的处理。该法能回收具有经济价值的能源——沼气，因而具有广阔的前景。污泥厌氧处理构筑物多采用消化池，最近20多年来，开发出了一系列新型高效的厌氧处理物构筑物，如升流式厌氧污泥床、厌氧流化床、厌氧滤池等。

（3）自然生物处理法

自然生物处理法即利用在自然条件下生长、繁殖的微生物处理各种废弃物的技术。主要特征是工艺简单，建设与运行费用都较低，但净化功能易受到自然条件的制约。主要的处理技术有稳定塘、自然风化发酵、土地处理法等。

12.4.2　废气生物处理

微生物能使有机物氧化，其代谢产物最终为二氧化碳和水等。但这一过程在气相难以进行，所以废气的生物处理过程要经历两个阶段：污染物首先由气相转入液相或固相表面的液膜中，然后污染物在液相或固相表面被微生物降解。适合于生物处理的污染物主要有乙醇、硫醇、酚、甲酚、吲哚、噻吩衍生物、脂肪酸、乙醛、酮、二硫化碳、氨和胺等。通常是某种微生物特别适合于某种污染物的转化，又称专一转化特性。

用来进行污染物降解的微生物可分为自养菌和异养菌两类。自养菌可在无机碳和氮的条件下，靠硫化氢、硫和铁离子氧化获得能量。其生存所必需的碳由二氧化碳通过卡尔文循环提供。自养菌适于进行无机物转化，但由于能量转换和生长速度慢，难以实地使用，而仅有少数工艺找到了适当种类的细菌。异养菌通过有机物氧化获得营养物和能量，适合进行有机污染物转化。适当的温度（一般范围较窄）、酸碱度和必须的氧量，是微生物生存的重要条件。

(1) 废气生物过滤法处理

从 20 世纪 80 年代起，德国和荷兰越来越多地采用生物过滤法控制工业生产过程中产生的挥发性有机物和有毒气体。迄今，在德国和荷兰有 500 多座大规模的废气生物过滤处理装置。废气处理流量达到 $1000 \sim 150000 m^3/h$。美国 1990 年通过的空气清洁法修正案严格限制了 189 种危险空气污染物（其中 70% 是挥发性有机物）的排放，这促进了生物过滤法在内的废气控制技术的研究和应用，大规模的生物过滤装置开始被用来处理各种污染气体。

如图 12.2 所示，废气首先经过预处理，包括去除颗粒物和调温调湿，然后经过气体分布器进入生物过滤器。生物过滤器中填充了有生物活性的介质，一般为天然有机材料，如堆肥、泥煤、谷壳、木片、树皮和泥土等，有时候也混用活性炭和聚苯乙烯颗粒。填料均含有一定的水分，填料表面生长着各种微生物。当废气进入滤床时，废气中的污染物从气相主体扩散到介质处的水膜而被介质吸收，同时氧气也由气相进入水膜，最终介质表面所附的微生物消耗氧气而把污染物分解/转化为二氧化碳、水和无机盐类。微生物所需的营养物质则由介质自身供给或外加。

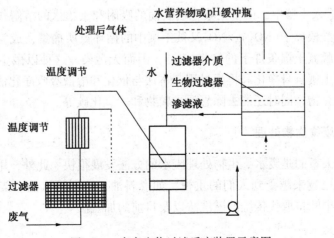

图 12.2　废弃生物过滤反应装置示意图

（2）土壤空气净化系统

关于土壤对氮氧化物的净化能力，公害健康危害补偿预防协会在 1994 年将土壤对 NO 和 NO_2 的基本净化能力做了室内试验。试验人员把调整好的土壤充填进管柱中（断面积 $0.1m^2$），使调整好浓度的人工污染空气按一定流量送入管柱，用干式 NO_x 仪测定入口和出口的 NO_x 浓度。同时，要调整土壤温度、湿度及层厚。试验用的土壤是黑土，为了改善通气通水性，土壤中需加入珠光土。为了调整微生物的生存环境，需混合泥炭土和腐殖土。混合比为黑土：珠光土：泥炭土＝3：1：1，黑土：珠光土：腐殖土＝2：1：2，最后调整好的试验条件是 NO_2 浓度 $0.06\sim0.4\mu g/g$，送风速度 $10\sim30mm/s$，土壤温度 $10\sim30℃$，土壤 PF（水分指标）＝$1.3\sim2.3$，土壤层厚 $20\sim60cm$。该条件下几乎能达到 100% 的去除效率，证明土壤对 NO_2 有较高的去除能力。但在该条件下，土壤对 NO 的去除效率不理想。为此，在送风通道处注入臭氧，将 NO 氧化成 NO_2 便达到去除效果。

污染空气由引风机经通气区进入土壤层，其间注入臭氧使一氧化氮氧化成二氧化氮。然后，通过土壤经土壤颗粒表面的吸附作用、土壤水溶解作用，土壤微生物代谢吸附分解作用而得到净化。图 12.3 是氮氧化物在土壤中的净化机理。

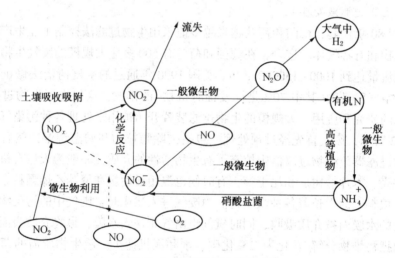

图 12.3　氮氧化物去除机理

NO_x 随引风机进入土壤中，由于土壤颗粒表面的吸附和土壤水的溶解作用而被捕捉。化学反应迅速变成硝酸根离子（NO_3^-），NO_3^- 又被土壤中的循环氮所捕集，成为微生物和植物易于吸收的以及适于脱氮土壤条件下的氮气（N_2），因而无污染。这种以微生物为主的物质变换过程，同时也是土壤自身净化和再生过程。本法与催化和溶液吸收净化法不同，它易于管理，处理过程无废弃物，同时还能去除悬浮颗粒物和一氧化碳等。

12.4.3　液体废物生物处理

液体废物中最大量的是废水．生物处理废水的方法发展很快。此外，用生物法脱除液体中有害物质的方法也越来越受到人们的重视，如燃料油，特别是汽油、柴油的生物脱硫方法，估计在本世纪中叶将取代传统的碱洗法以及目前的加氢法[1~3,15~17,19~20]。

（1）废水生物处理

废水（指城市生活污水与化工厂的有机废水）的生物处理是利用微生物具有氧化分解有

机物，并将其转化成稳定无机物这一功能，采用一定的人工措施，营造有利于微生物生长、繁殖的环境，使微生物大量繁殖，以提高微生物氧化、分解有机物的能力，从而使废水中的有机污染物得以净化。根据微生物的生长状态，废水生物处理法又可分为活性污泥法、生物膜法以及膜泥结合法等。

① 活性污泥法。活性污泥法是应用最普遍而有效的一种好氧生物处理法。所谓活性污泥是往混有菌种、营养料的污水中，连续打入空气，一段时间及后生成的一种貌似污泥的褐色絮凝体。其实它是由以多种好氧细菌为主要成员的微生物群体，并被其胶质分泌物所包覆而成的粘性"菌胶团"，它是具有生物化学活性的"污泥"。

曝气池是活性污泥处理法的主要构筑物。活性污泥与工业废水同时进入池内。曝气池处打入空气，以保证废水与活性污泥的充分混合，并提供微生物繁殖与分解有机物所需的氧气。污水中的有机物被菌胶团吸附后摄入菌体经过分解代谢而被除去。与此同时，微生物不断繁殖而使活性污泥量不断增加。

② 生物膜法。所谓生物膜法就是用块状多孔滤料(卵石、碎石、炉渣及塑料波形板等)让富氧污水缓缓流过，运行一段时间后，在滤料表面逐渐生成起来一层充满微生物的薄膜。污水流过生物膜，其中的有机物被膜吸附氧化，从而得以净化。同时，由于微生物的繁殖使膜层逐渐加厚，内层膜因缺氧而老化脱落，随水飘流至沉淀池再生后回用。

③ 膜泥结合法。既考虑生物膜法的特点，又结合活性污泥法的优势，通过工艺集成，将两种生化处理方法结合起来处理废水的一种新方法。

(2) 燃料油生物脱硫处理

随着全球性的原油变重变劣，车用汽油、柴油中的硫、氮等杂质含量越来越高，导致废气排放中的有害气体 SO_x、NO_x 增加。为了使人们能生活在洁净的环境中，世界各大石油公司都在致力于对现有精制工艺技术的改进，并开发出性能更好的精制脱除有害物质的技术，生物脱硫就是其中最具有发展潜力的一种。

① 生物脱硫反应历程。图 12.4 表示二苯并噻吩(DBT)被生物催化剂代谢的历程。有 4 种酶用于催化该反应历程，分别表示为 DszA、B、C 和 D。通过这个历程，DBT 逐渐被氧化为亚砜、砜和亚磺酸盐，并在最后一步被氧化为邻苯基苯酚和硫酸钠。

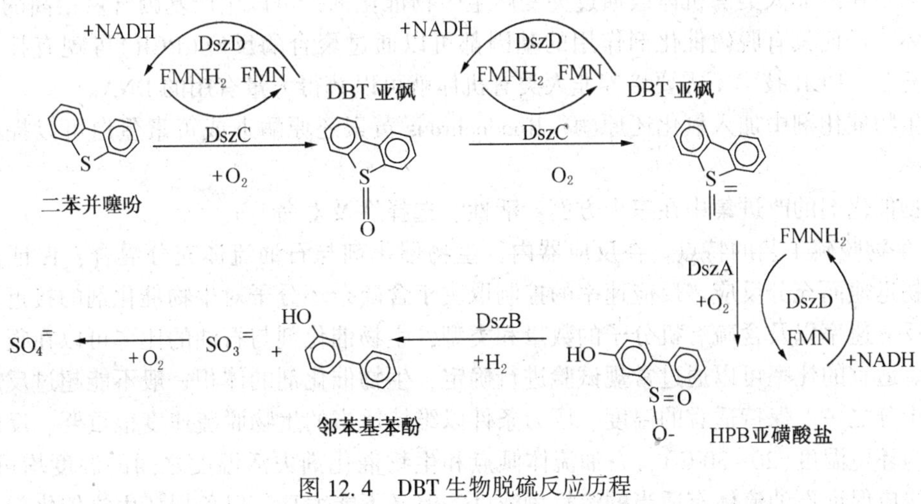

图 12.4　DBT 生物脱硫反应历程

研究发现，采用与 DBT 历程中同样的酶对于硫醇、硫化物、二硫化物、噻吩和苯并噻吩等含硫化合物具有相似的历程。已经证实，生物催化对于苯并噻吩和二苯并噻吩类物质尤其有效，并且该历程对这些分子的反应速率特别快。

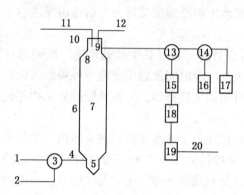

② 生物脱硫工艺流程。美国能量生物系统公司（EBC）于1997年在得克萨斯州Woodlands设计建成反映最新研究成果的11.4L/d中试装置。采用连续循环工艺，流程见图12.5。首先对石油进行氧化，然后采用生物催化剂进行处理。

图 12.5　生物脱硫连续循环工艺流程

1—石油原料；2—氧源；3—混合罐；4—石油原料喷嘴；5—反应器下部；6—反应器；7—反应器中部；8—生物催化剂喷嘴；9—反应器上部；10—澄清口；11—脱硫石油液体；12—挥发性废气；13,14—混合罐；15—再生器；16—营养介质制备装置；17—发酵装置；18—再生器；19—分离部分；20—含硫化学品

工艺包括如下步骤：石油液体与氧源在特定条件下接触；将氧化石油液体和耗硫生物催化剂水溶液同时引入反应器；二者在反应器中接触足够长的时间，石油液体中的有机硫大量减少并生成水溶性无机硫化物；分离出反应器中的脱硫石油液体；从反应器中回收废生物催化剂水溶液；脱除废催化剂中的硫化物，恢复其活性；再生生物催化剂水溶液循环回到反应器。

③ 生物脱硫的生物脱硫剂

Rhodococcus rhodochrous 菌体中的某些基因含有携带脱硫密码信息的酶，将这些基因重组成脱氧核糖核酸（DNA）分子后植入非人类有机体。核糖核酸（RNA）转录重组DNA中的基因及其多肽表达产品。多肽表达产品转译后经过加工和（或）叠加，与辅酶、辅因子或辅反应物连接在一起，形成一个或多个具有催化脱硫特性的蛋白质生物催化剂。该非人类有机体可以直接作为生物催化剂，也可以将从该有机体中提取出来的一种或多种酶加入生物催化剂中。

这种含有重组DNA并具有生物催化剂功能的新型非人类有机体的生产方法，大大简化并促进了生物脱硫催化剂的生产和提纯；减少了生物催化剂提纯过程中的费用和时间，且不必从自然存在的非人类有机体或通过突变产生生物催化剂；可以生产基因含量很高的非人类有机主体。任何具有脱硫催化剂作用的基因都可以通过聚合酶反应（PCR）等现有技术进行大规模复制。PCR技术不需要培养非人类有机体就可以获得大量有用的DNA。

在生物催化剂中加入氧化还原酶、Rhodochrous黄素还原酶卜或黄素蛋白可以提高脱硫反应速率。

生物催化剂的改进集中在三个方面：活性、选择性及寿命。

④ 生物脱硫工艺的特点。在反应器内，生物催化剂与石油流体充分混合，保证含硫有机化合物迅速而充分反应。反应速率的控制取决于含硫杂环分子对生物催化剂的接近性。根据所需反应速率以及含硫有机分子的数量和类型，生物催化剂与石油的比率可以在很宽范围内变化。适宜的比率可以通过常规试验进行确定，生物催化剂的体积一般不能超过反应器总体积的十分之一。保持适宜的温度、压力条件以维持适当的生物脱硫速度很重要。反应器温度最好为环境温度（20~30℃），石油流体倾点和生物催化剂失活温度之间的温度均可采用。压力至少应保证石油流体有适当的溶解氧浓度，但又不能太高，以免损坏生物催化剂。

BDS过程的产物一般由高纯度的油相、溶有生物催化剂的水相以及含有油、水、生物

催化剂乳化液等三相组成。能否从乳化液相中回收高纯度的油对 BDS 工艺的经济可行性有重要影响。

在再生器中，采用离子交换树脂或树脂脱除非生物催化剂中的无机硫离子，从而使其活性得到再生。也可采用氢氧化钙或氯化钡对催化剂水溶液进行沉淀再生。一般采用氢氧化钙，因为硫化钙易于与催化剂水溶液分离。其他再生方法包括半渗透离子交换膜和电渗析处理。

在完全氧化历程中，含硫副产品以硫酸盐的形式从水相中分离出来，根据各地的情况，可以生产硫酸钠(盐水)或硫酸铵(肥料)。反应器顶部的挥发性废气回收冷凝后燃烧，可以为 BDS 反应提供能量。

在油品生物催化作用过程中产生的羟基联苯亚磺酸盐(HPBS)将可作为一种生产清洁剂的廉价且能生物降解的基本原料。据称，HPBS 经过简单衍生作用后，即可制备低临界胶束浓度和良好泡沫性能的表面活性剂。类似产品的世界市场年销售额估计超过 20 亿美元。此外，HPBS 还可以作为树脂和粘合剂的添加剂。通过出售这些产品可以降低脱硫过程的成本，从而大大提高生物脱硫的技术水平和经济效益。

12.4.4　固体废物生物处理

对各种固体有机物常采用生物降解法，如沼气发酵、堆肥等，进行无害化处理。

生物处理法在废气特别是废水/液治理过程中已取得许多成熟的经验，在固体废物无氧化处理方面也开展了深入的研究，获得广泛应用，且不断开发出一些新的应用技术。目前应用较多的有堆肥化、沼气化、发酵化等。

（1）堆肥化

有机固体废物的堆肥化技术是一种最常用的固体废物生物转换技术，是对固体废物进行稳定化、无害化处理的重要方式之一。利用有机固体废物生产堆肥已有几千年的历史，随着生产力发展和科技进步，堆肥化技术也得到不断改进。

① 堆肥化的定义。堆肥化是依靠自然界广泛分布的细菌、放线菌、真菌等微生物，人为地促进可生物降解的有机物向稳定的腐殖质生化转化的微生物学过程，其产物是堆肥。

② 堆肥化原料。堆肥的原料非常广泛，有城市生活垃圾，有化工厂、纸浆厂、食品厂等排水处理设施排出的污泥及下水污泥；还有这些工厂排出的固体废弃物，如各种纤维素、木质素、锯末等。

③ 好氧堆肥化处理原理及过程。好氧堆肥化是在有氧条件下，依靠好氧微生物(主要是好氧细菌)的作用来进行的。在堆肥化过程中，有机废物中的可溶性有机物质可透过微生物的细胞壁和细胞膜被微生物直接吸收；而不溶的胶体有机物质，先被吸附在微生物体外，依靠微生物分泌的胞外酶分解为可溶性物质，再渗入细胞。微生物通过自身的生命代谢活动，进行分解代谢(氧化还原过程)和合成代谢(生物合成过程)，把一部分被吸收的有机物氧化成简单的无机物，并放出生物生长、活动所需要的能量，把另一部分有机物转化合成新的细胞物质，使微生物生长繁殖，产生更多的生物体。可用图 12.6 简要表示这种原理过程。

好氧堆肥化从废物堆积到腐热的微生物生化过程比较复杂。主要分为前处理、初级发酵、主发酵、后处理、脱臭等阶段。

影响堆肥化过程(特别是主发酵阶段)的因素很多，如通风供氧、堆料含水率、湿度、有机质含量、颗粒度、碳氮比、碳磷比、pH 值等，其中前四个对堆肥发酵效果影响最为明显。

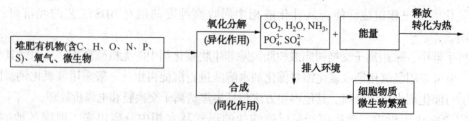

图 12.6　有机物的好氧堆肥分解

④ 堆肥化方式分类及发展。固体废物堆肥化历史悠久，其工艺发展至今已形成许多方式，大致有如下分类与发展趋势：

a. 厌氧堆肥化→好氧堆肥化；

b. 露天堆积(敞开式)→封闭式；

c. 无发酵装置→有发酵装置；

d. 人工土堆法→机械化；

e. 慢速→半快速—快速；

f. 静态发酵→动态发酵。

（2）厌氧发酵

有机废物的厌氧发酵过程就是有机物质在特定的厌氧条件下，微生物将有机物质进行分解，使有机废物无害化。同时，使碳素物通过厌氧分解转化为甲烷和二氧化碳。在这个转化过程中，被分解的有机碳化物中的能量大部分储存在甲烷中，仅一小部分有机碳化物氧化成二氧化碳，氧化释放的能量作为微生物生命活动的需要。

① 厌氧发酵的微生物学过程。由于厌氧发酵的原料来源复杂，参加反应的微生物种类繁多，因此厌氧发酵过程非常复杂。根据对厌氧发酵过程中物质的代谢、转化中各种菌群的作用所进行的研究，普遍认为分为三个阶段。即有机废物质的液化阶段、产酸阶段、产甲烷阶段。

② 厌氧发酵微生物种类。厌氧发酵微生物主要分产甲烷菌和不产甲烷菌两大类。

产甲烷菌有五个特点：严格厌氧；要求中性或偏碱性环境；菌体倍增时间较长；只能利用氢或简单物质作为自身营养物；代谢的主要终产物是甲烷和二氧化碳。

不产甲烷菌的种类较多，主要作用是将复杂的大分子有机物降解为小分子有机化合物，为产甲烷菌提供营养，为产甲烷菌提供氧化还原条件，消除部分有毒物质，和产甲烷菌一起，共同维持发酵的 pH 值。

③ 发酵工艺类型及特点。按温度分类可将厌氧发酵工艺分为常温(自然)发酵、中温发酵、高温发酵；按进料方式可将厌氧发酵工艺分为批量进料、半连续进料和连续进料；按发酵方式可将厌氧发酵工艺分为二步(相)发酵、混合(一步)发酵；按原料的物理状况可将厌氧发酵工艺分为液体发酵、固体发酵和高浓度发酵。

④ 厌氧发酵装置类型。厌氧发酵装置类型主要有：传统消化器、厌氧接触消化、上流式厌氧过滤器、上流式厌氧污泥床、厌氧复合床、厌氧流化床、厌氧生物转盘、管道式消化器、折流式厌氧消化器等。

⑤ 厌氧发酵的影响因素。厌氧发酵的影响因素主要有厌氧环境、温度、pH 值、接种物、营养物等。

12.4.5　自然生物植物处理法

生物还原学和植物还原学是有害垃圾处理方法的学术名称，它是用细菌类微生物和植物来处理从有害金属和烈性黄色炸药到原油和化学武器等各种污染物。生物还原法包罗万象，泛指使用细菌净化剂的方式。植物还原法分为四种方式。

（1）植物萃取法

植物萃取法是利用能聚积金属的植物从泥土中将金属吸收到植物可收割的地上部分，这部分可以被割下、晒干并烧成富含金属的草灰。马里兰大学植物研究家 Rufus Chaney 把这一过程比作收割干草，Rufus 说"焚烧可重新得到并回收利用这些金属"。

（2）根茎滤清法

指的是一种净化作业，即通过植物根茎从被污染的废水中汲取并聚积有害金属，这是一种专用于治理水污染的方法。

（3）植物还原法

植物还原法是对于泥土中的金属残存物用植物来汲取和回收。

（4）植物探求法

植物探求法通过植物吸收污染物（尤其是硒和汞），然后再把它们释放到大气中，通过稀释的方式来解决污染。

利用植物进行环境净化的正式研究始于 20 世纪 80 年代末期，但直到 90 年代初期才由美国的一家植物技术公司接过学术研究的接力棒，并将其引入一项合作之中。支持植物还原学的基本知识可追溯到更早的时期。据知，前苏联在 20 世纪 50 年代就发现某些半水生植物，如水生风信子和浮萍等，可以从被污染的水中汲取如铅和镉等有害金属；而某些植物如野草类的高山水芹在富含锌和镍的土壤中生长茂盛。阿尔卑斯山和美国落基山的探矿者们过去就是借助这一现象寻找矿藏的。植物治理法正在全美越来越多的地区实施，在新泽西种植印度芥菜来清除铅，在俄亥俄用向日葵净化被铀污染的水，以及在加利福尼亚用蔗草来对付硒污染。

植物是对付无机污染物（如有毒金属）的有力武器，而油类等有机污染物是微生物攻击的目标。其生物净化作用的细菌所使用的基本方式，同通过发酵生产实用产品啤酒和葡萄酒的方法是一样的。

到 20 世纪末，生物还原学在北美和欧洲的市场每年至少值 10 亿美元，而利用植物还原技术治理有害金属污染的市场预期每年价值 4 亿美元左右。英国政府最近拨款 2130 万美元，支持各部门利用生物技术减少和提高能源效率。英国政府认为，采用生物技术生产的化工产品既可免去高温加工，又可避免生产不需要的副产品。

参 考 文 献

［1］刘天齐主编. 环境保护［M］. 北京：化学工业出版社，2000(第2版)：74~163

［2］钱易，唐孝炎. 环境保护与可持续发展［M］. 北京：高等教育出版社，2000

［3］王丙乾. 论环境与资源保护［M］. 北京：中国环境科学出版社，1999

［4］《环境科学大词典》编辑委员会. 环境科学大词典［M］. 北京：中国环境科学出版社，1991

［5］汪大翚，徐新华，宋爽. 工业废水中专项污染物处理手册［M］. 北京：化学工业出版社，2000

［6］国家环境保护局. 工业污染治理技术丛书废气卷—石油石化工业废气治理［M］. 北京：中国环境科学
    出版社，1996

［7］刘天齐主编. 三废处理工程技术手册(废气卷)［M］. 北京：化学工业出版社，1999

［8］聂永丰主编. 三废处理工程技术手册(固体废物卷)［M］. 北京：化学工业出版社，2000

［9］中国环境科学学会. 固体废物处理技术［M］. 北京：中国环境科学出版社，1997

［10］王伟中主编. 国际可持续发展战略比较研究［M］. 北京：商务印书馆，2000：121~130

［11］王伟中，郭日生，黄晶. 中国可持续发展态势分析［M］. 北京：商务印书馆，1999

［12］国家环境保护局. 中国环境保护21世纪议程［M］. 北京：中国环境科学出版社，1995

［13］刘均科等. 塑料废弃物的回收与利用技术［M］. 北京：中国石化出版社，2000

［14］严煦世. 水和废水技术研究［M］. 北京：中国建筑工业出版社，1992

［15］梁朝林. 高硫原油加工［M］. 北京：中国石化出版社，2001

［16］化学工业部环境保护设计技术中心站. 化工环境保护设计手册［M］. 北京：化学工业出版社，2001

［17］国家环境保护局. 工业污染治理技术丛书废水卷-石油石化工业废水治理［M］. 北京：中国环境科学
    出版社，1992

［18］国家环境保护局. 工业污染治理技术丛书固体废弃物卷-石油石化工业固体废物治理［M］. 北京：中
    国环境科学出版社，1992

［19］沈耀良，王宝贞. 废水生物处理新技术［M］. 北京：中国环境科学出版社，2001

［20］李再资. 生物工程与酶催化［M］. 广州：华南理工大学出版社，1995

［21］马伯文. 清洁燃料生产技术［M］. 北京：中国石化出版社，2000

［22］国家环境保护局污染控制司. 城市固体废物管理与处置技术［M］. 北京：中国石化出版社，2000：263

［23］周芸芸，钱枫，付颖. 烟气脱硫脱硝技术进展［J］. 北京工商大学，2006，24(3)：17~20

［24］曹振龙. 电厂烟气脱硫脱硝技术的研究发展探析［J］. 科技创新与应用，2014，(17)：146